1er CYCLE. — CLASSE DE 4° B.

Physique élémentaire

Par FERNAND MEYER

AGRÉGÉ DES SCIENCES PHYSIQUES
PROFESSEUR AU COLLÈGE CHAPTAL.

1er VOLUME
PESANTEUR ET CHALEUR

PARIS

IMPRIMERIE ET LIBRAIRIE CLASSIQUES

DELALAIN FRÈRES

115, BOULEVARD SAINT-GERMAIN, 115

PHYSIQUE ÉLÉMENTAIRE

I

PESANTEUR ET CHALEUR

ENSEIGNEMENT SECONDAIRE

1er CYCLE. — CLASSE DE 4e B.

Physique élémentaire

Par FERNAND MEYER

AGRÉGÉ DES SCIENCES PHYSIQUES
PROFESSEUR AU COLLÈGE CHAPTAL.

1er VOLUME

PESANTEUR ET CHALEUR

PARIS

IMPRIMERIE ET LIBRAIRIE CLASSIQUES

DELALAIN FRÈRES

115, BOULEVARD SAINT-GERMAIN, 115

PHYSIQUE ÉLÉMENTAIRE

I

PESANTEUR ET CHALEUR

LIVRE Ier

PESANTEUR

CHAPITRE Ier

DÉFINITION ET MESURE DES FORCES

I. *Première notion de la force.*

1. Notions expérimentales de la force. — Pour déplacer un objet d'un point à un autre, nous devons exercer un effort sur lui, *déployer de la force*. De même, considérons un ressort d'acier; pour le déformer, il faut que nous exercions sur lui *une force* (*fig.* 1).

La connaissance des forces nous est donc donnée par l'expérience journalière, par nous-mêmes.

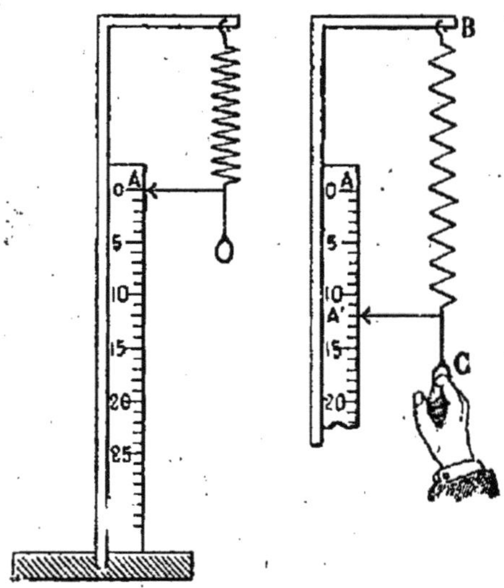

Fig. 1. — *Force.* — La force exercée par la main amène l'extrémité du ressort de A en A'.

2. Généralisation de l'idée de force. —

Nous constatons sans cesse autour de nous des déplacements ou des déformations, effectués par des hommes, par des animaux, par des machines ou par des causes naturelles. Par exemple, des chevaux déplacent des voitures, des locomotives roulent sur des rails, un corps lâché tombe de lui-même.

3. Définition de la force. — *Nous appellerons* **force** *toute cause capable de mettre un objet immobile en mouvement, c'est-à-dire de le faire changer de lieu, ou encore capable d'arrêter ou de changer le mouvement d'un corps.*

4. Exemple de force. — Action et réaction. — La Physique est en grande partie l'étude des forces naturelles et des lois auxquelles elles obéissent. Nous allons montrer quelques-unes de ces forces.

Suspendons un bloc de fonte à un ressort d'acier (*fig.* 2) : ce ressort est déformé par le *poids du corps* ; ce *poids* est une *force* qui amène l'extrémité du ressort de A en A'. Maintenant, l'équilibre est atteint ; ce ressort n'en est pas moins

1.

soumis à cette force qui le déforme. Mais inversement le ressort tend à reprendre sa forme primitive; il le ferait si

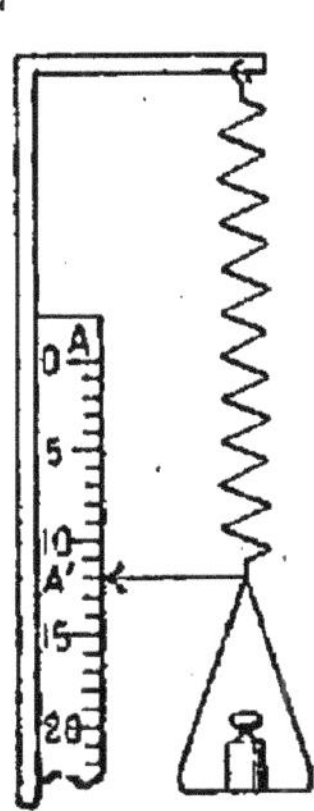

Fig. 2. — *Action et réaction.*—Le poids du corps est une force qui a amené le repère du point A au point A'. Le ressort exerce sur le poids une force égale et opposée; il tend à revenir en A.

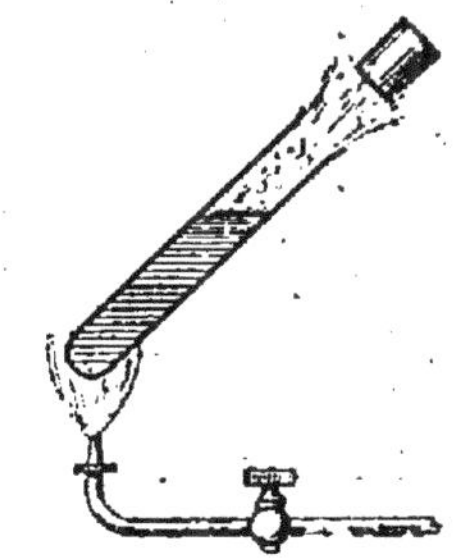

Fig. 3. — *Force pressante.* — La force pressante exercée par l'eau en vapeur chasse le bouchon.

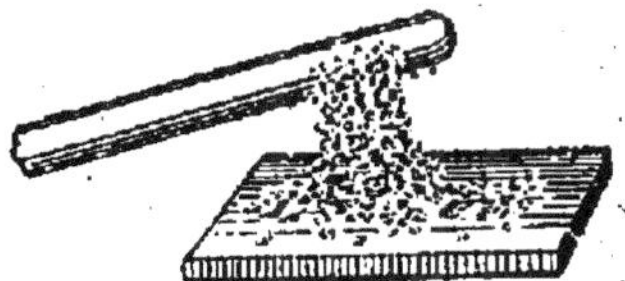

Fig. 4. — *Force électrique.* — Le bâton de verre frotté attire les débris de papier, grâce à la force électrique.

nous décrochions le poids. Le ressort exerce sur le poids une force considérable, empêchant le poids de tomber, qui est égale et opposée à celle du poids sur le ressort.

On dit que *la réaction* du ressort sur le poids est égale à *l'action* du poids sur le ressort. Cet exemple nous montre aussi qu'un corps immobile peut être soumis à l'action de forces; mais ces forces s'équilibrent.

Soit de l'eau chauffée dans un tube fermé par un bouchon. Cette eau émet de la vapeur qui tend à s'échapper au dehors, et exerce sur le bouchon une *force pressante* qui pourra le chasser (*fig.* 3).

Prenons enfin un morceau de verre et frottons-le avec du drap. Si nous approchons ce verre frotté de petits bouts de papier, ceux-ci se précipitent sur le verre. C'est donc qu'il y a une force qui les attire. On l'appelle *force électrique* (*fig.* 4).

II. *Les éléments d'une force : direction; — point d'application; — intensité.*

5. Direction. Point d'application. — La direction d'une force est la ligne suivant laquelle cette force agit.

Dans le cas de la main agissant sur le ressort (*fig.* 1), cette direction est celle de la ligne BC. Cette force agit sur le ressort au point C, qui est dit *point d'application* de la force.

6. Grandeur. — Mesure d'une grandeur. — On appelle *grandeur* tout ce qui est susceptible d'augmenter ou de diminuer. Une force est une grandeur. Nous allons montrer que c'est une grandeur mesurable. Pour mesurer une grandeur, on

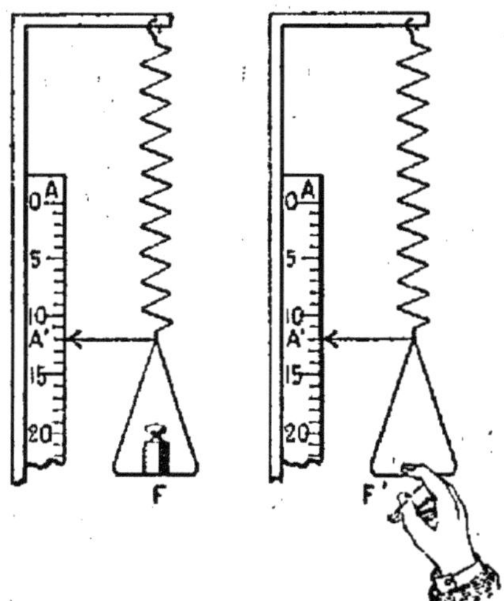

Fig. 5. — *Égalité des forces.* — Si les deux forces F, F' appliquées séparément produisent le même allongement A A', elles sont égales.

la compare à une grandeur de même espèce, prise pour unité.

7. Mesure des forces. — Le ressort dont nous nous sommes déjà servis, va nous permettre de mesurer les forces (*fig.* 5).

Supposons qu'une première force amène en A′ l'extrémité A du ressort. Si une seconde force, appliquée seule, produit la *même déformation*, nous dirons que cette force est *égale* à la précédente.

Si une force F produit à *elle seule* la même déformation que deux forces F′ et F″, appliquées *simultanément* au ressort, nous dirons que la force F est égale à la somme des deux autres :

$$F = F' + F''.$$

Si, en particulier, les deux forces F′ et F″ sont égales entre elles, on a

$$F = 2\,F';$$

la force F est double de la force F′.

On dira de même qu'une force F est triple d'une autre F‴, si elle produit à elle seule la même déformation que trois forces F‴ appliquées simultanément au ressort.

8. Intensité d'une force. — Nous pourrons maintenant exprimer une force *par un nombre*, qui indiquera combien de fois cette force en vaut de fois une autre que nous aurons prise pour unité. Ce nombre est dit intensité de la force.

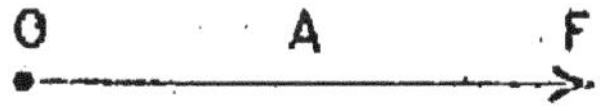

9. Représentation des forces. — Il sera commode, dans les figures, de représenter une force par une flèche (*fig.* 6). Sa direction OA sera la direction même de la force;

Fig. 6. — *Représentation d'une force.* — OA, direction. O, point d'application. OF, intensité.

élle commencera au point d'application O, et nous lui donnerons une longueur OF proportionnelle à l'intensité de la force.

CHAPITRE II.

ÉTUDE PARTICULIÈRE D'UNE FORCE : LA PESANTEUR.

I. *Direction de la pesanteur : verticale.*

10. Pesanteur. — Si nous suspendons un bloc de métal à un ressort, nous savons déjà que ce dernier est déformé, et si nous abandonnons le corps à lui-même, il tombe vers le sol. Cette force particulière qui attire les corps vers le sol est leur *poids.* On dit que les corps tombent grâce à la *pesanteur.*

Nous allons étudier successivement : sa direction, qu'on appelle *verticale ;* son *point d'application* au corps ou *centre de gravité ;* son *intensité* ou poids des corps.

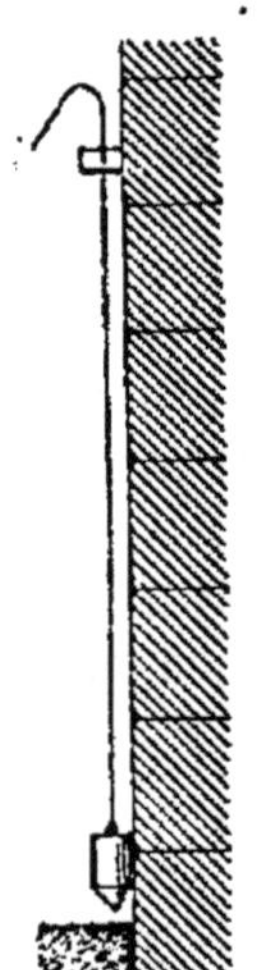

Fig. 7. — *Usage du fil à plomb.* — Il sert à vérifier la verticalité des murs.

11. Verticale. — Pour connaître la direction de la pesanteur, attachons un corps pesant, un morceau de métal, par exemple, à un fil (*fig. 7*). Ce fil prendra une certaine direction, qui est précisément celle de la force qui attire le corps vers la terre. On appelle cette direction la *verticale* du lieu.

12. Fil à plomb. — L'instrument que nous venons de construire s'appelle un *fil à plomb*. On s'en sert dans la construction pour vérifier la direction verticale des murs. Un mur est vertical s'il a bien la même direction que le fil à plomb.

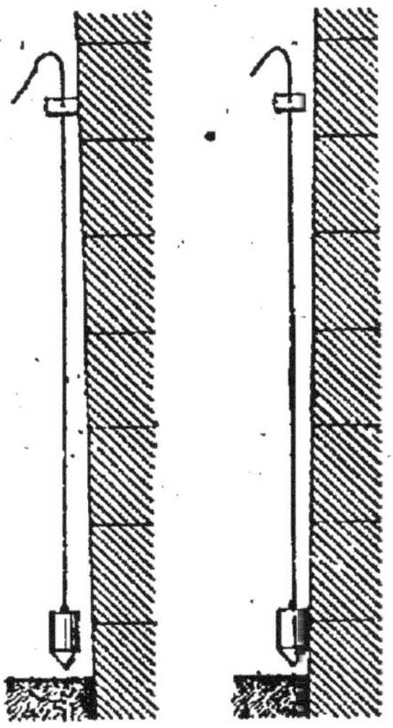

Afin de s'en assurer avec une certaine précision, on se sert d'une plaque carrée percée d'un trou distant du côté d'une largeur égale au rayon du cylindre de plomb. On applique la plaque contre le mur, on fait passer le fil dans le trou, et alors le cylindre doit exactement raser le mur. Il ne doit pas appuyer contre lui; il ne doit pas non plus s'en écarter (*fig.* 8).

Fig. 8. — *Deux murs non verticaux.* — Dans l'un, le plomb appuie sur le mur; dans l'autre, il s'en écarte.

13. Plan horizontal. — *On appelle plan horizontal un plan perpendiculaire à la verticale.*

Toute ligne située dans un plan horizontal est une horizontale.

14. Niveau des maçons. — Le fil à plomb peut servir à vérifier l'horizontalité d'une ligne, grâce à une propriété des triangles isocèles.

Soit un triangle isocèle ABC; la droite qui joint le sommet A au milieu M de la base est perpendiculaire à cette base.

Si on réalise un tel triangle isocèle en bois (*fig.* 9), et si on suspend un fil à plomb au sommet A (*fig.* 10), ce fil passera par le milieu M de BC, marqué à l'avance, seulement si la droite BC est perpendiculaire au fil, *c'est-à-dire horizontale.*

Si la ligne BC n'est pas horizontale, le fil à plomb passe à droite ou à gauche du repère tracé.

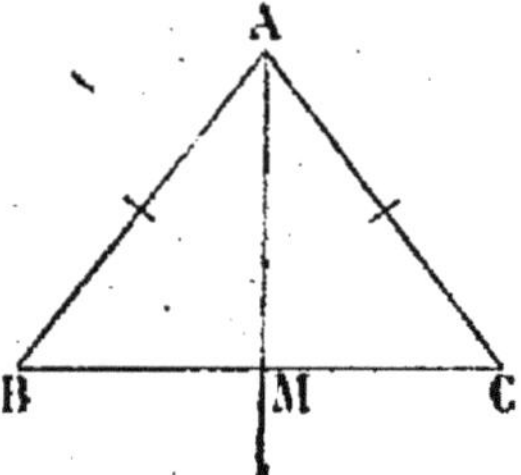
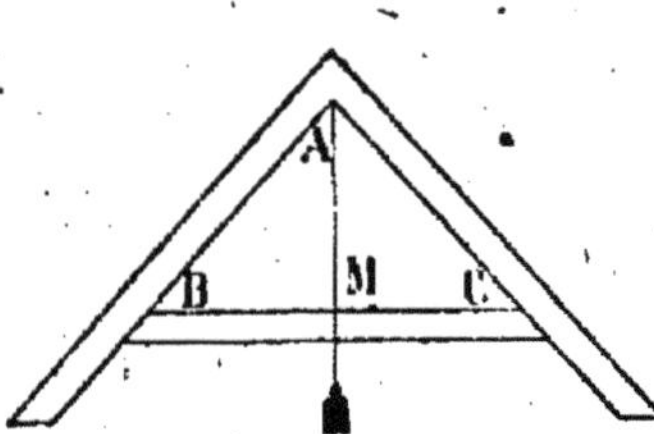

Fig. 9 et 10. — *Niveau des maçons.* — Le fil à plomb suspendu librement en A ne passe par M que si la ligne BC est horizontale.

Cet instrument, qui sert à reconnaître si une ligne est horizontale, est le *niveau des maçons.*

15. La surface libre d'un liquide en équilibre est horizontale. — Plaçons un fil à plomb au-dessus d'un vase plein d'une eau tranquille; nous pouvons constater avec une équerre (*fig.* 11) que la surface de l'eau est perpendiculaire à la direction du fil. Il en résulte que cette surface est, par définition, un *plan horizontal.*

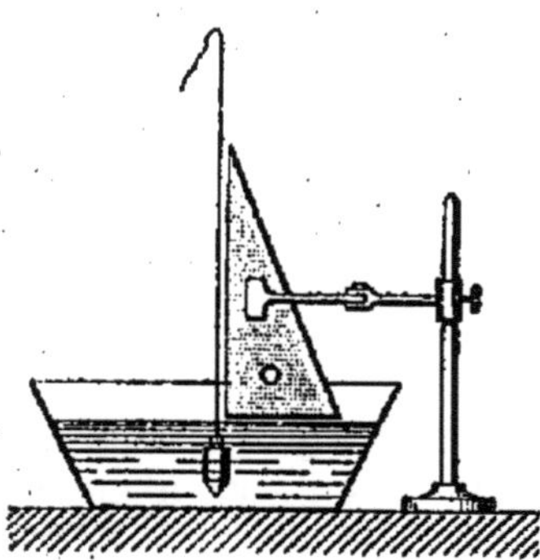

Fig. 11. — La surface d'un liquide en équilibre est exactement perpendiculaire à la direction du fil à plomb.

16. Angle des verticales de deux points éloignés. — Si nous prenons deux fils à plomb *voisins*, ils nous semblent rigoureusement parallèles. Cependant, ils ne le sont qu'approximativement; les prolongements de ces fils iraient se rencontrer au centre de la terre (*fig.* 12).

En effet, nous venons de voir que la verticale d'un lieu est perpendiculaire à la surface des eaux. Considérons une étendue considérable d'eau de mer.

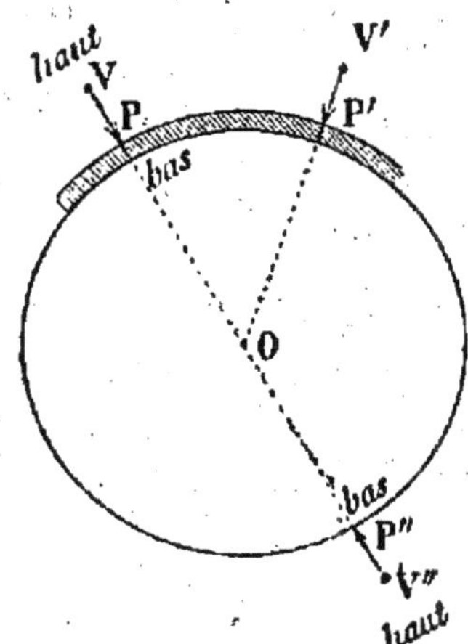

Fig. 12. — *Angles des verticales.* — Toutes les verticales aux différents points de la terre passent par son centre.

La surface des eaux de mer constitue une sphère, dont le centre est le centre même de la sphère terrestre.

La perpendiculaire à la surface de la sphère est un rayon et passe par le centre; donc la direction *de la verticale*, qui est perpendiculaire à la surface des eaux, passe par le centre de la terre.

Toutes les verticales menées à la surface du sol vont se rencontrer au centre de la terre.

Comme le centre de la terre est très loin, à plus de 6 000 kilomètres de la surface, il faut prendre deux verticales V, V' assez éloignées pour que leur angle soit notable.

17. Exemple. — Soit à calculer l'angle de deux fils à plomb placés à 500 kilomètres l'un de l'autre sur le même méridien. Le tour de la terre vaut 40 000 kilom.

1 km correspond à un arc, donc à un angle au centre de

$$\frac{360}{40\,000} = 0°,009, \text{ environ } \frac{1}{100} \text{ de degré.}$$

L'angle de deux fils à plomb situés à 500 km l'un de l'autre sur un même méridien est de $500 \times 0,009 = 4°,1/2$ environ.

II. *Point d'application du poids d'un corps : centre de gravité.*

18. Définition. — Nous venons d'apprendre qu'en un lieu de la terre la force de la pesanteur a une direction déterminée, que nous avons appelée verticale. Nous allons montrer maintenant par l'expérience que si nous considérons un corps solide indéformable, le *point d'application du poids de ce corps* a une position *déterminée et invariable* dans le corps, ne dépendant pas de la position du corps dans l'espace.

Ce point d'application de la pesanteur agissant sur un solide s'appelle le *centre de gravité* du corps.

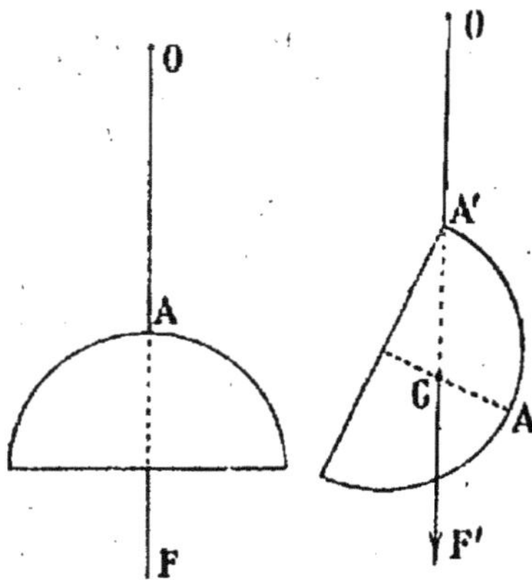

Fig. 13. — *Détermination du centre de gravité.* — Suspendons le corps par deux points différents A, A'; les directions du fil prolongées AF, A'F' se coupent au centre de gravité G.

19. Démonstration expérimentale de l'existence du centre de gravité. — Suspendons un corps de forme quelconque par un fil attaché en un point A de ce corps (*fig.* 13). Nous savons que ce fil prend la direction de la verticale : lorsque l'équilibre est atteint, le poids qui agit sur le corps est une force qui a précisément la direction OAF du fil; c'est-à-dire que le centre de gravité du corps, qui est le point d'application de la pesanteur, se trouve quelque part sur cette ligne droite OAF.

Suspendons maintenant le même corps par un autre de ses points A', et soit A'F' le prolongement du fil. La pesanteur exerce sur le corps une force qui a son point d'application quelque part sur la ligne droite OA'F'.

L'expérience montre que, quelle que soit la forme du corps, les deux lignes OF, OF' se rencontrent en un point G, qu'on appelle le *centre de gravité*.

Quel que soit le nouveau point A'' par lequel on suspendra le corps (*fig.* 14), la direction OA'' prolongée passera par le même point G.

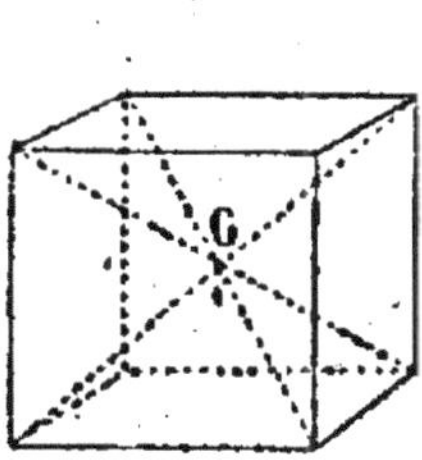

Fig. 14. — Le corps est suspendu par un point quelconque A''. La droite O A'' prolongée passe par le point G déterminé précédemment.

20. Détermination du centre de gravité. — L'expérience que nous venons d'effectuer nous donne le centre de gravité du corps, G, point d'intersection des deux directions OA, OA'. Cette expérience est d'une réalisation difficile et même impossible pour un corps qui n'est pas d'une épaisseur très faible.

Quand un corps solide homogène a une forme géométrique régulière, il est presque évident

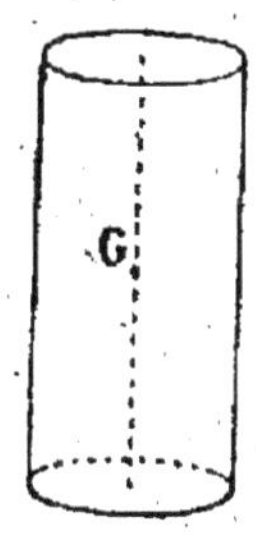

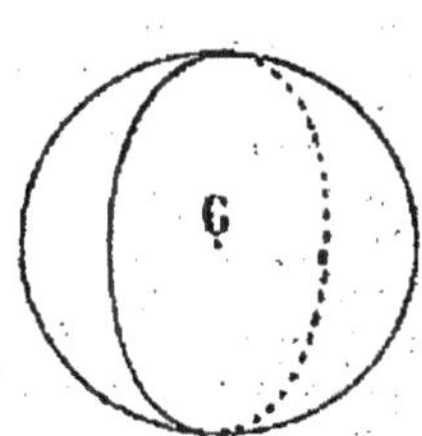

Fig. 15. — *Corps de forme géométrique régulière.* — Si les corps sont homogènes, le centre de gravité coïncide avec le centre de figure.

et on *démontre* en Mécanique, que le centre de gravité coïncide avec le centre de figure.

Par exemple, le centre de gravité d'un cube se trouve au point d'intersection des diagonales ; le centre de gravité d'un cylindre droit est au milieu de l'axe ; le centre de gravité d'une sphère, en son centre (*fig.* 15).

21. Le centre de gravité peut être extérieur au corps. — Le centre de gravité est un point fixe par rapport au corps ; mais il peut être en dehors de celui-ci. Par exemple, le centre de gravité d'un anneau plat est au centre des deux cercles concentriques qui le limitent (*fig.* 16).

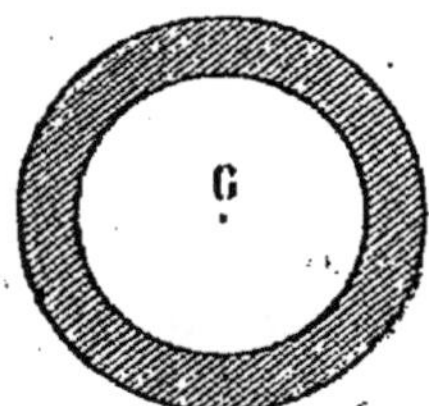

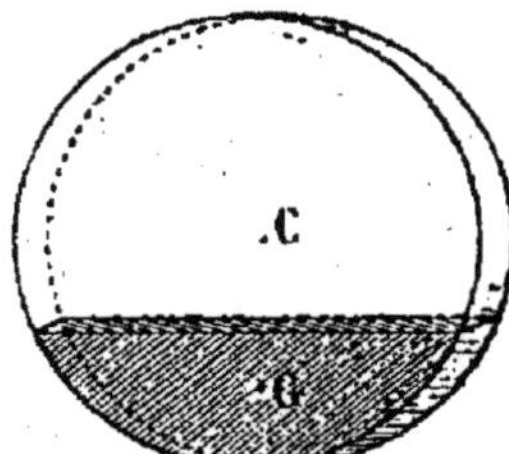

Fig. 16. — *Le centre de gravité peut être hors du corps.* — C'est le cas d'un anneau. Le centre de gravité est au centre G.

Fig. 17. — *Centre de gravité d'un corps non homogène.* — Du plomb coulé dans un disque circulaire amène le centre de gravité de C en G.

22. Centre de gravité d'un corps non homogène. — Si le corps considéré, tout en ayant une forme géométrique, n'est pas de constitution identique en tous ses points, c'est-à-dire n'est pas homogène, le centre de gravité peut ne point coïncider avec le centre de figure.

Par exemple (*fig.* 17). coulons du plomb dans une partie d'une boîte cylindrique en métal ; le centre de gravité n'est plus au centre C, il est amené plus près de la masse de plomb.

III. *Équilibre des corps.*

23. Équilibre des corps suspendus. — Considérons un corps dont nous avons déterminé le centre de gravité, par exemple, une planchette en forme de demi-cercle. Suspendons ce corps, soit par un point, soit par un axe, autour duquel le corps peut se mouvoir librement.

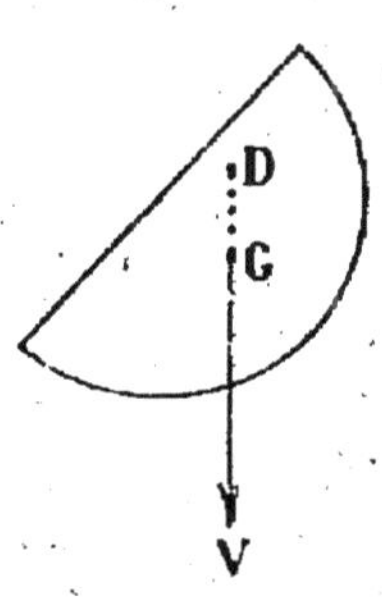

Fig. 18. — *Équilibre d'un corps suspendu.* — Le point de suspension et le centre de gravité sont sur une même verticale.

En général, le corps effectue quelques oscillations. Lorsque l'équilibre est atteint, le centre de gravité G se trouve exactement sur la verticale passant par le point ou l'axe D de suspension.

Donc *quand un corps suspendu par un axe ou un point est en équilibre, la verticale passant par son centre de gravité G rencontre l'axe de suspension ou passe par le point de suspension.*

C'est donc énoncer sous une forme un peu différente ce que nous avons remarqué pour la détermination même du centre de gravité.

24. Équilibre stable, instable, indifférent. — Soit un disque circulaire, homogène (*fig.* 19). Son centre de gravité est en son centre G. Suspendons ce disque par un point O, ou par un axe perpendiculaire à la figure se projetant au point O, situé *au-dessus* de G. Si on écarte le disque de sa position d'équilibre, il y revient après quelques oscillations : l'équilibre est *stable*.

Si le point O est *au-dessous* de G, le moindre écart fait basculer le disque, qui prend une autre position finale : l'équilibre est *instable*.

Enfin si le point O coïncide avec le centre de gravité G, le corps est en équilibre dans toute position : l'équilibre est

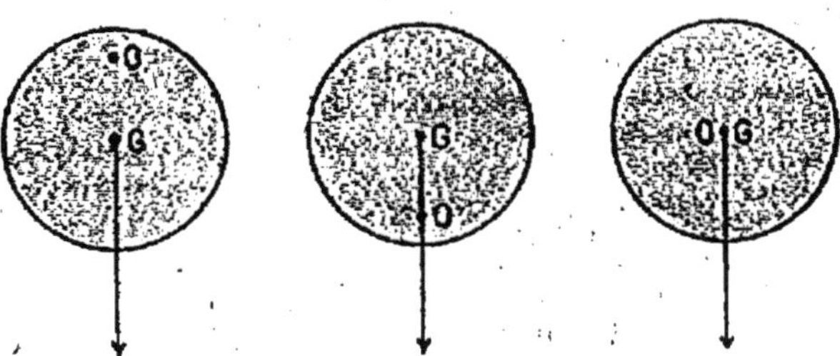

Fig. 19. — *Équilibre d'un corps suspendu.* — L'équilibre est stable, instable ou indifférent, suivant que l'axe de suspension est au-dessus du centre de gravité, au-dessous de ce point, ou coïncide avec lui.

indifférent. C'est le cas d'une roue de voiture suspendue par son essieu.

25. Expérience. — On peut montrer d'une façon assez saisissante les cas d'équilibre stable et instable à l'aide du

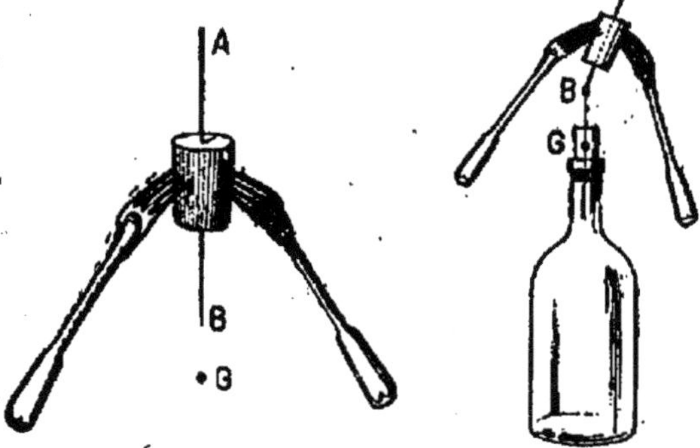

Fig. 20. — *Équilibre stable.* — L'équilibre de ce système est stable, parce que le centre de gravité G est au-dessous du point de suspension B.

simple dispositif que voici : une aiguille traverse un bouchon, de part et d'autre duquel sont plantées solidement deux fourchettes (*fig.* 20).

Le centre de gravité du système est un point G, *extérieur au système*.

L'équilibre du système sur le point A est à peu près impossible à réaliser, parce qu'il est instable. Il est très aisé, au contraire, de faire tenir le système sur la pointe B, parce que le centre de gravité G est *au-dessous* de B.

D'ailleurs, à l'équilibre, B et G sont sur une même verticale.

26. Équilibre des corps appuyés. — Considérons

maintenant un corps appuyé sur un plan horizontal, comme une table ou le sol; ce corps sera en équilibre tant que la verticale passant par le centre de gravité tombera sur le polygone d'appui. Si la verticale passe en dehors de ce polygone, le corps se renverse. Il résulte de là que l'équilibre *est d'autant plus facile à maintenir que le polygone d'appui est plus grand et le centre de gravité plus bas* (*fig.* 21).

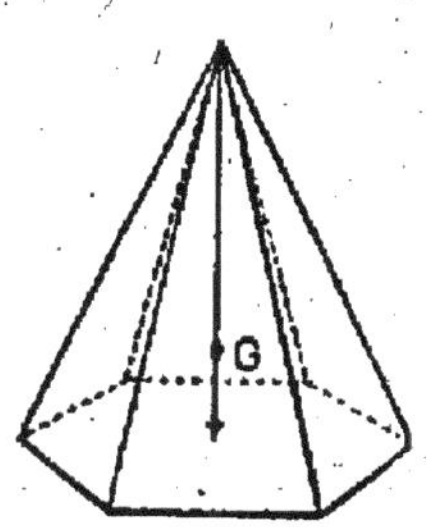

Fig. 21. — *Corps appuyé.*—Ce corps est en équilibre tant que la verticale passant par le centre de gravité passe à l'intérieur du polygone d'appui.

27. Conséquences pratiques. —

Ces considérations ont une importance pratique considérable pour la construction, le chargement des voitures, etc.

Un homme, par exemple, est en équilibre sur ses pieds si la verticale passant par son centre de gravité tombe à l'intérieur du polygone formé par ses pieds.

Une voiture à roues hautes, et dont le chargement est

voluminoux, comme une voiture chargée de paille (*fig.* 22), a son centre de gravité très haut ; elle verse si une roue s'enfonce dans une ornière de quelque profondeur.

Une voiture automobile, à roues basses, dont le moteur lourd est situé très bas, ne verse que très difficilement.

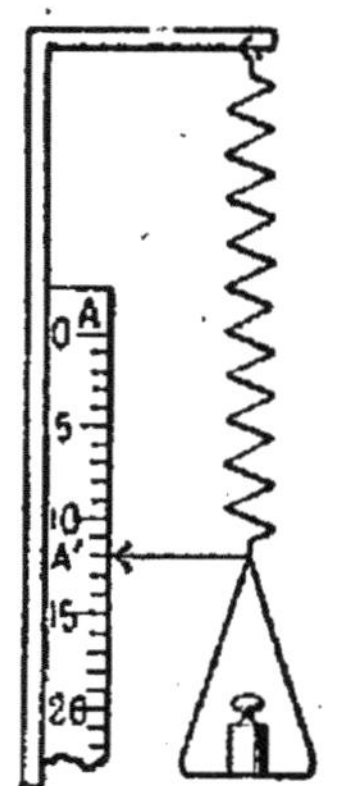

Fig. 22. — La verticale passe en dehors du quadrilatère des roues ; la voiture verse.

Fig. 23. — *Peson.* — Les poids étant des forces, on les mesure à l'aide du ressort déjà décrit.

IV. *Poids des corps.*

28. Poids. — Nous avons examiné jusqu'ici la *direction* de la force qui attire les corps vers le sol : la *verticale*, et son point *d'application* aux corps : le *centre de gravité*. Il nous reste à parler de l'*intensité* de cette force, qui est ce qu'on appelle le *poids*.

29. Mesure des poids. — Les *poids* des corps étant des *forces*, on les mesurera à l'aide d'un ressort (*fig.* 23) (7). Deux corps ont le même poids lorsqu'ils donnent séparément le même allongement à un ressort. Un corps pèsera deux fois plus qu'un second, s'il donne à un ressort la même déformation que deux corps identiques au second et attachés simultanément au ressort.

30. Unité de poids. — Poids d'un gramme. — L'unité de poids est le poids d'un gramme. C'est le poids de 1 centimètre cube d'eau pure (prise à la température de 4° centigrades).

Les *multiples* du gramme sont :

Le décagramme, qui vaut   10 grammes.
L'hectogramme   —   100   —
Le kilogramme   —   1000   —

Les *sous-multiples* sont :

Le décigramme, qui vaut $\dfrac{1}{10}$ de gramme.

Le centigramme   — $\dfrac{1}{100}$ —

Le milligramme   — $\dfrac{1}{1000}$ —

31. Poids marqués. — Boîtes de poids. — On réalise ces poids par des masses de métal d'un maniement commode et d'une matière aussi inaltérable que possible. On les appelle *poids marqués* ou simplement *poids*.

Les poids considérables en usage dans le commerce sont des troncs de pyramide en fonte et munis d'anneaux de fer. Le kilogramme et ses subdivisions sont des cylindres de laiton; pour les pesées précises, ces poids sont *dorés* ou *platinés*. Les subdivisions du gramme sont des plaques de platine ou des gros fils d'aluminium. On réalise ainsi les poids jusqu'au milligramme.

On réunit ces poids marqués dans des boîtes, où ils forment des séries permettant de réaliser tous les poids possibles : par exemple, la série des poids 200 gr., 100 gr., 50 gr., 20 gr., 10 gr., 5 gr., 2 gr., 1 gr., permet de réaliser tous les poids de 1 à 500 grammes.

32. Graduation et usage du peson. — Pour graduer cet instrument, on suspend successivement une, deux, trois masses *identiques* de métal au peson; ces masses sont égales à une certaine unité arbitraire. Aux points où s'arrêtera la branche A, on inscrira les chiffres 1, 2, 3, etc.

Si un corps quelconque suspendu à l'instrument donne une flexion telle que l'on lise 4, c'est que son poids vaut 4 unités.

33. Représentation graphique. — Mais si le repère s'arrête entre deux divisions de la règle, quel est le poids exact? Il n'y a aucune raison, *a priori*, pour que les allongements soient proportionnels aux poids.

Et, en effet, l'expérience nous montre que

$$\text{pour } 50 \text{ grammes l'allongement est de } 3^{cm},8;$$
$$100 \quad - \quad - \quad 7^{cm},2;$$
$$200 \quad - \quad - \quad 13^{cm},8;$$
$$300 \quad - \quad - \quad 19^{cm},5.$$

La meilleure manière de dire commodément à quel poids correspond un allongement quelconque, est de construire *une courbe.* C'est le premier exemple que nous rencontrions de représentation graphique d'un phénomène (*fig.* 25).

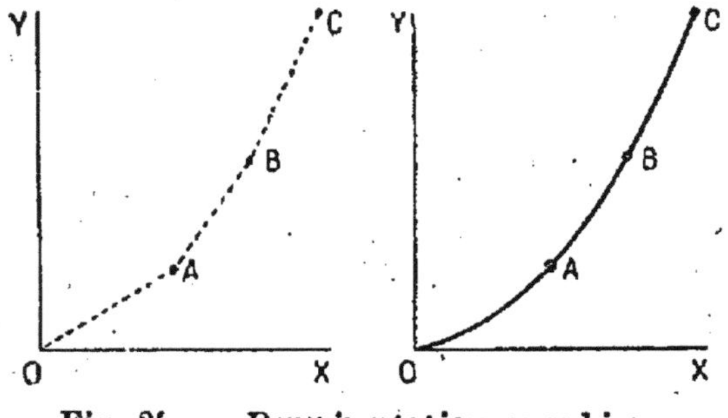

Traçons deux droites rectangulaires. Sur l'une, OX, portons des lon-

Fig. 24. — *Représentation graphique d'un phénomène quelconque.*

gueurs proportionnelles aux poids des corps, dont nous chargeons le peson.

Sur l'autre, OY, portons des longueurs proportionnelles aux allongements observés.

Représentons le résultat de la première expérience.

Sur OX prenons une longueur 50 et élevons en ce point une perpendiculaire dont la longueur soit 3,8; nous obtenons le point A.

Représentons de même la deuxième expérience. Au point 100 de la droite OX élevons une perpendiculaire égale à 7,2. Nous obtenons le point B. Et ainsi de suite; *chaque expérience sera représentée par un point tel que la distance à OY soit le poids placé sur le dynamomètre, et la distance à OX l'allongement observé.*

L'ensemble des points A, B, C ainsi obtenus forme une ligne polygonale. Mais il est clair que, si nous plaçons des poids successifs très voisins les uns des autres, les côtés de cette ligne sont très petits, et enfin si le poids croissait d'une façon *continue*, et non par additions successives, l'allongement croîtrait aussi d'une façon continue. L'ensemble du phénomène est représenté, non par une ligne polygonale, mais par une *courbe*.

Il suffit de déterminer quelques points de cette courbe comme nous l'avons fait et de les joindre par une ligne continue.

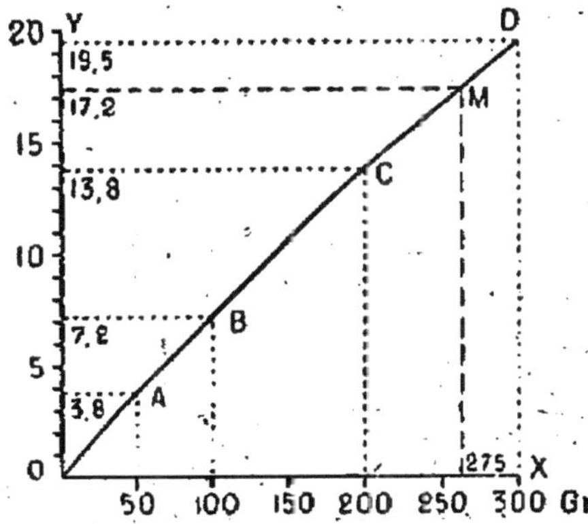

Fig. 25. — *Représentation graphique de la graduation du peson.* — Sur OX on porte les poids, sur OY les allongements. On détermine ainsi quelques points : A, B, C..... On les joint par une courbe continue.

Dès lors, l'examen de la courbe nous apprend à quel poids correspond un allongement quelconque.

Nous plaçons une pierre sur le plateau de l'appareil (*fig.* 23) et nous trouvons un allongement de 17^{cm},2.

Au point 17,2 de l'axe OY menons la parallèle à OX. Elle rencontre la courbe en un point M. De ce point je mène une parallèle à OY; elle rencontre l'axe OX à un point qui porte la division 275. Donc la pierre pèse 275 grammes.

34. Peson. — Le *peson* le plus usité est un ressort en acier trempé (*fig.* 26). Il est disposé de façon que sa flexion puisse se lire commodément.

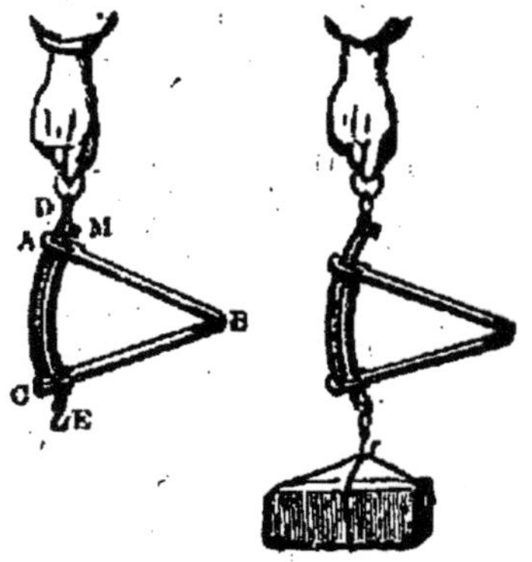

Fig. 26. — *Peson.*

Un premier arc de fer est fixé invariablement à la branche inférieure du ressort, en C; il passe librement à travers un trou de la branche supérieure en A. Au contraire, un second arc est invariablement lié à la branche supérieure en M, et passe librement à travers la branche inférieure en E. Dans ces conditions, si un poids est suspendu au crochet, les deux branches se rapprochent et on peut marquer la position de A sur l'arc AC.

Le peson permet de faire des pesées rapides et n'est pas encombrant, puisqu'il n'a pas besoin d'être accompagné de poids marqués lorsqu'il a été gradué une fois pour toutes.

35. Précision et limites d'usage. — Mais ce n'est pas un instrument précis. On pourra faire une erreur de 100 grammes dans l'évaluation d'un poids de 5 kilogrammes, c'est-à-dire une erreur égale à la $\frac{1}{50}$ partie du poids mesuré.

Enfin, si l'on ne veut pas mettre cet instrument hors d'usage, il est indispensable de ne mesurer avec lui que des poids inférieurs à une certaine limite.

Si en effet on suspend à un ressort un corps dont le poids est trop fort, le ressort subit une *déformation permanente*, c'est-à-dire qu'il ne revient pas au zéro de la graduation lorsque le corps est enlevé.

D'ailleurs un peson très fort, formé d'une lame épaisse, ne sera pas courbé visiblement par un poids léger, de sorte qu'il faudrait en réalité avoir toute une série de ces instruments.

36. Balance. — Description. — L'instrument qui sert

le plus fréquemment à mesurer le poids des corps est la balance (*fig.* 27). Il est fondé sur un principe bien différent, et sert à constater l'égalité de poids de deux corps.

Il est nécessaire de l'accompagner toujours d'une boîte de *poids marqués*.

La balance se compose d'une tige rigide BC appelée *fléau*, traversée perpendiculairement par trois pièces d'acier de sections triangulaires, appelées *couteaux*. *Les arêtes des trois couteaux sont dans un même plan et sont parallèles.*

Le couteau central A a son

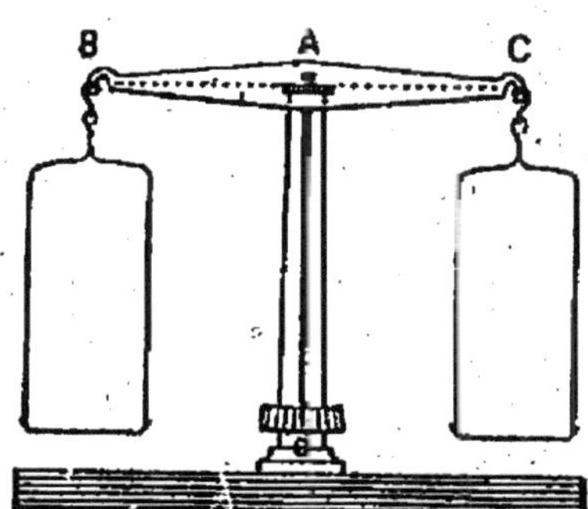

Fig. 27. — *Balance*. — Le fléau est traversé par trois couteaux. L'un supporte tout le système mobile, les deux autres portent les plateaux.

arête tournée en bas et supporte tout le système; il repose sur un plan bien poli, constitué par une substance dure.

Les deux autres couteaux ont leurs arêtes tournées vers le haut. Ils supportent les plateaux à l'aide d'étriers, par exemple.

1° Il est nécessaire que le mode de suspension assure une grande mobilité au système entier autour de l'arête vive du couteau A.

2° Les plateaux B et C, quel que soit leur mode de suspension, *doivent être très mobiles autour de leurs arêtes de suspension B et C.*

Une aiguille fixée au fléau se déplace sur une graduation, ce qui permet de suivre aisément les mouvements du fléau.

37. Usage de la balance. — Double pesée. — Cet instrument va nous permettre de constater l'égalité de poids de deux corps; l'un de ces corps sera celui dont on veut évaluer le poids, l'autre un poids marqué.

Pour peser un corps (*fig.* 28), plaçons-le dans l'un des

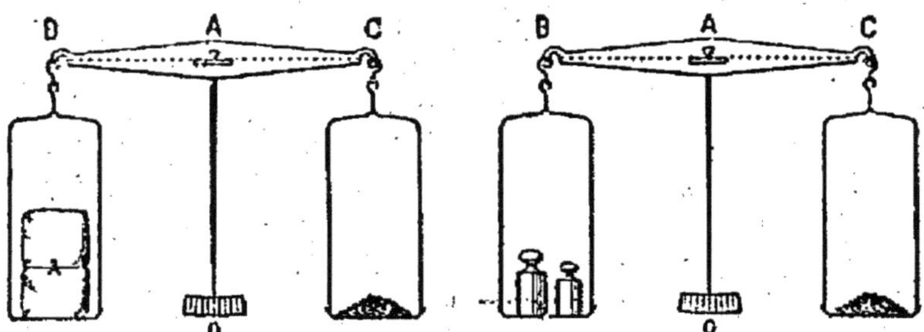

Fig. 28. — *Double pesée.* — 1ʳᵉ *expérience :* on met sur l'un des plateaux le corps et sur l'autre une tare. 2ᵉ *expérience :* on remplace le corps par des poids marqués en laissant la même tare.

plateaux de la balance, et mettons de l'autre côté de la grenaille de plomb, ou un corps quelconque, appelé *tare,* jusqu'à ce que l'aiguille vienne en face d'une division déterminée de la graduation, devant le zéro, *par exemple.*

Enlevons maintenant le corps, en laissant toujours la même tare dans l'autre plateau, et *remplaçons* le corps par des poids marqués, jusqu'à ramener l'aiguille devant la même division zéro.

Ces poids marqués sont identiquement dans les conditions où se trouvait le corps il y a un instant; ils ont le même effet sur la balance : c'est que leur *poids est précisément le même que celui du corps.*

Cette méthode, qu'il faut toujours employer dans les mesures de précision, s'appelle *double pesée.* En résumé, elle consiste à constater que les corps et des poids marqués, placés séparément et successivement dans le *même plateau* d'une balance, ont le même effet.

38. Construction des poids. — La balance nous permet donc de construire par double pesée des poids égaux; puis un poids double d'un autre. On marquera 20 grammes un poids qui aura le même effet que deux poids de 10 grammes, placés ensemble et substitués à lui du même côté de la balance.

39. Justesse de la balance. — Nous savons maintenant construire, réaliser des poids égaux; nous pourrons nous en servir pour chercher les conditions que doit remplir une balance juste.

On dit qu'*une balance est juste, lorsque le fléau garde la même position quand on met des poids égaux dans les deux plateaux.*

Prenons une barre rigide (*fig.* 29), suspendons-la en son milieu et fixons de petits crochets en quatre points, tels que $AB = AC$ et $AD = AE$ aussi rigoureusement que possible.

Suspendons un poids en B et un poids égal en C, la position de la barre ne change pas. Il en est de même si nous suspendons des poids égaux en D et en E.

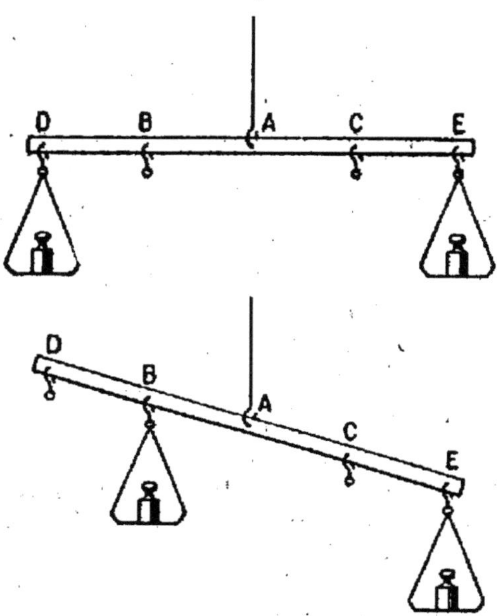

Fig. 29. — *Démonstration expérimentale des conditions de justesse.* — Des poids égaux ne changent pas la position d'équilibre lorsqu'ils sont suspendus à des distances égales du milieu, et dans ce cas seulement.

Mais si nous suspendons l'un des poids en B et l'autre en E, c'est-à-dire à des distances inégales du point de suspension, la barre penchera fortement du côté de E.

Donc des poids égaux suspendus à la barre ne lui laissent sa position que si les distances des points d'application au milieu sont égales.

Revenons à cette barre analogue qu'était le fléau de la balance.

Pour qu'une balance soit juste, il faut que les distances des couteaux extrêmes au couteau central soient égales, c'est-à-dire, sur la figure 3o, que AB = AC.

Il est évident que si les deux moitiés du fléau ont même poids, ainsi que les plateaux, la balance est aussi *horizontale* lorsqu'elle n'est pas chargée; mais *ce n'est pas une condition de justesse;* cela est simplement commode.

Il est difficile de réaliser une balance juste; mais nous

avons vu que, par la *double pesée*, on peut faire des pesées exactes sans se préoccuper de la justesse de la balance employée.

40. Pesée usuelle. — Pour vérifier la justesse d'une balance, on construit des poids égaux par double pesée, et on vérifie si, placés dans les deux plateaux, ils ne changent pas la position d'équilibre du fléau.

Lorsqu'une balance est juste, la pesée se fait très simplement. Il suffit de mettre dans l'un des plateaux le corps et dans l'autre des poids marqués jusqu'à ce que l'aiguille soit au zéro.

C'est ainsi que l'on fait toujours les pesées usuelles dans la vie journalière et le commerce (*fig.* 3o).

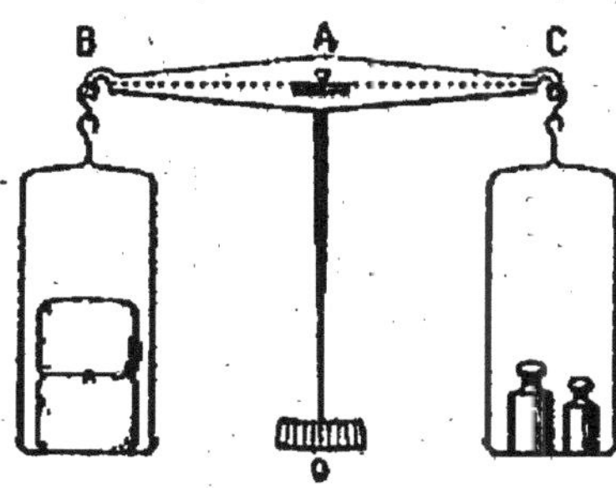

Fig. 30. — *Pesée avec une balance juste.* — On met le corps dans l'un des plateaux, les poids marqués dans l'autre.

41. Sensibilité de la balance. — On dit qu'une balance est *sensible au gramme*, lorsqu'une surcharge de 1 gramme placée dans l'un des plateaux donne au fléau, et par conséquent à l'aiguille, un déplacement visible.

Une balance de ménage est d'ordinaire sensible au gramme.

Un poids plus faible placé dans l'un des plateaux ne donne rien.

Les balances des physiciens, des chimistes, des pharmaciens doivent être beaucoup plus sensibles et accuser des déviations notables de l'aiguille pour des surcharges de 1 milligramme.

La sensibilité dépend, entre autres choses, de la perfection du travail des couteaux. S'ils ont des arêtes très fines, les frottements sur les supports sont très petits.

42. Limites d'usages. — Perfection de cet instrument. — On ne doit pas peser avec une balance des corps de poids trop forts : on risquerait de détériorer les couteaux, de fléchir ou de tordre le fléau, ou même de briser quelque pièce.

Par exemple, une petite balance de ménage ne doit pas être employée pour des poids supérieurs à 5 kilogrammes.

Nous avons vu qu'elle est sensible au gramme, c'est-à-dire qu'un poids de 5000 gr. peut être évalué à $\frac{1}{5\,000}$ près de sa valeur; c'est une très grande précision. Très peu d'instruments de physique permettent d'évaluer une grandeur en ne se trompant pas du $\frac{1}{5\,000}$ de sa valeur.

Il faudrait prendre de grandes précautions pour mesurer une longueur avec la même précision, par exemple pour ne se tromper que de 1 cm. sur 5000 cm. ou 50 mètres.

CHAPITRE III.

MESURES DE LONGUEUR. — MESURES DE VOLUME. — POIDS SPÉCIFIQUES. — DENSITÉS.

I. *Mesures de longueur.*

43. Unité de longueur. — Centimètre. — L'unité de longueur adoptée par les physiciens est le *centimètre*. C'est la 1/100 partie du mètre.

Le mètre est très sensiblement égal à la $\frac{1}{40\,000\,000}$ partie du méridien terrestre.

On conserve au Bureau international des Poids et Mesures une règle indéformable et inaltérable qu'on appelle « mètre étalon ». La longueur de cette règle est, par définition, le mètre. Elle sert directement ou indirectement de modèle à tous les autres. C'est la 1/100 partie de la longueur de cette règle qui est le centimètre.

44. Mesure des longueurs.

— Pour mesurer la longueur d'un objet, il suffit de le placer contre une règle divisée, en faisant coïncider une extrémité A de l'objet avec l'extrémité O de la règle divisée.

Deux cas peuvent alors se présenter : 1° L'autre extrémité B de l'objet coïncide avec un trait de la règle. Il suffit dans ce cas de lire le numéro n de ce trait.

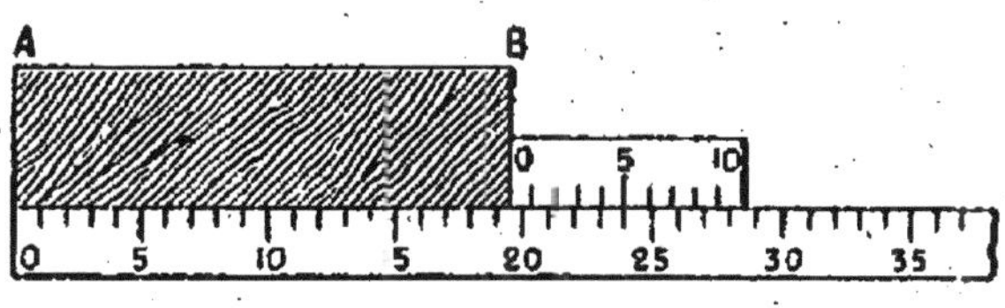

Fig. 31. — *Vernier*.

2° L'extrémité B de l'objet tombe entre deux traits consécutifs de la règle qui portent les numéros n et $n + 1$. On apprécie avec un peu d'habitude la fraction de division à $\frac{1}{10}$ près. Mais on emploie souvent un petit instrument nommé *vernier* (*fig.* 31).

45. Vernier.

— Pour fixer les idées, soit une règle divisée en millimètres, et soit à apprécier la longueur de l'objet AB à $\frac{1}{10}$ de millim. près.

Le vernier est une petite réglette que l'on applique contre l'extrémité B; pour la construire, on a pris une longueur de 9 millim. et on l'a divisée en dix parties égales. Chaque division du vernier vaut donc $\frac{9}{10}$ de millimètre, c'est-à-dire diffère d'une division de la règle de $1^{mm} - \frac{9}{10} = \frac{1}{10}$ de millimètre.

Dans le cas de la figure, le zéro du vernier, coïncidant avec l'extrémité B de l'objet, est placé entre les divisions 19 et 20. Cherchons sur le vernier celle de ses divisions qui coïncide avec une division de la règle. Nous trouvons que c'est la 5e. Alors la divison 4 du vernier est distante de $\frac{1}{10}$ de millim. de la division correspondante de la règle. Les divisions 3, 2, 1 du vernier sont, à droite des divisions de la règle, respectivement de $\frac{2}{10}$, $\frac{3}{10}$, $\frac{4}{10}$ de millim. Enfin, le zéro du vernier est à droite de la division 19 de la règle de $\frac{5}{10}$ de millim. C'est précisément la longueur à apprécier.

L'objet AB a une longueur de 19 millim. $\frac{5}{10}$.

46. Pied à coulisse (*fig.* 32).—Cet instrument, qui sert à mesurer les épaisseurs, est muni d'un vernier. La figure explique suffisamment son usage.

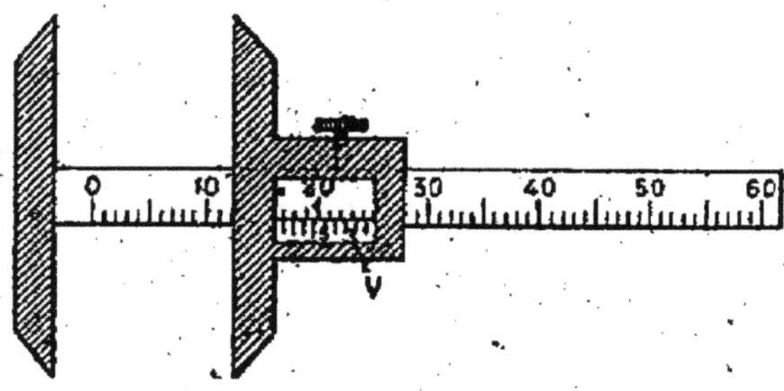

Fig. 32. — *Pied à coulisse.*

II. *Mesure du volume d'un solide ou d'un liquide.*

47. Volume d'un solide de formes géométriques.
— Si on a réalisé un corps de forme géométrique, on pourra calculer son volume en mesurant ses dimensions linéaires. Par exemple, le volume d'un parallélépipède rectangle est égal au produit de ses arêtes. On mesurera ces dernières (*fig.* 33). Il est très difficile de réaliser de tels solides bien réguliers, et les corps dont on veut déterminer le volume ont, en général, des formes quelconques. Comment y arrive-t-on ?

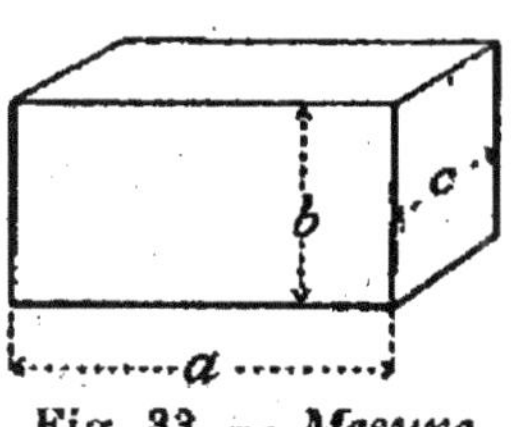

Fig. 33. — *Mesure d'un volume.*
$V = a \times b \times c.$

48. Construction d'un vase gradué (*fig.* 34). — Proposons-nous de marquer sur un vase de forme quelconque, par exemple sur un verre à expériences, des graduations en parties de volumes égaux et connus.

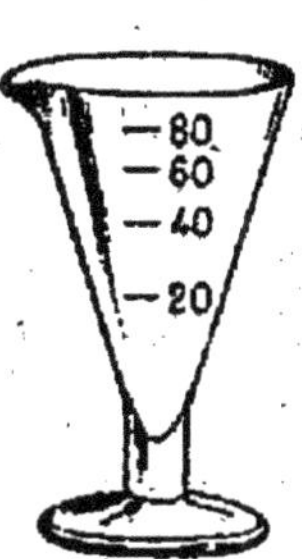

Fig. 34.
Verre gradué.

Nous nous servirons de la définition même du *gramme, qui est,* nous l'avons dit, *le poids d'un centimètre cube d'eau.*

Pesons 20 grammes d'eau ; leur volume est par définition 20 cmc. Versons-les dans le verre à graduer ; à l'endroit où l'eau affleure, nous traçons un trait, par exemple avec un pinceau imprégné de vernis, et nous marquons 20. Pesons 40 grammes d'eau : le niveau où ils affleurent dans le vase correspond à 40 cmc ; et ainsi de suite.

Si on a un vase bien cylindrique, on peut simplifier cette

opération (*fig.* 35). Versons 1 kilogr. ou 1000 cmc dans ce vase; nous obtenons un trait A. Il suffit maintenant de partager la longueur AB en parties d'égale longueur. Elles correspondront à des volumes égaux. Si on fait 100 traits entre A et B, le volume compris entre deux divisions consécutives est 10 cmc.

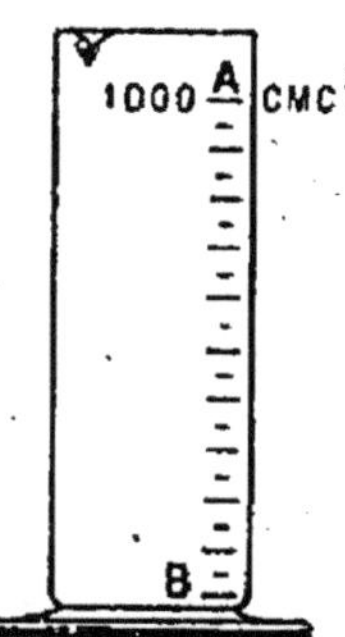

Fig. 35. — *Éprouvette graduée.*

En vérité, il vaudrait mieux opérer comme nous l'avons fait pour le verre à expériences. Ce serait la meilleure manière de vérifier si le vase est cylindrique.

Un vase est cylindrique si des poids d'eau égaux versés dans ce vase affleurent à des niveaux équidistants.

49. Mesure du volume d'un liquide. — Burette. —

C'est une opération qui se comprend d'elle-même, si on dispose d'un vase gradué. Celui de ces instruments qui est le plus employé s'appelle une *burette* (*fig.* 36). C'est un tube vertical, terminé à sa partie inférieure par un robinet en verre et une pointe effilée. Ce tube est divisé en centimètres cubes et en dixièmes de centimètres cubes.

La burette sert surtout dans les laboratoires de chimie. On la remplit jusqu'au zéro, marqué au haut du tube. Lorsqu'on a laissé écouler la quantité de liquide dont on avait besoin, on lit son volume sur la graduation.

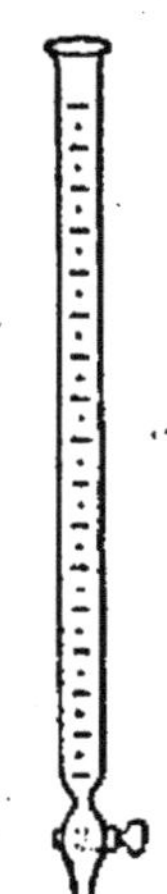

Fig. 36. *Burette.*

50. Mesure du volume d'un solide à l'aide d'un vase gradué. — On met un liquide dans le vase gradué (*fig.* 37), et on y immerge le corps, suspendu par un fil fin,

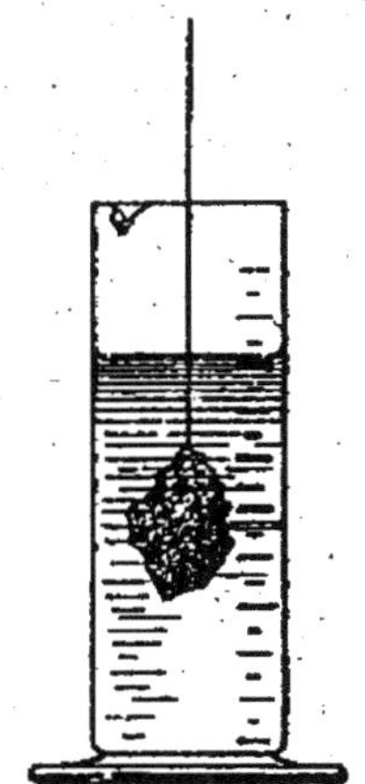

Fig. 37. — *Mesure du volume d'un solide.*—On l'immerge dans un liquide contenu dans un vase gradué.

dont le volume soit négligeable vis-à-vis de celui du corps; le liquide monte d'un nombre de divisions qui donne évidemment le volume du corps.

Pour que cette expérience soit possible, il faut que le liquide ne dissolve pas le solide. Il faut le choisir convenablement. On ne pourrait mesurer ainsi le volume d'un morceau de sucre qu'on immergerait dans l'eau. Il faut aussi que le corps s'enfonce dans le liquide, n'y flotte pas comme le ferait le liège sur l'eau. On remédierait à cet inconvénient en l'attachant à un morceau de métal qui l'entraînerait au fond, et dont on aurait préalablement mesuré le volume.

51. Mesure du volume d'un solide à l'aide d'un vase muni d'un trop-plein. — On entend par *trop-plein* un ajutage latéral au niveau duquel on amène l'eau dont on remplit le vase (*fig.* 38). Si on plonge un corps dans ce vase, une partie de l'eau qui y est contenue

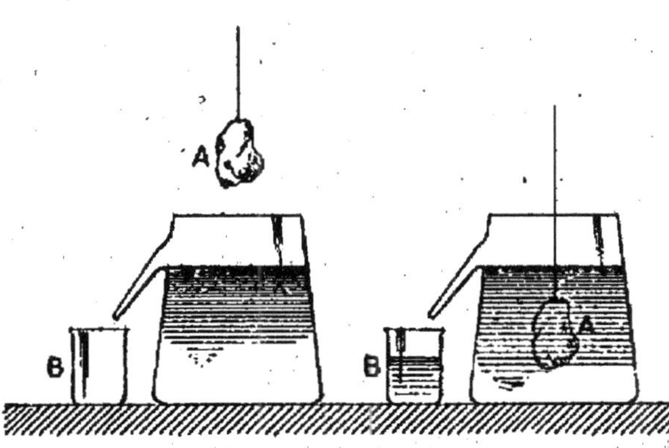

Fig. 38. — *Vase à trop-plein.* — Lorsqu'on immerge le corps A, de l'eau s'écoule dans le vase B. Du poids de cette eau on déduit le volume du corps.

s'écoule; la portion qui s'écoule a précisément le volume du corps immergé. Le poids de cette eau en grammes est numériquement *égal* au volume du corps en centimètres cubes.

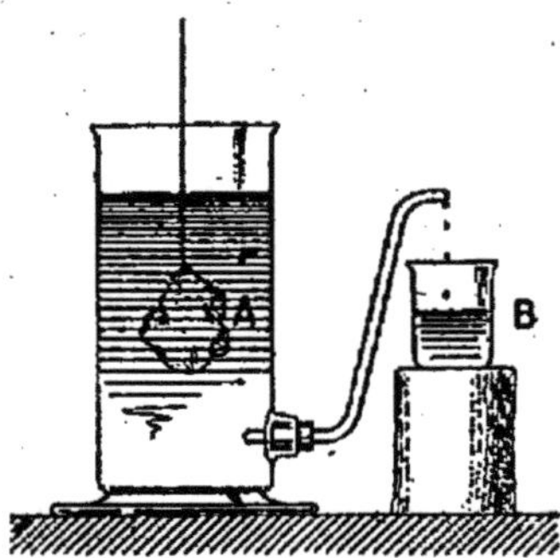

Fig. 39. — *Vase à trop-plein.*

On peut se construire soi-même un vase à trop-plein analogue à celui qui est représenté sur la figure 39; mais il s'appuie sur le principe des vases communiquants, que nous verrons un peu plus tard. Son usage est identique.

III. *Poids spécifiques. — Densités relatives.*

52. Poids spécifique. — *Le poids spécifique d'un corps ϖ est le quotient de son poids P par son volume V.*

$$\varpi = \frac{P}{V}.$$

Ce nombre ϖ est donc numériquement le *poids de l'unité de volume du corps.* Un corps qui a un grand poids sous un petit volume, comme du *plomb*, a un poids spécifique *plus grand* qu'un corps qui pèse peu sous le même volume, comme du *liège.*

Ce nombre ϖ, étant le quotient du poids par le volume, dépend évidemment des unités choisies pour les poids et pour les volumes.

Nous conviendrons d'exprimer les poids en *grammes* et les volumes en *centimètres cubes.*

De la formule $\varpi = \dfrac{P}{V}$ on tire $P = \varpi V$.

Le poids d'un corps est le produit du poids spécifique par le volume. On en tire aussi

$$V = \frac{P}{\varpi}.$$

Le volume d'un corps est égal au quotient du poids par le poids spécifique.

53. Détermination des poids spécifiques. — Cette détermination comporte *deux opérations*.

D'après la définition même, il suffit de mesurer *d'une part le poids* en grammes, et *d'autre part le volume en centimètres cubes*, puis de prendre le quotient des nombres obtenus. Nous savons déjà faire ces deux mesures. Nous apprendrons plus tard une autre manière de mesurer le volume d'un corps.

54. Applications numériques. — 1° *Un morceau de plomb de 7^{cmc} pèse $79^{gr},45$; quel est son poids spécifique?*

$$\varpi = \frac{P^{gr}}{V^{cmc}} = \frac{79,45}{7} = 11,35.$$

2° *Quel est le poids d'un litre et demi d'un liège dont le poids spécifique est $0,24$.*

$P = \varpi V$; il faut exprimer le volume en centimètres cubes; on obtient le poids en grammes :

$$P = 0,24 \times 1500^{cmc} = 360 \text{ grammes.}$$

55. Densités relatives. — On appelle *densité relative d'un corps A par rapport à un corps B le rapport entre le* poids d'un certain volume du premier et le poids du même volume du second :

$$D = \frac{P}{P'}.$$

P et P' sont les poids de volumes égaux V des deux corps A et B, de poids spécifiques respectifs ϖ et ϖ'.

Or, $\qquad P = \varpi V \qquad P' = \varpi' V$;

donc $\qquad D = \dfrac{\varpi\, V}{\varpi'\, V} = \dfrac{\varpi}{\varpi'}.$

La densité relative de A, par rapport à B, est donc égale *au rapport de leurs poids spécifiques ϖ et ϖ'.*

Le poids spécifique d'un corps dépend, nous l'avons dit, des unités choisies. La densité relative n'en dépend pas ; elle exprime combien de fois le corps A est plus lourd que le corps B à volume égal, et évidemment cela ne change pas avec les unités choisies.

56. Densité relative par rapport à l'eau. — On prend, en général, la densité relative des solides et des liquides par rapport à l'eau.

Elle égale le quotient du poids spécifique du corps par le poids spécifique de l'eau. Or ce dernier est égal à l'unité par définition même du gramme.

Donc la densité relative d'un corps par rapport à l'eau $\left(d = \dfrac{\varpi}{I} \right)$ *est numériquement égale à son poids spécifique.*

57. Application numérique. — *25 centimètres cubes d'eau de pluie pèsent* $25^{gr},50$. *Quelle est sa densité par rapport à l'eau pure ?*

La densité est le quotient du poids du corps 25,50 par
3.

le poids d'un égal volume d'eau, c'est-à-dire le poids de vingt-cinq centimètres cubes ou 25 grammes.

$$d = \frac{25^{gr},50}{25^{gr}} = 1,02.$$

Le poids spécifique, qui est le quotient du poids $25^{gr},50$ par le volume 25 centimètres cubes, a même valeur numérique.

$$\varpi = \frac{25^{gr},50}{25^{cmc}} = 1,02.$$

58. Densité de quelques corps par rapport à l'eau. — Le tableau suivant donne les densités de quelques corps. La densité d'un corps dépend de sa constitution chimique. Des corps de même constitution chimique peuvent avoir des densités différentes. Par exemple, la densité d'un métal dépend du travail qu'il a subi. Si un corps peut prendre plusieurs états *allotropiques*, comme le carbone, chacun de ces états est caractérisé par une certaine densité.

Densité de quelques solides par ordre décroissant, à la température de 0° :

Platine,		21,45
Or,		19,36
Plomb,		11,35
Argent,		10,51
Cuivre	laminé,	8,95
	fondu,	8,85
Fer	forgé,	7,79
	fondu,	7,20
Carbone diamant,		3,55

Verre à vitres,	2,53
Carbone graphite,	2,16
Glace,	0,92
Sapin,	0,49 à 0,66
Liège,	0,24

Densité de quelques liquides par ordre décroissant :

Mercure,	13,6
Brome,	2,97
Acide sulfurique concentré ($SO^4 H^2$),	1,84
Eau de mer,	1,02
Vin,	0,99
Alcool absolu,	0,79

Les gaz, l'air en particulier, sont pesants ; on a pour l'air :

Air,	0,001293

LIVRE II

ÉQUILIBRE DES LIQUIDES
ET DES GAZ

CHAPITRE Ier.

PRESSIONS. — ÉQUILIBRE
DES LIQUIDES.

I. *Pressions exercées par les corps solides en vertu de leur poids.*

59. Efforts exercés par des solides pesants sur leurs appuis. — Lorsqu'un corps pesant est placé sur une table, nous avons vu que son *poids est une force qui presse* le corps entier contre la table.

Inversement, la table exerce sur le corps une réaction égale.

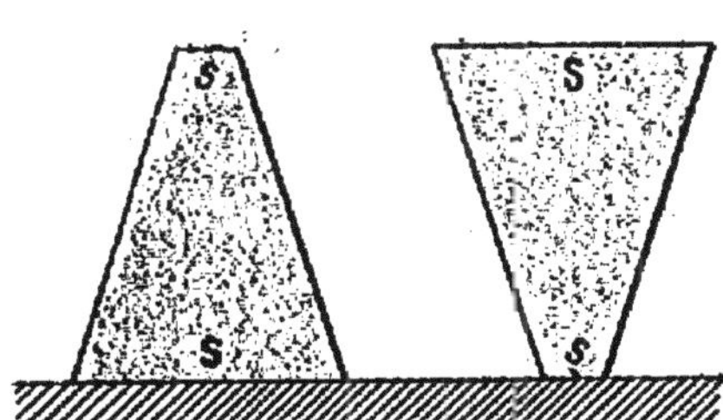

Fig. 40. — *Notion de pression.* — La pression exercée par ce tronc de cône de poids P est dans le 1er cas $\frac{P}{S}$, dans le 2e, $\frac{P}{s}$.

60. Notion de pression. — Considérons un tronc de cône à bases parallèles pesant 10 kilogrammes. Supposons que la grande base a une surface de 1 décimètre carré, la petite base une surface de 1 centimètre carré. Posons *successivement* ce tronc de cône : 1° sur sa grande base, et 2° sur sa petite base (*fig.* 40).

Dans les deux cas, le poids de ce corps presse sur la table, avec une force totale, *une force pressante ou force de pression* égale au poids : 10 kilogrammes.

Mais, dans le premier cas, cette force pressante de 10 kilogrammes est *répartie* sur une surface de 100 cmq; dans le second cas, cette même force est *répartie* seulement sur 1 cmq.

Si le plan d'appui est peu résistant, le tronc de pyramide peut le percer dans le deuxième cas, alors qu'il ne le faisait pas dans le premier.

Il s'introduit donc par cette expérience une notion nouvelle, différente de la notion de force, qui amène à définir la pression.

61. Définition de la pression. — *La pression est le quotient de la force pressante par la surface pressée.*

Nous conviendrons de prendre pour unité de force le poids du gramme; pour unité de surface, le centimètre carré :

$$p = \frac{\text{P}}{s}.$$

Par exemple, dans les deux expériences que nous venons de réaliser la pression est :

$$1° \quad \frac{10\,000^{gr}}{100^{cmq}} = 100^{gr} \text{ par cmq.}$$

$$2° \quad \frac{10\,000^{gr}}{1^{cmq}} = 10000^{gr} \text{ par cmq.}$$

62. Conséquences pratiques. — Dans la construction des bâtiments, des ponts, etc., on répartira, si cela est possible, le poids du bâtiment sur une surface assez grande, de façon que le sol n'ait à supporter qu'une certaine pression limitée, variable avec la nature du sol.

Souvent il est nécessaire de répartir le poids sur une surface assez faible; alors, si le sol est trop friable pour supporter la *pression* qui s'exercera sur lui, on crée un sol artificiel très dur, en noyant des pilotis de bois dans du béton.

Par exemple, la Tour de 3oo m. à Paris pèse 9 000 000 de kilog., et sa surface d'appui est de 45o mq. La pression sur les fondations est égale au poids de 2 000 gr. ou 2 kilog. par cmq. C'est à peu près la pression exercée par un mur plein en pierres meulières de 9 mètres de haut.

II. _Surfaces de séparation de deux fluides._ _Vases communiquants._

63. Solides. — Liquides. — Gaz. — _Un corps est dit solide lorsqu'il a une forme et un volume qui lui sont propres et qui ne peuvent être modifiés que par des forces considérables._

Exemples : une pierre, une barre de fer.

Un _fluide n'a pas de forme propre;_ ses particules peuvent glisser les unes sur les autres avec la plus grande facilité; il prend toujours la forme du vase qui le renferme.

On distingue deux sortes de _fluides :_ les _liquides_ et les _gaz._

Un liquide est un fluide très peu compressible ; c'est-à-dire qu'il faut exercer sur lui des forces considérables pour _modifier son volume._

Exemples : l'eau, l'huile.

Un gaz est un fluide très compressible; des efforts peu considérables modifient beaucoup son volume.

Exemples : l'air, l'acétylène.

64. Surface libre d'un liquide en équilibre. — *La surface libre d'un liquide en équilibre est plane et horizontale,* nous l'avons démontré **(15)**. On conçoit cela en se rappelant la grande mobilité des particules, qui descendraient si une portion du liquide présentait une pente.

Si la surface du liquide est considérable, comme celle d'une mer, la surface, étant en chaque point perpendiculaire au fil à plomb, est en réalité sphérique **(16)**.

65. Surface de séparation de deux fluides. — En réalité, quand on considère un verre plein d'eau, il y a deux fluides en présence : *l'eau et l'air;* c'est leur surface de *séparation* qui est horizontale.

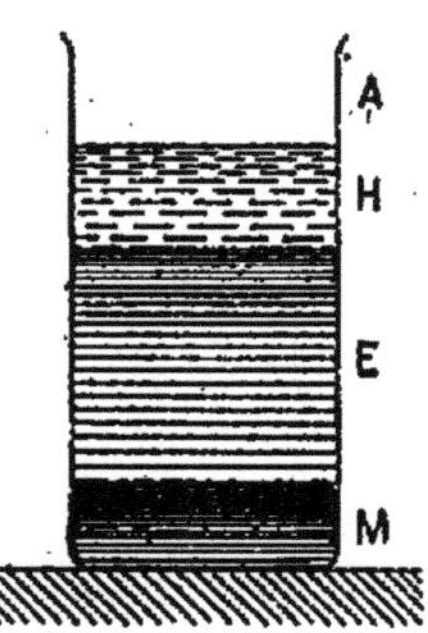

Fig. 41. — *Les surfaces de sépara- tion des fluides sont horizontales.*

Il en est de même si on met dans un vase deux ou plusieurs fluides *non miscibles (fig.* 41). Ils se superposent par ordre de densité décroissante, le plus dense occupant le fond du vase, et toutes les surfaces de séparation sont planes et horizontales.

C'est ce que nous observons dans une fiole où nous mettons du mercure, de l'eau et de l'huile.

66. Vases communiquants. — Il n'y a aucune différence entre un seul vase et plusieurs vases communiquants, que l'on peut toujours considérer comme formant un seul vase.

La surface dans chacun d'eux est horizontale et toutes les surfaces sont dans un même plan.

C'est ce que nous montrons avec deux vases réunis au moyen d'un tuyau de caoutchouc par la partie inférieure (*fig.* 42). Déplaçons l'un d'eux. Quand l'équilibre est établi, le niveau est le même dans les deux vases.

C'est d'après ce principe que nous avons construit un vase à trop-plein (**51**).

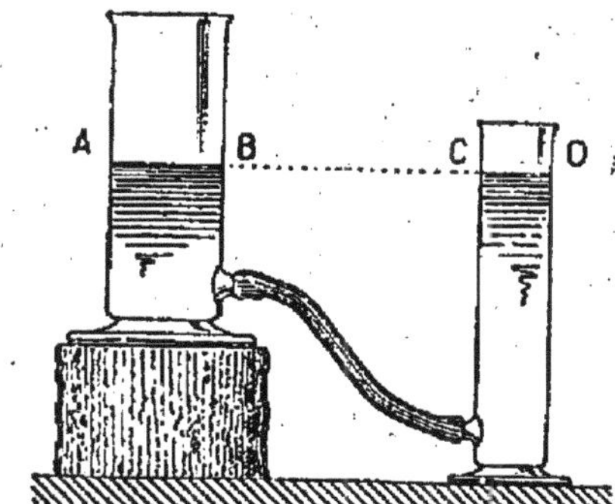

Fig. 42. — *Vases communiquants.* — AB et CD sont dans un même plan horizontal.

67. Applications. —

1º Niveau des mers. — Les mers communiquent entre elles; aussi leur niveau est le même.

2º Niveau à bulle d'air (*fig.* 43). — C'est un tube de verre légèrement courbe, fermé aux deux extrémités, et presque entièrement rempli de liquide. Il ne reste qu'une bulle d'air. Quelle que soit la position du tube, la surface de séparation du liquide et de l'air AB est *horizontale.* Si la ligne CD sur laquelle le tube est posé est elle-même horizontale, la bulle vient occuper le milieu du tube et se place entre deux repères tracés sur le

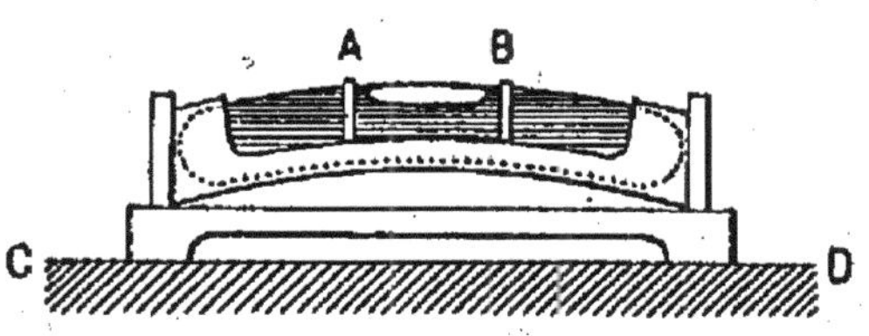

Fig. 43. — *Niveau à bulle d'air.* — Si le plan CD est horizontal, la bulle vient entre ses repères A et B.

tube; sinon, la bulle est à droite ou à gauche. Cet instrument sert à vérifier et à régler l'horizontalité d'une ligne ou d'un plan. Dans ce cas, il faut opérer sur deux lignes rectangulaires dans le plan.

3° Niveau d'eau.

3° Niveau d'eau. — Cet instrument sert aux arpenteurs pour déterminer la différence de niveau entre deux points.

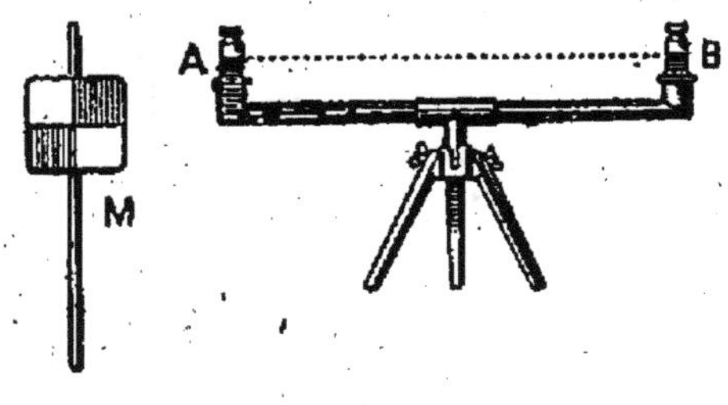

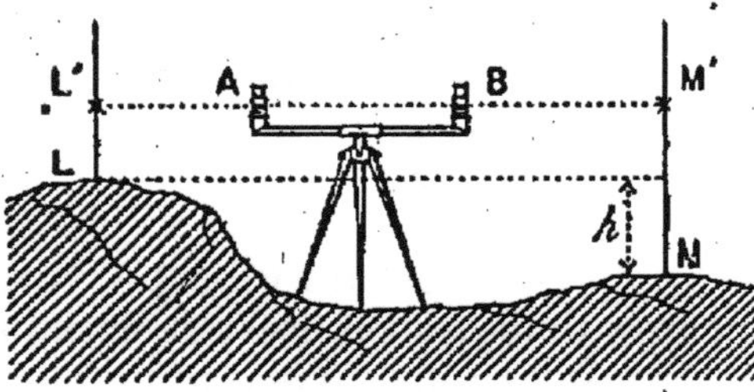

Fig. 44. — *Niveau d'eau.*

Il se compose de deux fioles de verre communiquant par un tube métallique; le tout contient un liquide coloré pour être plus visible. L'appareil est supporté par un trépied.

Quelle que soit la position du tube, le plan AB est horizontal.

Soit à déterminer sur le terrain la différence de niveau entre deux points L et M.

On fiche en ces deux points une règle verticale divisée, le long de laquelle se déplace une mire (*fig.* 44.)

Un aide déplace la mire M' le long de la première fiche jusqu'à ce que l'opérateur, qui vise selon la ligne AB, voie sur cette ligne le milieu de cette mire. Alors M' est dans le plan horizontal AB. On lit sur la fiche la hauteur MM'.

On recommence la même opération en L; on déplace la mire jusqu'à ce que son milieu soit en L' sur la ligne de mire BA. On note la hauteur LL'.

La différence de hauteur des deux points est :

$$h = MM' - LL'.$$

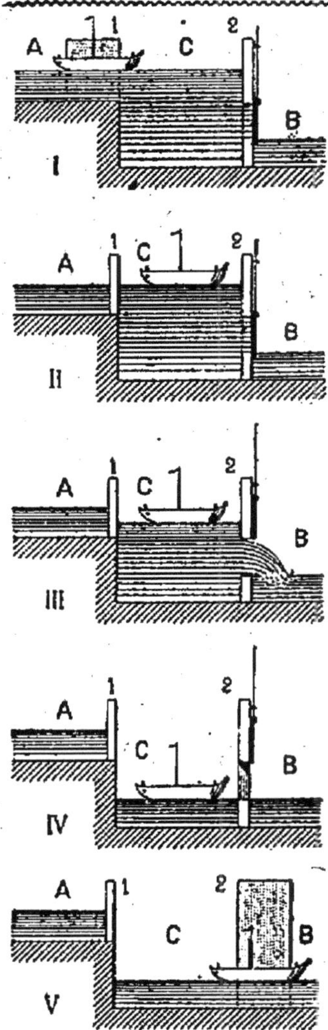

Fig. 45. — *Manœuvre d'une écluse.* — Lorsqu'on établit la communication entre C et B (III), le niveau devient le même dans les 2 bassins.

4° Distribution d'eau dans les villes. — A l'aide de pompes puissantes on monte l'eau dans des réservoirs situés plus haut que les toits de la ville (à Paris, par exemple, sur la butte Montmartre); des tuyaux partant de ce réservoir aboutissent dans toutes les maisons. L'eau tend à s'y élever aussi haut que dans le réservoir. Il suffit d'ouvrir un robinet et l'eau s'écoule.

5° Écluses (*fig.* 45). — Soit à faire passer un bateau d'un niveau A à un niveau B. On ferme une portion C du canal par deux portes, 1 et 2, munies de vannes.

Supposons qu'au début le niveau de C soit celui de A. On ouvre la porte 1, on fait entrer le bateau dans l'écluse (*fig.* I), et on ferme la porte 1 derrière lui (*fig.* II).

A ce moment on ouvre la vanne de la porte 2, les vases C et B communiquent, l'eau de C descend et le bateau en même temps (*fig.* III); la position terminale de cette opération est la figure IV.

Il ne reste plus qu'à ouvrir la porte 2, puisque maintenant le niveau est le même en C et en B (*fig.* V).

6° Jets d'eau (*fig.* 46). — Soit un vase muni d'un tube latéral. Si ce tube s'élevait verticalement jusqu'en AB, l'eau viendrait au même niveau dans ce tube; mais si le tube est interrompu en un niveau inférieur C, l'eau jaillit par l'orifice. C'est le principe des jets d'eau qui servent à l'ornementation des jardins.

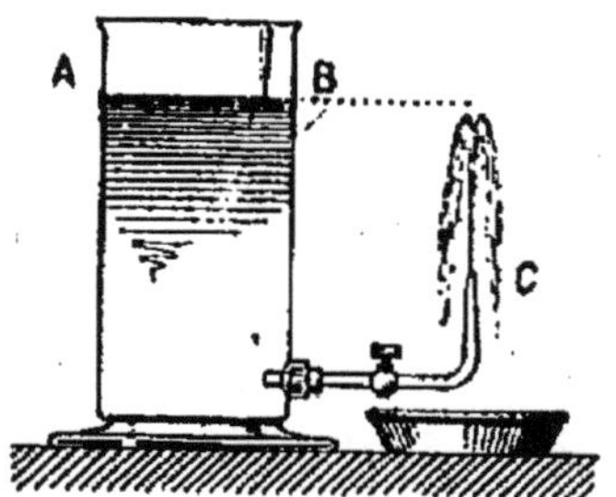

Fig. 46. — *Jet d'eau.*
L'eau jaillit en C.

7° Puits. — Puits artésiens. — Soit une nappe d'eau (*fig.* 47) qui affleure à la surface du sol en AB et qui est comprise entre deux couches de terrains imperméables. Perçons un puits en un point M jusqu'à la rencontre de la nappe d'eau.

L'eau s'élèvera dans le puits jusqu'au niveau C sur le plan horizontal AB.

Si on fait la même opération en un point P du sol situé à un niveau plus bas que AB, l'eau jaillira comme dans l'expérience du jet d'eau. On aura ce qu'on appelle un *puits artésien.*

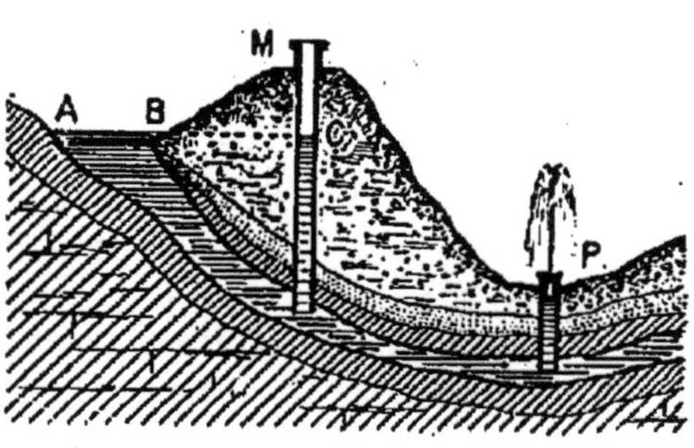

Fig. 47. — *Puits artésien.* — L'eau vient en C au niveau AB. En P elle jaillit.

III. *Pressions exercées par les corps liquides en vertu de leur poids.*

68. Pressions dans les liquides. — Prenons un liquide au repos (*fig.* 48) dans un vase et isolons par la pensée une tranche AB horizontale au sein de ce liquide. Cette tranche sera *pressée* de haut en bas par le *poids* du liquide situé au-dessus d'elle et soutenue par les tranches inférieures. *Les forces de pression sur les deux faces de cette tranche sont égales*, car sans cela cette tranche très mobile, étant soumise à une force, se mettrait en mouvement, et nous avons supposé le liquide au repos.

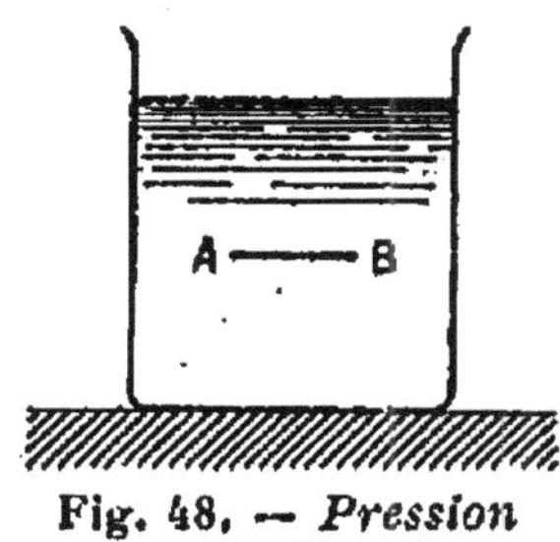

Fig. 48. — *Pression dans les liquides.*

69. Pressions sur les parois. — Ces forces sur des tranches de liquide ne peuvent être montrées directement; mais on peut mettre en évidence les forces pressantes sur des *parois solides* baignées par le liquide.

On appellera *pression*, comme dans le cas des solides, le quotient de la force pressante (en grammes) par la surface pressée (en cmq).

70 Pression de haut en bas. — Pression sur le fond. — Les forces pressantes exercées de *haut en bas* par un liquide sur le fond des vases qui le contiennent peuvent être mises en évidence et mesurées par le dispositif suivant.

Un obturateur mobile (*fig.* 49) suspendu au fléau d'une balance peut former le fond d'un manchon de verre de forme quelconque.

On commence par faire la tare de l'obturateur, puis on place sur le plateau de la balance un poids quelconque, 100 grammes par exemple. Alors l'obturateur est pressé contre le fond avec une force de 100 grammes.

Versons peu à peu de l'eau dans le manchon; à un certain moment l'obturateur se détache. C'est donc que la force de pression exercée par l'eau est égale à 100 grammes.

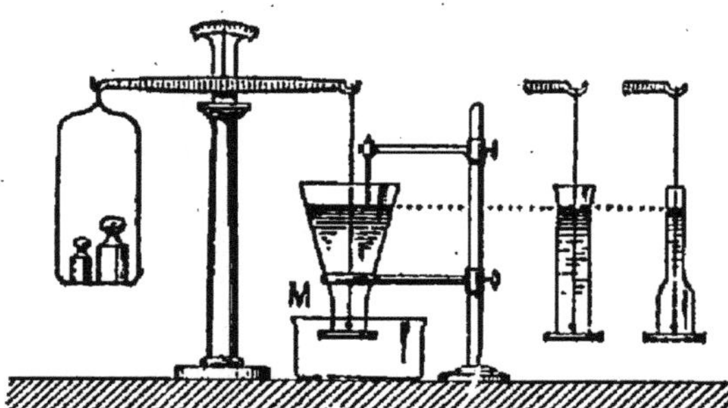

Fig. 49. — *Force de pression sur le fond horizontal d'un vase.* — Elle ne dépend que de la surface du fond et de la hauteur du liquide, et non de la forme du vase.

Si nous mesurons la surface de base s du manchon et la hauteur h du liquide au-dessus du fond, nous constatons que le poids d'une colonne d'eau de base s et de hauteur h est précisément 100 grammes.

Répétons cette expérience avec des manchons de formes différentes, mais dont la *surface de base* est *la même;* il *faudra la même hauteur de liquide pour détacher l'obturateur.* Nous pouvons énoncer la loi suivante :

71. Loi. — *La force pressante exercée par un liquide sur le fond plan et horizontal du vase qui le renferme est égale au poids d'un cylindre de liquide ayant pour base le fond et pour hauteur la distance du fond à la surface libre. Cette force est indépendante de la forme du vase.*

Si s est la surface du fond, h la hauteur, ϖ le poids spécifique du liquide, la *force pressante* est $P = V\varpi$:

$$P = sh\varpi.$$

La *pression* sur le fond est par définition

$$p = \frac{P}{s} = \frac{sh\varpi}{s} = h\varpi.$$

Elle est numériquement égale au poids d'un cylindre de liquide de hauteur h et de 1 cmq. de base.

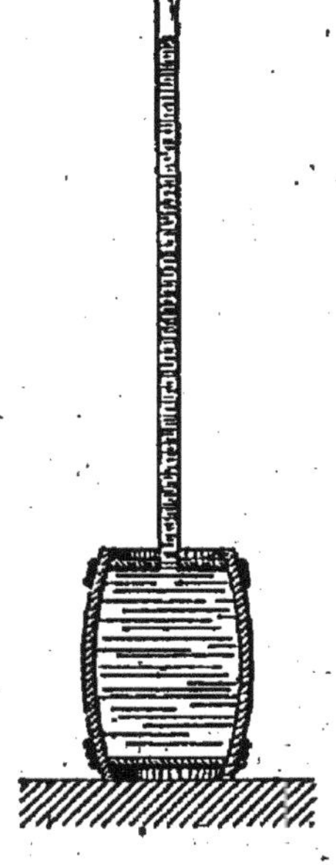

Fig. 50. — *Expérience du crève-tonneau.*

72. Application numérique. — *Un tonneau a une surface de base de* $0^{mq},12$, *sa hauteur est* $0^{m},80$, *il est plein d'un vin dont le poids spécifique est* $0,99$. *Quelle est :* 1° *la force pressante ;* 2° *la pression exercée sur le fond ?*

1° On a : $\qquad P = sh\varpi$

$s = 1200^{cmq} \qquad h = 80^{cm} \qquad \varpi = 0,99$

$P = 1200 \times 80 \times 0,99 = 95040^{gr} = 95^{kgr}040.$

2° On a :

$$p = \frac{P}{s} = h\varpi = 80 \times 0,99 = 79^{gr},20 \text{ par cmq.}$$

On adapte au tonneau un tube très étroit dans lequel on ajoute une hauteur de vin de $9^{m},20$. *Quelle est la nouvelle force pressante et la nouvelle pression.*

La force pressante dépend uniquement de la surface de base et de la hauteur. Bien que la *quantité de vin ajoutée soit très faible, la force exercée sera énorme;* elle sera

$$P' = 1200 \times (920 + 80) \times 0,99 = 1\,188\,000^{gr} = 1188\ kilogr.;$$

la nouvelle pression :

$$p' = 1000 \times 0,99 = 990\ gr.\ par\ cmq.$$

Un tonneau ordinaire ne peut supporter de pareilles pressions ; il éclate.

73. Pressions de bas en haut. — Les forces pressantes qui s'exercent dans un fluide de *bas en haut* peuvent être montrées par l'expérience suivante.

Prenons un manchon de verre (*fig.* 51) analogue à un verre de lampe, contre la partie inférieure duquel peut s'appliquer exactement un obturateur de verre mobile.

Si l'on plonge l'appareil dans l'eau, l'obturateur reste appliqué contre le tube, bien que son poids tende à le faire tomber. C'est donc qu'il y a une force de pression qui le maintient, force dirigée de bas en haut.

Pour évaluer la grandeur de cette force, on verse avec précaution de l'eau dans le tube; l'obturateur reste appliqué. Il se détache au moment où le niveau à l'intérieur du tube est le même que le niveau dans la cuve. Donc la force pressante de bas en haut est égale à celle qui s'exerce alors de haut en bas. Elle est donc, comme cette

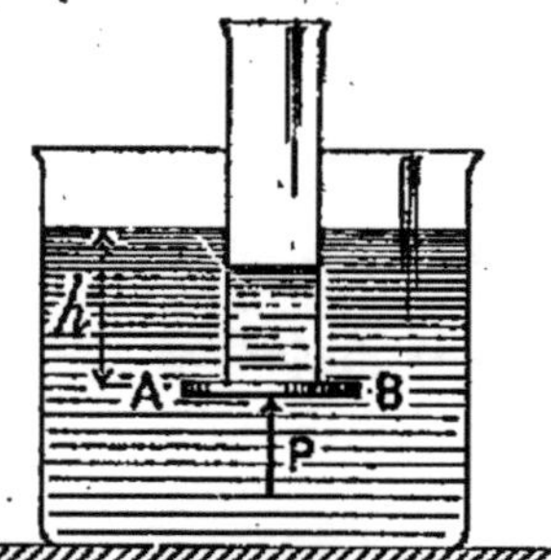

Fig. 51. — *Pression de bas en haut.* — L'obturateur AB de surface *s* est pressé de bas en haut avec une force

$$P = s\,h\,\varpi.$$

dernière, le poids du cylindre de liquide de base égale à la surface pressée et dont la hauteur est la distance de l'obturateur à la surface libre, c'est-à-dire $P = sh\varpi$.

Il en résulte que la *pression* de bas en haut a aussi pour expression $p = h\varpi$.

74. Conséquence I. — En résumé, au sein d'un liquide, la pression de haut en bas et celle de bas en haut sont égales et ont pour valeur :

$$p = h\varpi,$$

On voit que si h reste le même, p ne change pas ; donc :

Dans un liquide en équilibre, la pression est la même en tous les points d'un même plan horizontal.

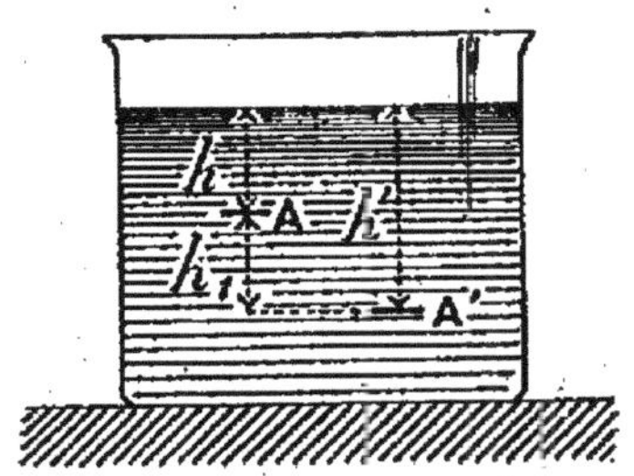

Fig. 52. — La différence de pression entre A et A' est $h_1\varpi$.

75. Conséquence II. — Considérons dans un liquide (*fig.* 52) en équilibre deux éléments A et A' situés respectivement à des distances h et h' de la surface ; la pression en A est

$$p = h\varpi,$$

celle en A' est $p' = h'\varpi$.

La différence de pression entre ces deux points est

$$p' - p = h'\varpi - h\varpi = (h' - h)\,\varpi = h_1\,\varpi$$

en appelant h_1 la différence des niveaux.

76. Pressions latérales (*fig.* 53). — Le liquide, en vertu de son poids, exerce aussi des forces de pression sur les parois latérales. Ces forces sont perpendiculaires à ces parois et tendent à les chasser en dehors. Si en effet on fait une ouverture dans une paroi, on voit aussitôt le liquide s'échapper normalement à la paroi.

La pression sur un cmq de la paroi a encore la même expression $p = h\varpi$, et pour une surface s de paroi plane, la force de pression est

$$P = sh\varpi,$$

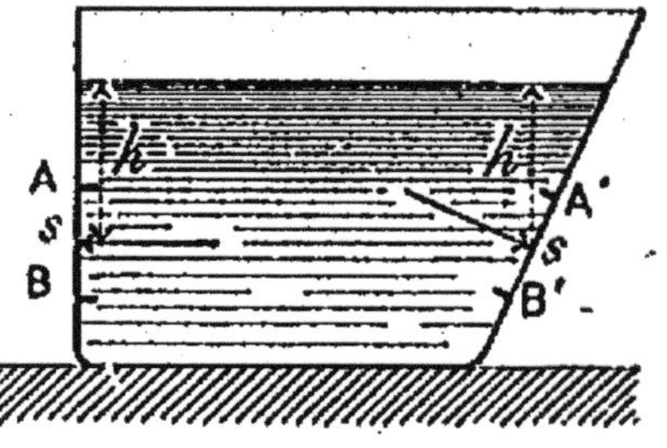

Fig. 53. — *Pressions latérales.* — La force de pression en AB ou A'B' est $sh\varpi$.

h étant la distance du centre de gravité de la portion de paroi à la surface du liquide.

77. Application numérique *(fig. 54).*— *Une vanne servant à fermer une porte d'écluse est un carré de 0ᵐ,60 de côté.*

Le côté supérieur est immergé à la profondeur de 2 mètres. Quelle force de pression supporte-t-elle?

Le centre de gravité du carré est au centre de la figure ; il est à une profondeur de 2ᵐ,30.

$$s = 60^2 \quad h = 230 \quad \varpi = 1$$

$$P = sh\varpi = 60^2 \times 230 \times 1$$
$$= 728\,000^{gr} = 728 \text{ kilogr.}$$

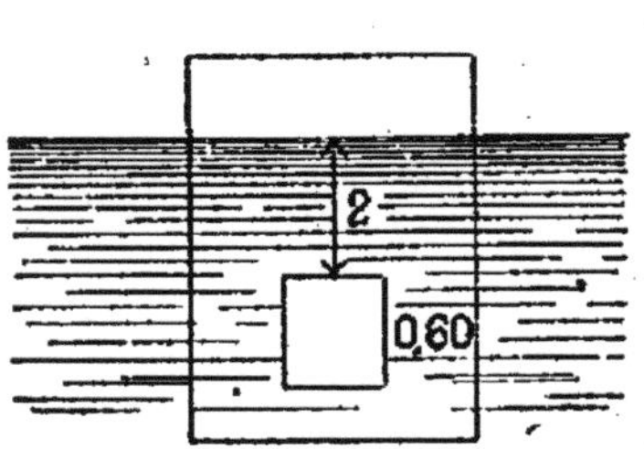

Fig. 54.

On comprend que ces vannes doivent être résistantes.

4.

IV. Transmission des pressions. — Principe de Pascal.

78. Transmission des pressions. — Nous avons examiné jusqu'ici les pressions exercées par les solides ou les liquides grâce à leur propre poids.

Mais à ces pressions peuvent venir s'en ajouter d'autres, dues à des causes extérieures. Prenons le tronc de cône solide (*fig.* 55) pesant 10 kilogr. dont nous nous sommes servis pour donner la notion de pression (**60**), et appuyons verticalement avec la main, avec une force de 5 kilogr. La surface de base s (100 cmq) sera pressée avec une force totale de 15 kilog. et la *pression* sera 0 kilog. 15 par cmq.

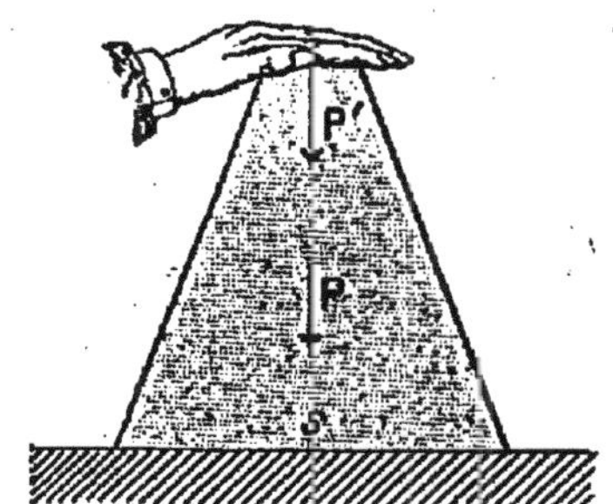

Fig. 55. — *Transmission des pressions par les solides.* — Force pressante sur la base $= P + P'$.

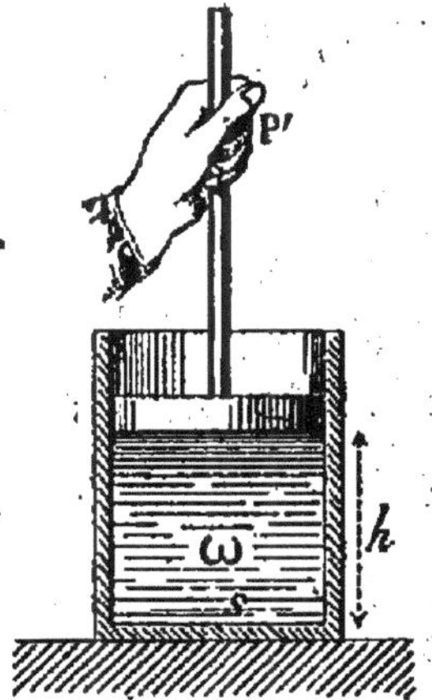

Fig. 56. — *Transmission des pressions par les liquides.* — Force pressante $= P' + sh\varpi$

Il en est de même dans les liquides (*fig.* 56). Prenons un cylindre plein d'eau, d'une hauteur h, et dans lequel s'emboîte exactement un piston. Appuyons avec la main sur ce

piston avec une force P'. Le fond supportera d'une part la
force pressante due au poids du liquide, soit

$$P = sh\varpi,$$

et d'autre part la force P', soit en tout

$$P_1 = P' + P.$$

La *pression* sur le fond est $\dfrac{P' + P}{s}$.

79. Principe de Pascal.

— Mais dans les liquides,
grâce à la mobilité des particules, une force de pression
exercée sur une surface quelconque se *transmet dans tous
les sens*. Pascal a énoncé le principe suivant :

*Dans un liquide, les forces de pression se transmettent pro-
portionnellement aux surfaces pressées.*

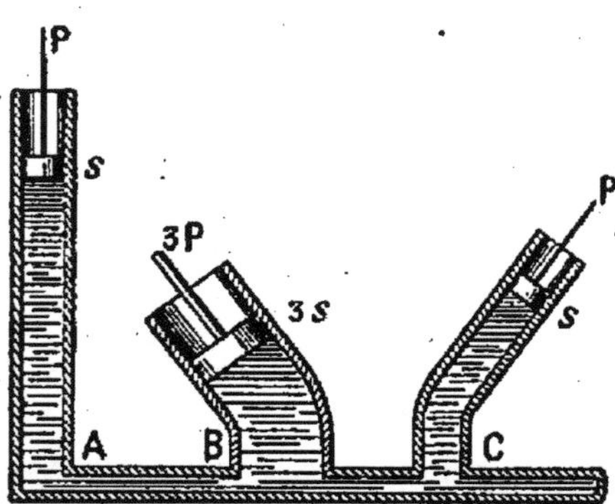

Fig. 57. — *Principe de Pascal.* — Les
forces de pression se transmettent
proportionnellement aux surfaces.

Considérons trois cy-
lindres munis de pis-
tons (*fig.* 57), communiquant d'une façon quel-
conque. Soient s, $3s$, s
leurs sections.

Appuyons sur le pis-
ton A avec une force P.
Toute surface s dans le
liquide supportera la
même force; donc le
piston B supportera de
ce fait une force 3 P, le
piston C une force P. Ces
forces sont dues à la
force exercée en A;

elles sont *transmises* par le liquide. En même temps les
pistons supportent d'autres pressions dues au poids même

du liquide ; ces pressions dues au liquide seraient nulles si les pistons étaient placés à la surface du liquide *dans un même plan horizontal.*

80. Presse hydraulique (*fig.* 58). — C'est sur ce principe qu'est fondée la *presse hydraulique.* Elle se compose de deux pistons, l'un de grande surface et l'autre de petite section, plongeant dans deux cylindres résistants, communiquant entre eux.

Admettons que la surface du grand piston soit 150 fois celle du petit. Si on exerce sur ce dernier une force pressante de 50 kilogrammes, la force pressante sur le grand piston est $50 \times 150 = 7500$ kil.

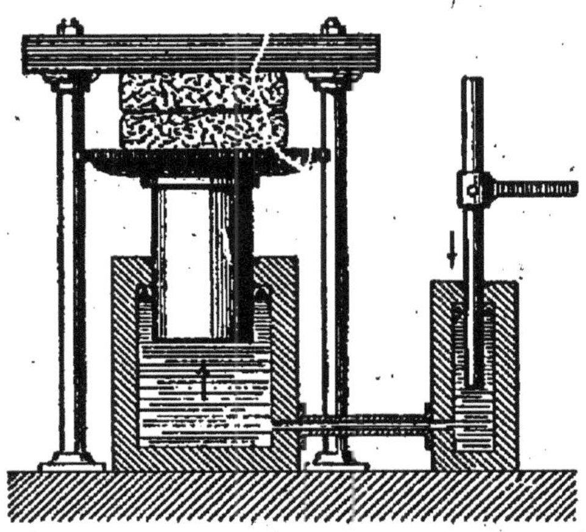

Fig. 58. — *Presse hydraulique.* — Une force de préssion faible exécutée sur le petit piston donne une force de pression forte sur l'autre.

Nous avons admis dans ce calcul que les bases des deux pistons sont dans le même plan horizontal. S'il existait entre ces bases une différence de niveau de quelques décimètres, il en résulterait une légère modification pour la force pressante sur le grand piston. Mais cette différence est négligeable vis-à-vis des forces considérables exercées dans cet instrument. Elle serait par exemple de 3 kilogr. pour un grand piston de 1 dmq. et une dénivellation de 30 cm.

81. Applications de la presse hydraulique. — On s'en sert dans les industries les plus diverses : pour extraire l'huile des graines oléagineuses, le suc des betteraves, etc.

A l'aide de la presse hydraulique, on comprime fortement des substances encombrantes, comme le foin et le coton, afin de les rendre plus facilement transportables.

On s'en sert pour fabriquer les tuyaux de plomb, pour étudier la résistance des chaînes destinées à la marine.

Dans la grande métallurgie, sous le nom de *presse à forger*, elle remplace aujourd'hui le marteau-pilon pour le travail des plus grosses pièces. Enfin dans les travaux de construction, elle sert à soulever des fardeaux énormes : elle porte alors le nom de *vérin hydraulique*.

82. Ascenseurs (*fig.* 59). — Un *ascenseur* n'est pas autre chose que le gros cylindre de la presse hydraulique avec le piston qui y plonge. Ce piston supporte la cabine, mais la force de pression qui se transmet à la base du piston, au lieu d'être due à une force *exécutée* sur un petit piston, est due uniquement au poids même de l'eau qui s'élève à une grande hauteur au-dessus de la base du piston.

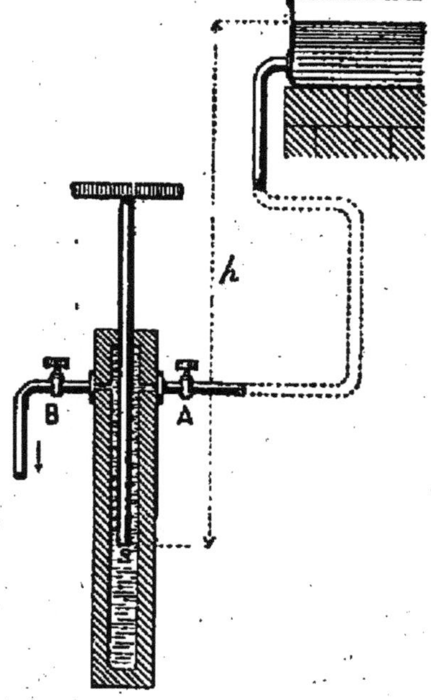

Fig. 59. — *Ascenseur.* — Il est soulevé avec une force égale au produit de la dénivellation *h* par la surface de base du piston *s*.

La canalisation d'eau de la ville communique par un robinet A avec le cylindre qui contient le piston plongeur.

B est un robinet de vidange.

Si le robinet A est ouvert et B fermé, la base du piston supportera une force de pression

$$P = sh,$$

s étant sa surface de base et h la distance verticale entre la base du piston et le niveau de l'eau dans le réservoir où on accumule les eaux de la ville (67, 4°).

Sous l'influence de cette force, qui atteindra 600 kilogr. pour $s = 2$ dmq et $h = 30$ mètres, le piston et la cabine, partiellement équilibrés d'ailleurs par des contrepoids, se *soulèveront*.

Si B, restant fermé, on ferme aussi A, le piston *s'arrête*.

Si on laisse le robinet A fermé et si on ouvre B, l'eau s'écoule, le piston *descend*.

La manœuvre de ces robinets peut se faire de l'intérieur de la cabine.

83. Essai des chaudières. — Les chaudières de machines à vapeur contiendront, lorsqu'elles fonctionneront, de l'eau et de la vapeur d'eau sous une pression assez considérable : 12 kilogr. par cmq pour les locomotives modernes. Si cette chaudière éclatait, les personnes voisines risqueraient la mort. Aussi l'État exige que toute chaudière soit essayée avant d'être mise en service, et soit capable même de supporter une pression supérieure à celle qui s'y exercera.

Cet essai, pour être sans danger, est fait à la presse hydraulique. Toute la chaudière est remplie d'eau et mise en communication avec le petit piston d'une presse hydraulique.

Nous verrons que les chaudières portent des soupapes qui s'ouvrent lorsque la pression intérieure dépasse une certaine limite. On dispose de cette limite en chargeant plus ou moins la soupape de poids.

Supposons qu'on veuille faire supporter à une chaudière en essai une pression de 20 kilogr. par cmq. Si cette chaudière porte une soupape de 5 cmq. de surface, on la charge de 5 × 20 = 100 kilogr.

Alors on appuie sur le petit piston avec précaution jusqu'à ce que l'eau *sorte par la soupape*. Si pendant cet essai la chaudière ne s'est pas brisée, c'est qu'en tous ses points elle est capable de supporter une pression de 20 kilogr. par cmq.

On la *timbrera* alors à 14 kilogr. seulement pour plus de sécurité, c'est-à-dire qu'on autorisera son usage pour une pression de 14 kilogr. par cmq.

V. *Principe d'Archimède.*

84. Principe. — Attachons un corps pesant quelconque, une pierre par exemple, à un fil et plongeons-la dans l'eau; nous sentons aussitôt que nous devons faire un effort moins grand pour soutenir cette pierre. C'est donc que toutes les pressions exercées sur la pierre par l'eau ont l'effet d'une force dirigée en sens contraire de son poids.

La grandeur exacte de cette force a été trouvée par Archimède :

Tout corps plongé dans un liquide subit une poussée verticale dirigée de bas en haut, égale au poids du liquide déplacé.

85. Démonstration expérimentale (*fig. 60*). — On suspend un corps solide sous le plateau d'une balance; du même côté on met un petit vase vide et on équilibre le tout par une tare. C'est la première expérience.

Sous le corps on a eu soin de disposer un vase muni d'un trop-plein (**51**).

On descend alors la balance jusqu'à faire plonger le corps dans l'eau du vase. Aussitôt que le corps touche l'eau, le fléau s'incline du côté de la tare, ce qui prouve l'existence d'une poussée de bas en haut.

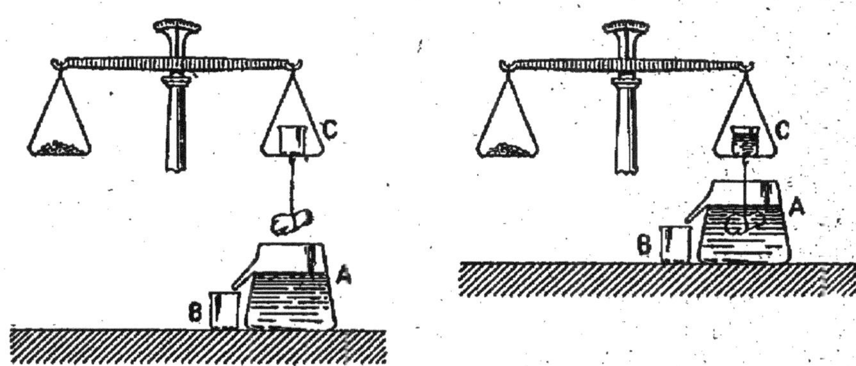

Fig. 60. — *Démonstration expérimentale du principe d'Archimède :*
1re *expérience :* Tare = corps + flacon.
2e *expérience :* Tare = corps + flacon + eau déplacée — poussée;
de là, poussée = poids de l'eau déplacée.

En même temps l'eau s'écoule dans le vase B. Quand le corps est entièrement immergé, l'eau recueillie en B a *précisément le volume même du corps.* Alors on transvase dans C l'eau recueillie en B; *on constate que l'équilibre est rétabli.*

Donc la poussée avait bien pour valeur le poids de l'eau déplacée.

Il n'y aurait rien à changer à cette démonstration si le liquide n'était pas de l'eau.

86. Application numérique. — *Un morceau de fer pèse 36 kilogr. Sa densité est 7,2. Il est plongé successivement dans l'eau pure, puis dans l'eau de mer (d = 1,02); quelle poussée éprouve-t-il dans l'un et l'autre cas?*

Le volume de ce morceau de fer est $\dfrac{36000}{7{,}2} = 5000$ cmc. Il éprouve dans l'eau pure une poussée égale au poids de 5 000 cmc d'eau, c'est-à-dire 5 000 grammes.

Dans l'eau de mer la poussée est

$$5\,000 \times 1{,}02 = 5\,100 \text{ grammes.}$$

87. Application à la mesure des densités. — On peut appliquer le principe d'Archimède à la détermination des densités.

1° *Corps solides.* — On sait que la densité d'un corps par rapport à l'eau est le quotient $d = \dfrac{P}{P'}$ des poids de volumes égaux du corps et de l'eau. On déterminera le poids du corps P par une pesée.

Le poids P' d'un égal volume d'eau s'obtient en soutenant le corps par un fil fin, suspendu au plateau d'une balance et équilibré par une tare. On immerge le corps dans l'eau, l'équilibre est rompu ; pour le rétablir, il faut ajouter des poids marqués dont la valeur est le poids de l'eau déplacée, c'est-à-dire le poids d'un volume d'eau égal à celui du corps. C'est donc le poids P' cherché.

2° *Corps liquides.* — On plonge un corps qui ne soit pas attaqué par le liquide (une boule de verre par exemple) successivement dans le liquide et dans l'eau, en le suspendant comme précédemment au plateau d'une balance. La poussée dans le liquide est P, dans l'eau elle est P'. La densité est $d = \dfrac{P}{P'}$, puisque P et P' sont les poids de volumes du liquide et de l'eau égaux tous deux à celui de la boule.

88. — Action combinée du poids et de la poussée. — Un corps plongé dans un liquide se trouve donc soumis à deux forces *verticales* : son poids, qui est une force dirigée de haut en bas, et la poussée exercée par le liquide, qui est une force dirigée de bas en haut.

Si le poids est supérieur à la poussée, le corps tombe au fond du liquide. C'est le cas d'un morceau de fer plongé dans l'eau.

Si le poids est égal à la poussée, le corps reste immobile au sein du liquide.

Si le poids est inférieur à la poussée, le corps, abandonné à lui-même, remonte verticalement. C'est le cas d'un morceau de liège dans l'eau, d'un morceau de fer dans le mercure.

On peut réaliser ces trois cas avec un œuf, qui tombe au fond d'un vase plein d'eau pure, qui flotte à la surface de l'eau saturée de sel, et reste immobile au sein d'une eau convenablement salée (*fig.* 61).

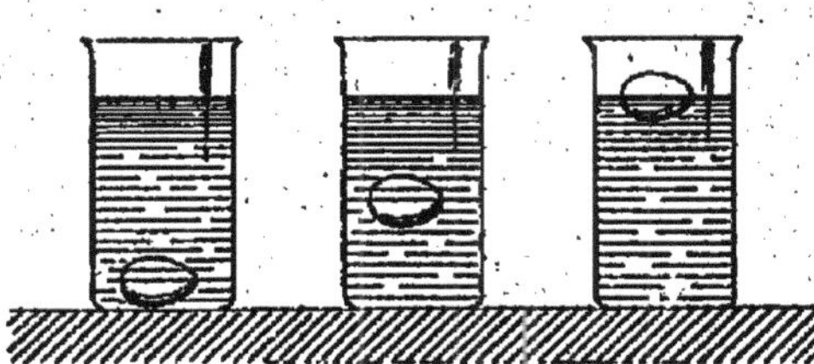

Fig. 61. — *Action combinée du poids et de la poussée.* — Le corps tombe au fond, flotte au sein du liquide ou surnage selon que le poids est supérieur, égal ou inférieur à la poussée.

On peut aussi lester convenablement un morceau de bois avec du plomb, de façon qu'il flotte au sein de l'eau pure.

Si le corps plongé est *homogène*, on peut dire :

Un corps homogène plongé dans un liquide descend vers le fond, reste immobile, ou monte vers la surface, selon que son poids spécifique est supérieur, égal ou inférieur à celui du liquide.

89. Corps flottants. — Plongeons avec la main un bouchon au fond d'un vase plein d'eau. Aussitôt que nous lâchons le bouchon, nous savons qu'il monte à la surface de l'eau. Mais là, il reste en équilibre; une partie du bouchon est extérieure au liquide, mais il reste *toujours une partie immergée*. Plongeons un morceau de bois de sapin ayant identiquement la même forme et le même volume; il monte aussi à la surface, mais la *partie immergée* est plus *grande*.

Ces corps montent à la surface parce que la poussée est plus grande que leurs poids. Mais aussitôt qu'ils commencent à *émerger*, les conditions changent; le volume plongé devient de plus en plus petit, par conséquent la poussée diminue. Or, le poids du corps reste évidemment toujours le même; il arrive un moment où la poussée sur la partie immergée est égale à ce poids : à ce moment, le corps flotte en équilibre à la surface du liquide. On peut donc énoncer le principe suivant :

Lorsqu'un corps flottant est en équilibre, son poids est égal au poids du liquide déplacé par la partie du corps qui est immergée.

90. Application numérique (*fig. 62*). — *Un iceberg de forme prismatique flotte sur la mer et s'élève à 10 mètres au-dessus de son niveau. Trouver sa hauteur totale, sachant que la densité de la glace = 0,9 et la densité de l'eau de mer 1,02.*

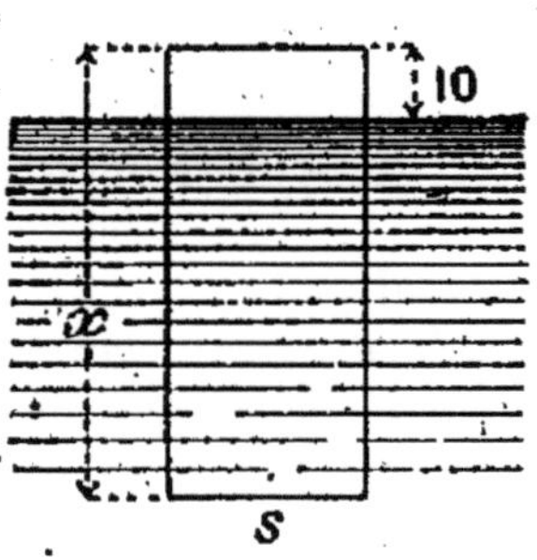

Fig. 62.

Soit S la surface de base du prisme, x sa hauteur.

Le poids du prisme de glace est égal au produit du volume par son poids spécifique : 0,9.

$$S\,x \times 0,9.$$

La partie immergée a une hauteur $(x - 10^m)$.

Le poids de l'eau déplacée est donc

$$S\,(x - 10)\,1{,}02.$$

Exprimons que les deux quantités sont égales :

$$S\,x \times 0{,}9 = S\,(x - 10)\,1{,}02.$$

S disparaît; il vient $x = 85$ mètres.

On voit combien la partie immergée d'un tel bloc est plus grande que celle que l'on voit à la surface.

91. Bateaux sous-marins. — Ces petits navires doivent être disposés de façon à avoir un poids variable à volonté. A cet effet, ils ont une double coque. Lorsque l'intervalle compris entre les deux coques est plein d'air, le poids du bateau est plus petit que la poussée qu'il éprouve : il flotte à la surface.

Si on laisse entrer l'eau de la mer dans cet intervalle, le bateau s'alourdit : on règle donc la quantité dont il émerge; lorsque le sommet seul dépasse, on est dans la position de « plongée ».

Si on laisse encore rentrer de l'eau, on peut s'arranger de façon que le poids soit égal à la poussée; alors le bateau est «immergé» entièrement.

Quand on veut faire remonter le bateau à la surface, on chasse l'eau du réservoir avec des pompes.

92. Aréomètres (*fig.* 63). — Ce sont des flotteurs de verre, lestés

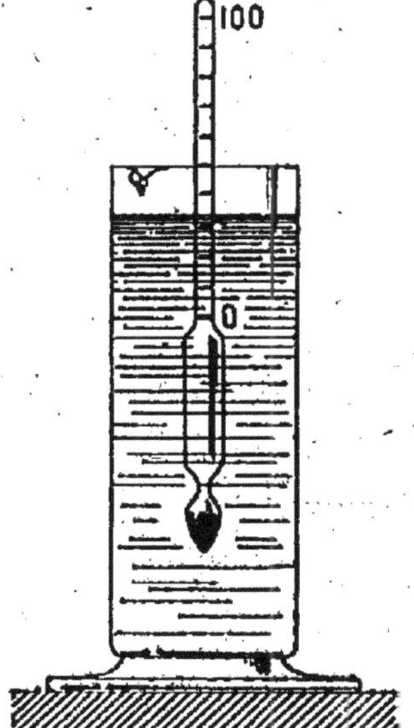

Fig. 63. — *Aréomètre.*

de façon à se maintenir verticaux, et surmontés d'une tige graduée. Un aréomètre donné s'enfonce d'autant plus dans un liquide que ce dernier a une densité plus faible.

L'aréomètre de Gay-Lussac est gradué de telle façon que le numéro d'affleurement dans un mélange *d'eau et d'alcool* donne immédiatement le nombre de centimètres cubes d'alcool contenus dans 100 centimètres cubes du mélange.

CHAPITRE II.

ÉQUILIBRE DES GAZ.
PRESSION ATMOSPHÉRIQUE.

I. *Pesanteur des gaz. — Force élastique.*

93. Les gaz sont des fluides. — Nous savons manipuler les gaz, par exemple les recueillir sur la cuve à eau (*fig.* 64).

Nous avons déjà vu que les gaz comme les liquides sont des *fluides*. Quels sont les caractères qui les en distinguent?

94. Propriétés des gaz. — Un gaz est très compressible; son volume décroît beaucoup si on augmente la pres-

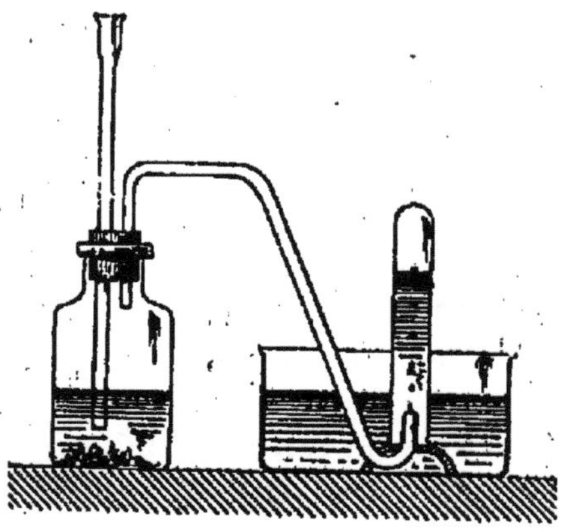

Fig. 64. — *Manière de recueillir un gaz.* — L'hydrogène qui se dégage remplace l'eau de l'éprouvette.

sion qu'il supporte; un liquide est très peu compressible.

On le montre en enfonçant, dans un tube de verre à parois épaisses et plein d'air, un piston muni d'une tige (*fig.* 65). Si le tube est plein de liquide, on ne peut pas l'enfoncer.

Un gaz est *parfaitement élastique*. Si on cesse d'appuyer sur le piston, il revient à sa première position.

A mesure que l'on diminue la pression exercée sur un gaz, le volume de celui-ci augmente. Si on introduit dans un vase vide une petite quantité d'air et si on diminue la pression, le gaz ne reste pas au fond du vase comme ferait un liquide; il occupe *tout le volume* qui lui est offert, et même il a tendance à occuper un volume plus grand encore; il *presse* sur toutes les parois de ce vase : on dit qu'il est *expansible*.

On montre cette expansibilité en introduisant sous une cloche une vessie fermée contenant un peu d'air. A l'aide d'une pompe spéciale (*machine pneumatique*), on enlève l'air de la cloche : on voit alors la vessie se gonfler.

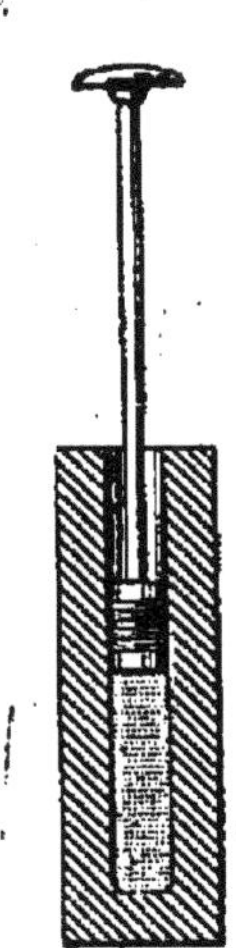

Fig. 65.—*Briquet à air.* — L'air est compressible et élastique.

95. Pesanteur de l'air. — Les gaz, l'air en particulier, sont pesants. On peut le montrer par l'expérience suivante. A l'aide de la machine pneumatique, on enlève l'air d'un ballon de verre muni d'un robinet; on porte ce ballon sur une balance et on fait la tare (*fig.* 66).

On ouvre le robinet, l'air entre dans le ballon avec un sifflement, et le fléau s'incline du côté du ballon.

La pesanteur de l'air est très petite vis-à-vis de celle des solides et des liquides usuels. Son poids spécifique dans les conditions ordinaires est 0,0013 environ; il est 770 fois plus petit que celui de l'eau.

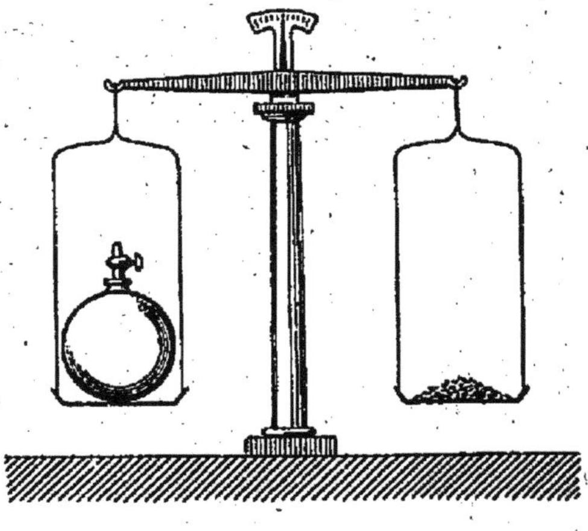

Fig. 66. — *L'air est pesant.*

Un litre d'air pèse $0^{gr},0013 \times 1\,000 = 1$ gramme 3.

Un mètre cube d'air pèse 1 kilogr. 3oo gr.

Le poids spécifique d'un gaz $\varpi = \dfrac{P}{V}$ dépend évidemment de la pression que supporte le gaz. Dans l'expérience du paragraphe précédent l'air comprimé est plus dense que l'air non comprimé, puisque le poids reste le même et que le volume diminue.

96. Pesanteur des autres gaz. — Densités par rapport à l'air. — Tous les gaz sont pesants; on prend, en général, leurs densités relatives non par rapport à l'eau, mais par rapport à l'air (**55**). Ce sont ces densités que l'on donne dans les cours de chimie.

On appelle densité d'un gaz par rapport à l'air le rapport entre le poids d'un certain volume du gaz et le poids du même volume d'air, pris dans les mêmes conditions.

97. Application numérique. — *Quel est le poids de 50 litres d'hydrogène, la densité de ce gaz par rapport à l'air étant 0,0695 et sachant qu'un centimètre cube d'air pris dans les mêmes conditions que l'hydrogène pèse $0^{gr},0013$?*

Le poids de 50 litres d'air est $0^{gr},0013 \times 50\,000^{cmc} = 65^{gr}.$

Par définition $\dfrac{x}{65} = 0,0695$, donc $x = 65 \times 0,0695 = 4^{gr},5175$.

98. Les gaz n'ont pas de surface libre. — Les gaz n'ont pas de surface libre, ils tendent toujours à occuper le plus grand volume possible; par conséquent, les propriétés des liquides qui résultaient de l'horizontalité de leur surface (vases communiquants et applications), n'ont pas ici leur équivalent.

99. Pressions dans un gaz en équilibre. — Force élastique. — Grâce à son expansibilité, un gaz presse sur les parois du vase qui le contient; mais de plus les gaz sont pesants et, par conséquent, ils exercent aussi des pressions en vertu de leur poids.

La différence de pression entre deux points est donnée, comme pour les liquides, par la formule

$$p' - p = h\,\varpi \quad (75).$$

Soit de l'air contenu dans un récipient de 25 centimètres de hauteur; quelle est la différence de pression entre les points extrêmes?

$$p' - p = 25 \times 0,0013 = 0^{gr},03.$$

Cette différence (3 centigrammes par cmq) est très petite et on peut la négliger devant la pression due à l'expansibilité.

Nous admettrons donc que la pression est la même à tous les niveaux d'un récipient fermé, plein de gaz. On l'appellera pression ou *force élastique du gaz.*

Il n'en sera plus de même si les points considérés sont à des différences de hauteur considérables.

II. *Pression atmosphérique. — Baromètre.*

100. Atmosphère terrestre. — La terre est entourée d'une couche gazeuse, appelée *atmosphère;* elle est constituée par l'air dans lequel nous vivons. Sa hauteur est considérable, mais mal connue; elle doit être comprise entre 70 et 350 kilomètres. Elle exerce à la surface du sol, en vertu de son poids, une pression dite *pression atmosphérique.*

Quand on s'élève dans l'air, cette pression diminue **(99).** Il en résulte donc aussi **(95)** que le poids spécifique de l'air diminue quand on s'élève dans l'atmosphère; car cet air y est moins comprimé.

101. Pression atmosphérique. — La pression, atmosphérique se transmet dans tous les sens; car les pressions dans les gaz obéissent au *principe de Pascal.* Cette pression est la même dans l'intérieur d'une chambre et dehors dans la rue, au même niveau; elle s'y transmet par les fentes des portes et des fenêtres, etc. Tout objet plongé dans l'air, comme une feuille de papier par exemple, est également pressé sur ses deux faces. L'air de nos poumons a également la même pression que l'air extérieur.

C'est pourquoi cette pression n'apparaît pas sans certaines expériences, bien que sa valeur soit très grande *(plus de 1 kilogr. par cmq).*

102. Effets de la pression atmosphérique. — Pour mettre en évidence les *forces de pression* dues au poids de l'atmosphère sur une face d'un corps, il faut arriver à supprimer ou à diminuer ces forces sur l'autre face.

5.

I. Expérience du crève-vessie (*fig. 67*). — Un manchon de verre fermé à sa partie supérieure par une vessie tendue est placé sur un plateau au milieu duquel débouche un tube par lequel on enlève l'air à l'aide d'une machine pneumatique.

La force de pression sur la face supérieure reste la même; celle sur la face inférieure diminue; on voit la vessie s'incurver et crever avec un grand bruit dû à la brusque rentrée de l'air dans le manchon.

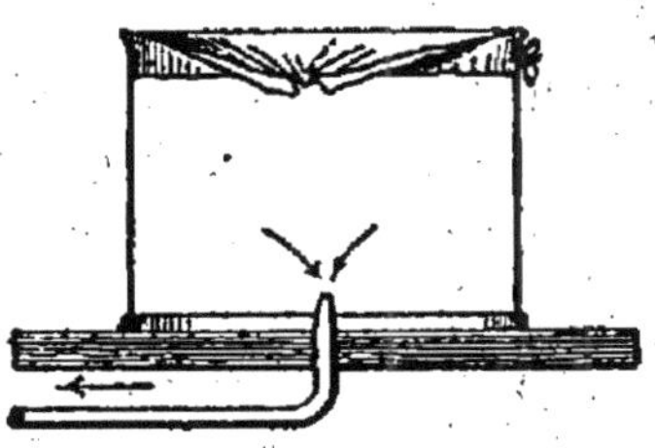

Fig. 67. — *Crève-vessie.* — Si on fait le vide dans l'intérieur, la vessie s'incurve et crève par la force de la pression extérieure.

II. Hémisphères de Magdebourg (*fig. 68*). — Deux hémisphères creux, en cuivre, peuvent être appliqués exactement l'un sur l'autre. L'un d'eux porte un tube muni d'un robinet, par lequel on fait le vide. Il faut un effort considérable pour séparer les deux hémisphères pressés l'un contre l'autre par les forces de pression dues à l'atmosphère. Si on laisse rentrer l'air, les pressions s'égalisent à l'intérieur et à l'extérieur, et on peut écarter les hémisphères sans effort.

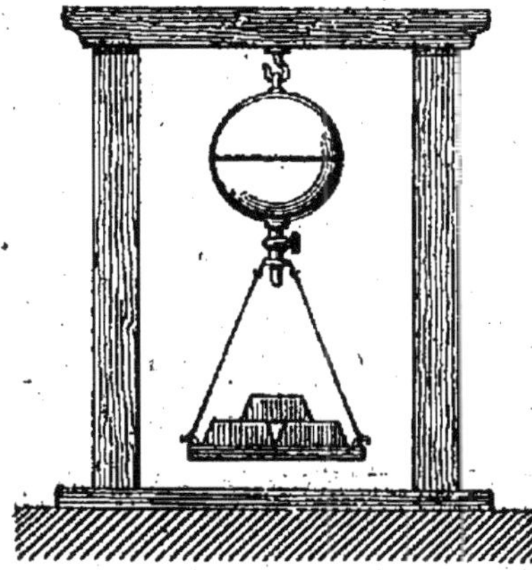

Fig. 68. — *Hémisphères de Magdebourg.* — Après avoir fait le vide dans l'intérieur, la force exercée par des poids considérables ne peut pas séparer les deux hémisphères.

103. Expérience de Torricelli. — Baromètre. — On
prend un tube (*fig.* 69) de 90 centimètres de longueur environ, on le remplit entièrement de
mercure; on le bouche avec un doigt
et on le retourne sur une cuve à mercure. On voit alors le mercure du tube
descendre et s'arrêter à une hauteur
de 76 centimètres environ.

*C'est la pression de l'atmosphère qui
maintient le mercure soulevé dans ce tube.*
L'appareil ainsi constitué non seulement prouve l'existence de la pression
atmosphérique, mais encore *la mesure.*

104. Valeur de la pression at-
mosphérique. — Le mercure dans la
cuve est en équilibre; donc deux éléments A et B de même surface s, pris
au même niveau, supportent la même
force de pression.

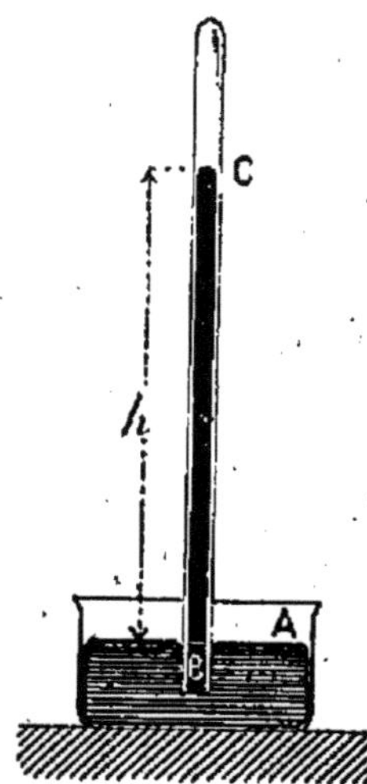

Fig. 69.—*Baromètre.*
$P = h\varpi.$

Soit p la valeur de la pression atmosphérique; l'élément A supporte une force

$$P = ps.$$

La force de pression en B est due uniquement au poids
de la colonne de mercure, car le tube au-dessus de C est
absolument *vide* de matière : il ne contient pas d'air, par
suite du mode de construction.

Si donc h est la *hauteur verticale* qui sépare B et C, la
force de pression en B est

$$P = s\,h\,\varpi,$$

d'après la loi énoncée (**71**).

Exprimons que les forces en A et B sont égales :

$$ps = sh\varpi$$

ou
$$p = h\varpi.$$

C'est la valeur de la pression atmosphérique.

Elle est égale au *produit de la hauteur du mercure par son poids spécifique.*

Nous avons vu que h est environ 76 cm; ϖ le poids spécifique du mercure est 13,6.

$$p = 76 \times 13,6 = 1033 \text{ grammes par cmq.}$$

Par conséquent sur une surface de 150 dmq., qui est à peu près celle d'un homme, les forces exercées par l'atmosphère valent :

$$P = ps = 15000 \times 1033^{gr} = 15495 \text{ kilogr.}$$

105. Forme du tube. — Le raisonnement qui a servi à calculer la valeur de la pression atmosphérique montre qu'elle ne dépend que de la différence des hauteurs entre le mercure de la cuve et celui du baromètre.

La forme du tube n'influe pas sur la hauteur du mercure qui y reste; de même si on incline un baromètre, le niveau y reste le même (*fig.* 70).

On peut donc donner à un baromètre une forme quelconque; mais il faut toujours lire bien exactement la distance *verticale* des deux niveaux.

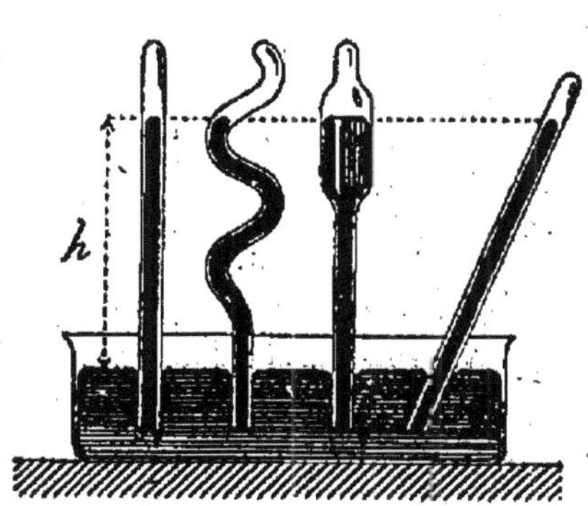

Fig. 70. — *La forme du tube barométrique n'influe pas.* — Dans tous, la hauteur verticale h de mercure soulevé est la même.

106. Nature du liquide. — La hauteur de liquide qui fait équilibre à la pression atmosphérique dépend de la nature de ce liquide. Calculons la hauteur h' d'un liquide de poids spécifique ϖ' qui serait soulevée dans un tube, sachant qu'au même moment la pression atmosphérique soulève une hauteur h de mercure de poids spécifique ϖ.

On a
$$p = h\varpi = h'\varpi',$$

de là
$$h' = h\,\frac{\varpi}{\varpi'}.$$

Il faut multiplier la hauteur h de mercure par le rapport des poids spécifiques du mercure et du liquide.

Supposons que ce liquide soit l'eau et que le mercure s'élève à 76 cm. On aurait $\varpi' = 1$; donc :

$$h' = 76 \times 13,6 = 1033 \text{ cm} = 10 \text{ mètres } 33.$$

Pascal a vérifié, à l'aide d'un long tube, que la hauteur d'eau soulevée avait en effet cette valeur.

Si par conséquent on prend un tube plus petit que $10^m,33$ et si on essaye de répéter avec l'eau l'expérience de Torricelli, tout le tube reste plein d'eau.

On peut réaliser aussi cette expérience avec un verre plein d'eau que l'on retourne ; il faut avoir soin de mettre une feuille de papier sous le verre pour empêcher l'eau de se déverser en gouttelettes qui videraient le verre. La pression de l'atmosphère serait capable de soutenir ainsi une colonne de $10^m,33$.

107. Application du baromètre à la mesure des hauteurs. — La hauteur de mercure soulevée dans le tube de Torricelli diminue lorsqu'on s'élève dans l'atmosphère. Pascal fit l'expérience au bas et au sommet de la tour Saint-Jacques, et la fit exécuter aussi à la base et au sommet du Puy de Dôme.

Soit ϖ_1 le poids spécifique de l'air ($\varpi_1 = 0,0013$). Quand on s'élève de la hauteur H, la pression diminue de $H\varpi_1$ d'après le théorème fondamental de l'équilibre des fluides (71).

Les hauteurs de mercure soulevées sont : en bas h, en haut h'; les pressions respectives sont $h\varpi$, $h'\varpi$ ($\varpi =$ poids spécifique du mercure); on a $h\varpi - h'\varpi = H\varpi_1$,

d'où $H = (h' - h)\, \dfrac{\varpi}{\varpi_1} = (h - h')\, \dfrac{13,6}{0,0013}.$

Faisons $\qquad h - h' = 0^{cm}\,1^{mm},$

il vient $\qquad H = 0^{cm}\,1^{mm} \times \dfrac{13,6}{0,0013}$

$\qquad\qquad H = 1000^{cm}$ environ.

C'est-à-dire que, quand on s'élève dans l'air de 10 mètres, la hauteur du mercure dans le baromètre baisse de 1 millimètre.

Ceci n'est pas rigoureux et ne s'applique bien qu'entre 0 et 200 mètres. Nous avons supposé, pour établir cette relation, que le poids spécifique de l'air ϖ_1 est constant; or il diminue quand on s'élève, donc la hauteur H est plus grande que celle calculée. Il y a encore d'autres causes dont cette formule simple ne tient pas compte.

Au sommet du Mont-Blanc (4 812 mètres), la hauteur du baromètre est 42 cm.

108. Variations de la pression atmosphérique. — On exprime en général la pression atmosphérique par la hauteur du mercure qui lui fait équilibre, que l'on appelle *hauteur barométrique.*

La pression atmosphérique n'est pas toujours équilibrée

par 76 centimètres de mercure. Elle varie au contraire d'une façon constante.

A Paris, elle peut varier de 73 à 78 centimètres. Ces variations sont dues aux vents et à l'humidité contenue dans l'air.

Les indications du baromètre lues brutalement ne peuvent faire prévoir le temps. Mais on peut remarquer que, lorsque le baromètre monte d'une façon continue pendant deux ou trois jours, il fera beau et le beau temps persistera ; inversement, il y a des chances de pluie si le baromètre descend continuellement.

Il faut, pour confirmer un peu ces prévisions, observer la direction du vent. Dans nos régions, les vents d'ouest et du sud-ouest sont chauds et chargés d'humidité ; les vents du nord sont froids et secs.

109. Baromètres métalliques. — Ils sont très transportables et commodes. Ils se composent d'une boîte métallique à parois minces et élastiques, à l'intérieur de laquelle on fait le vide. Les variations de la poussée extérieure déforment la boîte. Ces déformations sont amplifiées par des leviers et des engrenages et se traduisent par le mouvement d'une aiguille sur un cadran divisé.

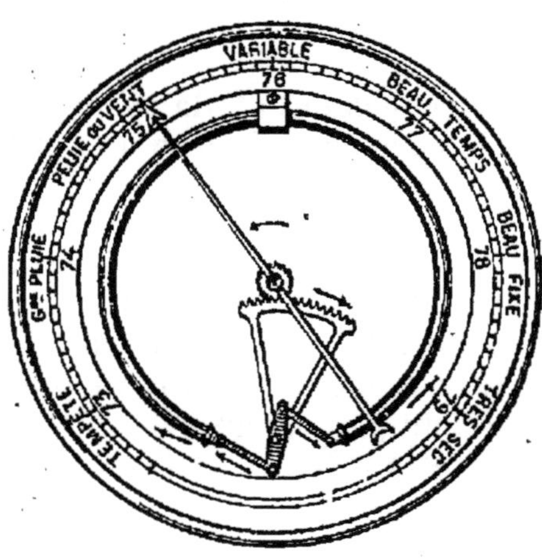

Fig. 71. — *Baromètre de Bourdon.* — Les variations de la pression atmosphérique modifient l'écartement des extrémités du tube, et font, par suite, mouvoir l'aiguille.

Ces baromètres sont gradués par comparaison avec un baromètre à mercure.

Le baromètre de Bourdon (*fig. 71*), par exemple, est un tube vide d'air, de section elliptique allongée; il est courbé en forme de cercle. Une diminution de la pression extérieure écarte les extrémités. La figure montre l'amplification de ce mouvement et sa transmission.

Le baromètre enregistreur de Richard (*fig. 72*) est constitué par une pile de boîtes métalliques vides d'air, en métal ondulé, à l'intérieur desquelles se trouve un ressort antagoniste qui en empêche l'aplatissement.

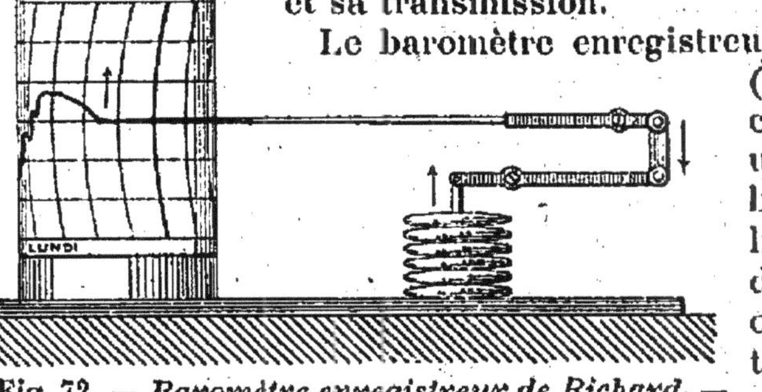

Fig. 72. — *Baromètre enregistreur de Richard.* — Les variations de hauteur de la pile de boîtes déformables sont inscrites sur un tambour tournant.

Les variations de hauteur de ces boîtes se transmettent

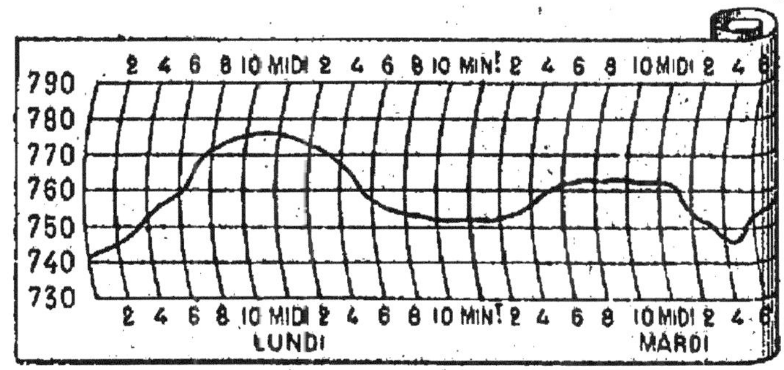

Fig. 73. — *Graphique indiquant les variations de pression atmosphérique.*

à une aiguille imbibée d'encre, qui les inscrit sur une feuille de papier se déroulant par un mouvement d'horlogerie. De la sorte on obtient un *graphique* dans lequel les temps sont portés sur l'axe horizontal et les pressions en hauteur (*fig.* 73).

III. *Manomètres.*

110. Définition. — Nous avons vu que dans un récipient ayant moins de 1 mètre de haut, la *pression* ou

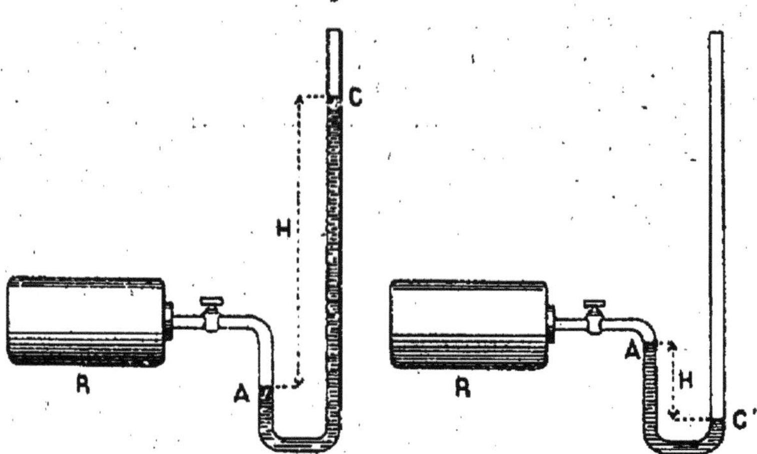

Fig. 74. — *Manomètre.* — Selon que la pression à l'intérieur de R est supérieure ou inférieure à la pression atmosphérique, le niveau dans la branche ouverte est supérieur ou inférieur au niveau dans l'autre branche.

force élastique d'un gaz a partout même valeur, grâce à la faible valeur du poids spécifique des gaz.

Cette pression se mesure avec un *manomètre*.

111. Manomètre à air libre.—C'est un tube recourbé plein de mercure (*fig.* 74); lorsque la pression à l'intérieur du récipient est supérieure à la pression atmosphérique, le niveau C dans la branche ouverte est plus élevé que dans l'autre. Au contraire, si la pression dans le récipient était inférieure à celle de l'atmosphère, le niveau serait plus élevé dans la branche A.

Considérons le premier cas. Soit H la dénivellation entre A et C; la différence de pression entre ces deux points est $H\varpi$ (ϖ = poids spécifique du mercure).

Soit h la hauteur de mercure qui équilibre la pression atmosphérique; la pression en C est $h\varpi$.

Donc la pression totale en A est :

$$p = H\varpi + h\varpi = (H + h)\,\varpi.$$

Dans le second cas on a $p = h\varpi - H\varpi$.

De tels manomètres sont très encombrants; ils servent uniquement à graduer les manomètres usuels, qui sont métalliques.

112. Manomètres métalliques (*fig.* 75).—Un tube métallique à parois élastiques est courbé en forme d'anneau. L'une de ses extrémités est fermée et est prolongée par une aiguille mobile sur un cadran. L'autre extrémité est mise en communication avec le récipient R dans lequel on veut mesurer la pression. Quand la pression augmente dans le récipient, le tube tend à se *dérouler* et l'aiguille se déplace vers la droite.

Ces manomètres sont les seuls utilisés; ils servent à mesurer la pression dans les chaudières de machines à vapeur, dans les conduites de freins à air comprimé des chemins de fer et tramways, etc.

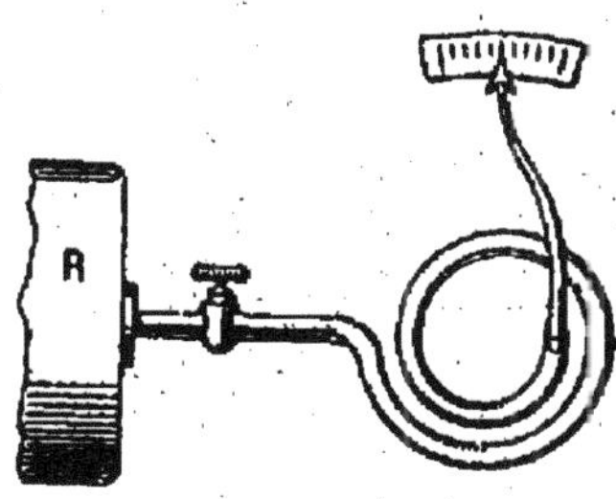

Fig. 75. — *Manomètre métallique.*

113. Unités employées. — Pour indiquer la valeur des pressions, on donne souvent, comme pour la pression atmosphérique, la hauteur de mercure qui leur fait équilibre.

Dire que la pression est 77 cm. de mercure, c'est dire que la pression est $77 \times 13,6 =$ le poids de $1047^{gr},2$ par cmq.

Dans l'industrie on prend comme unité le poids de *un kilogramme par centimètre carré.*

Les anciens manomètres sont gradués en atmosphères. On appelait atmosphère la pression atmosphérique moyenne. Nous avons vu que c'est le poids de 1 033 grammes ou $1^{kgr},033$ par cmq.

114. Application numérique. — *Une chaudière à vapeur a une surface intérieure totale de 60 mètres carrés; le manomètre marque une pression de 12 kilogr. par cmq. Quelle est la somme des forces de pression sur les parois?*

On a :

$$P = ps,$$

$$s = 600\,000 \text{ cmq},$$

$$p = 12\,000 \text{ gr. par cmq.}$$

$$P = 600\,000 \times 12\,000 = 7\,200\,000\,000 \text{ grammes};$$

$$P = 7\,200 \text{ tonnes.}$$

IV. *Application aux gaz du principe d'Archimède.*

115. Le principe d'Archimède s'applique aux gaz. — Le principe d'Archimède s'applique à tous les fluides, aux gaz comme aux liquides.

Un corps plongé dans un gaz éprouve une poussée de bas en haut égale au poids du gaz déplacé.

Il en résulte que, lorsqu'un corps est placé sur une balance dans l'air, la force verticale, dirigée de haut en bas, qu'il exerce n'est pas égale au poids du corps, *mais à ce poids diminué du poids de l'air déplacé par le corps.*

Le poids d'un centimètre cube d'air est seulement $0^{gr},0013$; aussi la poussée est-elle petite vis-à-vis du poids des corps en général, et on n'en tient compte que dans les mesures de précision.

116. Expérience. — La poussée exercée par les gaz peut être mise en évidence de la façon suivante (*fig. 76*) :

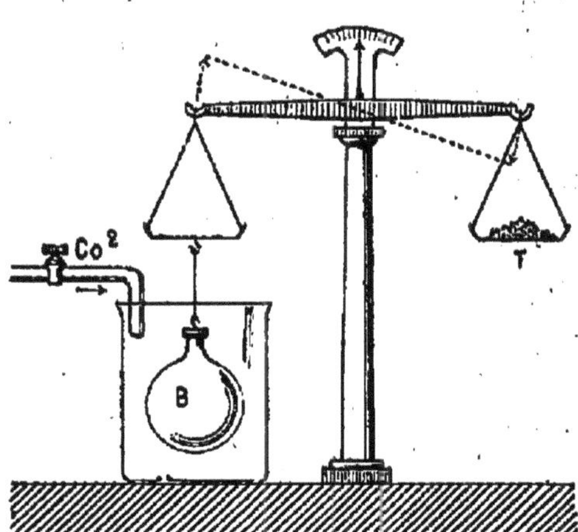

Fig. 76. — *Application aux gaz du principe d'Archimède.* — Le ballon B placé dans l'air est équilibré par la tare T. S'il est placé dans le gaz carbonique, la balance s'incline vers T.

Un ballon de verre B suspendu au plateau d'une balance est équilibré dans l'air par une tare T. Si on plonge ce ballon dans un vase préalablement rempli de gaz carbonique, on voit le fléau s'incliner vers T.

On sait que le gaz carbonique est plus dense que l'air : donc la poussée éprouvée par le ballon dans le gaz carbonique est plus grande; ce que notre expérience vérifie.

117. Application numérique. — *On demande quelle surcharge il faut ajouter dans l'expérience précédente du côté* *du ballon pour rétablir l'équilibre; le volume du ballon est 2 dmc; le poids de 1 cmc d'air est 0^{gr},0013; la densité du gaz carbonique par rapport à l'air, 1,5.*

La surcharge à ajouter est égale à la différence des poussées éprouvées par le ballon dans le gaz carbonique et dans l'air.

Poussée dans l'air = poids de 2 dmc d'air = 2000 × 0,0013 = 2^{gr},6.

Poussée dans le gaz carbonique = poids de 2 dmc de gaz = 2000 × 0,0013 × 1,5 = 3^{gr},9.

Surcharge 3^{gr},9 — 2^{gr},6 = 1 gramme 3.

118. Aérostats. — Si le poids d'un corps est *inférieur* à la poussée qu'il éprouve de la part de l'air, ce corps s'élève dans l'air, comme un morceau de liège s'élève dans l'eau. Pour réaliser un tel corps, on enferme dans une enveloppe imperméable et légère un gaz moins dense que l'air, comme l'hydrogène ou le gaz d'éclairage. C'est le principe des *aérostats*.

L'enveloppe est formée de plusieurs couches de tissu serré rendu imperméable par des enduits de vernis. La capacité de l'enveloppe est de plusieurs centaines de mètres cubes. Elle est entourée d'un filet auquel est suspendue la nacelle dans laquelle prennent place les aéronautes.

119. Force ascensionnelle. — *La force ascensionnelle d'un aérostat est la différence entre la poussée qu'il éprouve et son poids total.*

Pour qu'un aérostat puisse s'élever, il faut donc que le poids de l'air qu'il déplace soit supérieur à son poids total : enveloppe, gaz et accessoires.

L'expérience a montré qu'il suffit au départ d'une force ascensionnelle de quelques kilogrammes pour que l'ascension s'effectue dans de bonnes conditions.

On ne gonfle pas entièrement le ballon au départ; à
mesure que l'aérostat s'élève, la pression extérieure diminue, et le gaz contenu dans l'enveloppe se dilate. Tant que
l'aérostat n'est pas entièrement gonflé, on démontre que
la force ascensionnelle est constante; puis, l'aérostat
s'élevant encore, du gaz sort de l'enveloppe par une ouverture inférieure : la force ascensionnelle diminue et
s'annule.

120. Manœuvre de l'aérostat. — Au départ, l'aéro-
naute emporte des sacs de sable qui constituent le *lest*.
S'il désire s'élever, il jette du lest : le poids de l'appareil
diminue, la force ascensionnelle augmente. S'il désire descendre, il ouvre une soupape placée à la partie supérieure
de l'enveloppe, par laquelle le gaz s'échappe.

Ces manœuvres doivent être faites avec précaution, pour
éviter des bonds ou des chutes trop brusques.

On utilise dans les armées des ballons captifs, petits
aérostats gonflés d'hydrogène (transporté dans des tubes
où il est comprimé), et de force ascensionnelle suffisante
pour soulever un long câble qui les retient.

On a donné aux aérostats une forme de fuseau, on les a
munis d'hélices, mues par des moteurs légers et puissants,
et on a réalisé des appareils qui peuvent se diriger par un
temps calme.

CHAPITRE III.

COMPRESSIBILITÉ DES GAZ. POMPES.

I. *Loi de Mariotte.*

121. Compressibilité de l'air. — Nous avons vu que
les gaz sont compressibles, c'est-à-dire que leur volume

change lorsque la pression qu'ils supportent varie; il y a une relation simple entre ce volume et cette pression, si l'on a soin d'opérer *à température constante.*

122. Loi de la compressibilité des gaz à température constante. — Cette loi est due à Mariotte :

A une même température, les volumes occupés par une même masse gazeuse sont en raison inverse des pressions que cette masse supporte.

Nous admettrons cette loi, dont la vérification exacte est difficile, et qui d'ailleurs n'est pas absolument rigoureuse quand les gaz comprimés sont près de se liquéfier.

Nous donnerons sous forme d'exercices quelques expériences pouvant servir à une vérification approchée.

123. 1ᵉʳ Exercice (*fig.* 77). — Un tube de verre recourbé a deux branches inégales : la grande branche est ouverte, la petite est fermée. Au début de l'expérience, le niveau du mercure est le même dans les deux branches : soit AA'. L'air occupe alors dans la petite branche le volume AC. On ajoute alors du mercure dans la grande branche; quel sera le niveau dans cette branche quand le volume BC de l'air sera égal à $\frac{AC}{2}$?

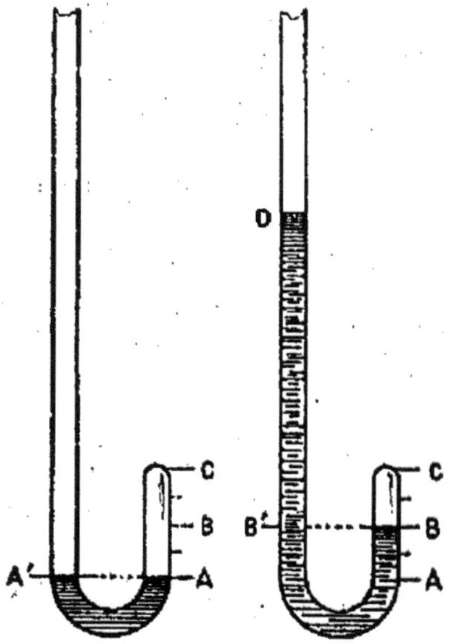

Fig. 77. — *Loi de Mariotte.* — Le volume AC de l'air contenu dans la petite branche s'est réduit à sa moitié BC quand la pression a doublé.

Si la loi de Mariotte est exacte, la pression a dû doubler. Or, dans la première expérience, la pression était une atmosphère, elle est donc, dans la deuxième expérience, deux atmosphères.

Mais la pression supportée par le gaz BC est la même que la pression en B'; c'est-à-dire elle est égale à la pression atmosphérique s'exerçant en D, augmentée de la pression exercée par la colonne DB'. — DB' doit précisément être la hauteur du mercure dans le baromètre au moment de l'expérience. — C'est ce que l'observation vérifie.

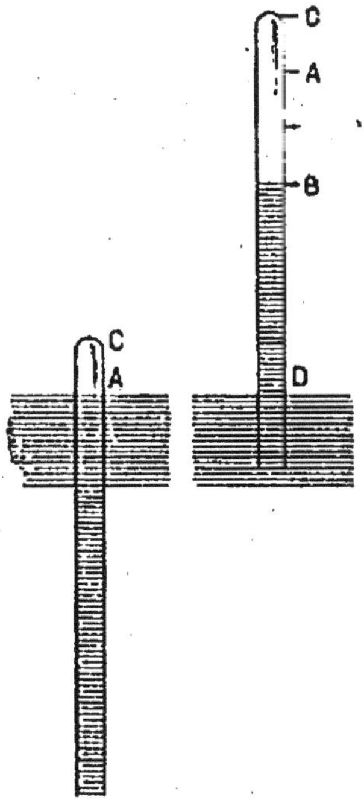

124. 2ᵉ Exercice (*fig.* 78). — Un tube de verre fermé à une extrémité et placé sur une cuve à mercure profonde contient une petite quantité d'air, AC. Le niveau du mercure est le même dans le tube et dans la cuve : l'air est donc à la pression atmosphérique.

On soulève alors le tube : le niveau du mercure monte et le volume occupé par l'air augmente, puisque sa pression diminue. Quelle est la hauteur BD du mercure quand le volume BC est devenu triple du volume primitif AC?

Si la loi est exacte, la pression du gaz n'est plus que $\frac{1}{3}$ d'atmosphère.

Or cette pression, augmentée de la pression exercée par la colonne de mercure BD, fait équilibre à la pres-

Fig. 78. — *Loi de Mariotte.* — Le volume de l'air BC est devenu trois fois plus grand que le volume primitif AC, lorsque la pression est devenue trois fois plus petite.

sion atmosphérique extérieure. La hauteur BD exerce donc une pression égale à

$$1 \text{ atm.} - \frac{1}{3} \text{ atm.} = \frac{2}{3} \text{ atm.}$$

La hauteur du mercure BD est les $\frac{2}{3}$ de la hauteur du baromètre au moment de l'expérience. L'expérience vérifie cette conséquence de la loi.

125. Expression analytique de la loi. — Considérons une certaine masse de gaz à une température constante. Désignons par V et p le volume et la pression dans un premier état, V' et p' le volume et la pression dans un second état.

Les volumes sont en raison inverse des pressions, c'est-à-dire :

$$\frac{V}{V'} = \frac{p'}{p};$$

ce qui peut s'écrire :

$$p\,V = p'\,V';$$

c'est-à-dire : le produit de la pression par le volume est constant.

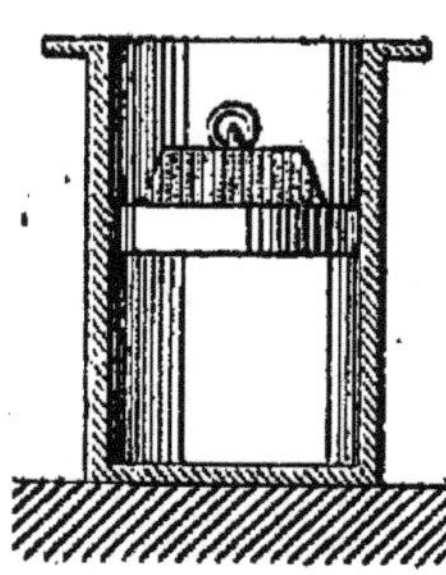

Fig. 79.

6.

126. 1ʳᵉ Application numérique (*fig. 79*). — *Un cylindre est bouché par un piston pesant* 10 *kilogrammes; la hauteur barométrique est* 76 *cm de mercure. La section du cylindre est* 1 *dmq et la hauteur de la colonne d'air dans ces conditions est* 25 *cm.*

On demande de quel poids il faut charger le piston pour que la hauteur de la colonne d'air devienne 10 *cm.*

Évaluons la pression dans le premier cas.

La pression atmosphérique est donnée par la formule :

$$p_1 = h\varpi \text{ (71)},$$

h étant la hauteur barométrique et ϖ le poids spécifique du mercure.

$$p_1 = 76 \times 13,6 = 1\,033 \text{ grammes par cmq.}$$

La pression exercée par le piston est le quotient de son poids par sa surface (61) :

$$p_2 = \frac{P_2}{S} = \frac{10\,000^{gr}}{100^{cmq}} = 100 \text{ grammes par cmq.}$$

La pression totale est $p = p_1 + p_2.$

$$1\,033 + 100 = 1\,133 \text{ grammes par cmq.}$$

Écrivons la loi de Mariotte sous sa forme donnée au paragraphe précédent :

$$p\,V = p'\,V'; \text{ on en tire } p' = \frac{p\,V}{V'}.$$

Ici, pression dans le premier état :

$$p = 1\,133^{gr} \text{ par cmq};$$

volume dans le premier état :

$$V = 25 \times 100 \text{ cmc};$$

volume dans le second état :

$$V' = 10 \times 100 \text{ cmc};$$

donc pression inconnue dans le second état :

$$p' = \frac{1\,133 \times 25 \times 100}{10 \times 100} = 2\,833^{gr} \text{ par cmq.}$$

Cette pression est exercée par l'atmosphère, le piston et la surcharge. La pression due aux deux premières causes est $1\,133^{gr}$ par cmq; il reste pour la surcharge une pression :

$$p_3 = 2\,833 - 1\,133 = 1700^{gr} \text{ par cmq,}$$

et, comme la surface est de 100 cmq, le poids de la surcharge est :

$$P_3 = p_3 \times S = 1700^{gr} \times 100 = 170\,000^{gr} = 170 \text{ kilogr.}$$

127. 2⁰ Application numérique. — *Le volume du gaz contenu dans un aérostat est 400 mc, lorsque le ballon est au sol à la pression mesurée par 76 cm de mercure. On demande à quelle pression le ballon est entièrement gonflé, sachant que son volume est 450 mc.*

Appliquons la loi de Mariotte sous sa forme analytique **(125)** : $p\,V = p'\,V'$. Soient h et h' les hauteurs de mercure qui mesurent les pressions p et p' :

$$p = h\varpi \qquad p' = h'\varpi;$$

donc

$$h\,\varpi\,V = h'\,\varpi\,V'$$

ou

$$h\,V = h'\,V',$$

$$76 \times 400 = h'\,450$$

$$h' = \frac{76 \times 400}{450} = 67^{cm},55 ;$$

la pression mesurée par cette hauteur est $67,55 \times 13,6 =$ le poids de 918 grammes 68 par cmq.

128. Variation du poids spécifique d'un gaz avec la pression. — Considérons une certaine masse de gaz maintenue à température constante; son poids spécifique est, par définition, le quotient de son poids par son volume :

$$\varpi = \frac{P}{V}.$$

Changeons la pression, le poids reste constant, le volume change; donc le poids spécifique prend une nouvelle valeur

$$\varpi' = \frac{P}{V'};$$

de ces deux égalités on tire $\varpi V = \varpi' V'$

ou
$$\frac{\varpi}{\varpi'} = \frac{V'}{V}.$$

Or (loi de Mariotte)
$$\frac{V'}{V} = \frac{p}{p'};$$

donc
$$\frac{\varpi}{\varpi'} = \frac{p}{p'},$$

c'est-à-dire, *à une même température, le poids spécifique d'un gaz est proportionnel à sa pression.*

129. Constance de la densité d'un gaz par rapport à l'air. — La densité relative d'un gaz se prend par rapport à l'air. Nous dirons donc d'après la différence générale de densités relatives (**55**) :

La densité d'un gaz par rapport à l'air est le quotient des poids spécifiques du gaz et de l'air pris à la même température et sous la même pression.

Soit un gaz de densité $1,5$ à $o°$ et sous la pression atmosphérique normale. Doublons sa pression, son poids spécifique double; mais le poids spécifique de l'air sous la pression de deux atmosphères *a doublé aussi*; donc le quotient des nouveaux poids spécifiques est resté le même, 1,5.

Donc *la densité d'un gaz par rapport à l'air ne dépend pas de la pression.*

Ceci, on le voit, est une conséquence de ce que tous les gaz suivent la même loi de compressibilité (loi de Mariotte).

130. Application numérique. — *La densité de l'hydrogène par rapport à l'air est 0,069; quel est le poids spécifique de ce gaz à la température de 0° et sous la pression mesurée par 72^{cm} de mercure?*

Le poids spécifique de l'air à 0° et sous la pression normale est 0,0013.

On a
$$d = \frac{\varpi_{H}}{\varpi_{air}}$$

ϖ_{H} et ϖ_{air} étant les poids spécifiques des deux gaz à 0°;

de là
$$\varpi_{H} = d \times \varpi_{air}$$
$$= 0,069 \times 0,0013 = 0,0000897.$$

Le poids spécifique ϖ'_{H} de l'hydrogène à la pression mesurée par 72^{cm} de mercure est donné par

$$\frac{\varpi'_{H}}{0,0000897} = \frac{72}{76} \quad (128);$$

de là
$$\varpi'_{H} = 0,0000897 \times \frac{72}{76} = 0,0000849.$$

II. *Principe des pompes.*

131. Principe de toutes les pompes. — Les *pompes* sont des instruments destinés à faire passer *un fluide* (liquide ou gaz) d'une enceinte dans une autre ; les pompes à gaz sont d'une construction plus soignée.

Toutes les pompes (*fig.* 80) sont constituées essentiellement d'un cylindre creux, appelé *corps de pompe*, dans lequel se meut un *piston* P, muni d'une tige T à laquelle on imprime un mouvement de va-et-vient. Deux soupapes *a* et *b* s'ouvrent seulement dans *un sens* qui *est le sens du mouvement du fluide à transvaser.*

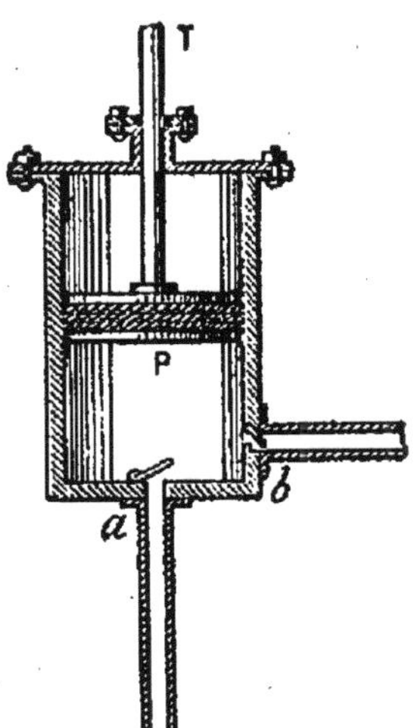

Fig. 80. — *Pompe type.* — P. Piston; *a* et *b*. Soupapes.

132. Fonctionnement des pompes. — Nous allons montrer que, si on imprime au piston un mouvement de va-et-vient, le fluide va se mouvoir dans le sens de *a* vers *b*.

1° Supposons le piston au bas de sa course et soulevons-le : le vide se fait dans le corps de pompe ; s'il s'exerce en *a* une pression même très petite, le fluide soulève la soupape *a* et remplit le corps de pompe. Pendant ce mouvement ascendant du piston, la pression qui s'exerce à droite de *b* maintient cette soupape fermée.

2° On baisse le piston : alors la soupape *a* se ferme, et lorsque la pression dans le corps de pompe est supérieure à la pression à droite de *b*, cette soupape s'ouvre, et le fluide est refoulé.

Les mêmes phases se produisent à chaque coup de piston.

133. Pompes à gaz. — Machine pneumatique. — Machine de compression. — Si l'on adapte un récipient plein d'un gaz au tube de la soupape *a*, la pompe

fait le vide dans ce récipient ; on l'appelle *machine pneumatique* (*fig.* 81).

Si l'on adapte un récipient au conduit de la soupape *b*, la pompe comprime l'air dans ce récipient : c'est la *machine de compression* (*fig.* 81).

Si l'on adaptait deux récipients, la machine ferait le vide dans le premier et refoulerait le gaz dans le second ; mais en général ces machines sont construites dans un seul but : raréfaction ou compression.

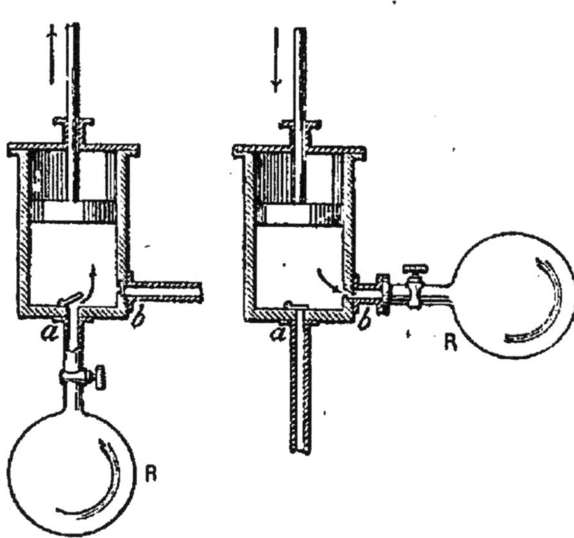

Fig. 81. — *Pompes à gaz.*

Machine pneumatique.   Machine de compression.

134. Application numérique.

— *Un piston comprime de l'air dans une conduite de frein de chemin de fer à la pression égale au poids de 5 kilogrammes par cmq. Sa surface est 3 décimètres carrés ; quel est l'effort nécessaire pour descendre le piston ?*

La force de pression qui s'exerce sur la face inférieure est

$$P = ps \quad (61)$$

$$P = 5 \times 300 = 1500 \text{ kg.}$$

La force de pression sur la face supérieure est celle exercée par l'atmosphère, soit le poids de

$$1^{kg},o3 \text{ par cmq environ};$$

donc
$$P' = 1,o3 \times 3oo = 3o9 \text{ kg}.$$

La force nécessaire pour maintenir l'équilibre est

$$P - P' = 1\,5oo - 3o9 = 1\,191 \text{ kilogr}.$$

La force nécessaire pour *mouvoir* la pompe est encore supérieure à celle-là, en particulier à cause des frottements.

135. Limites de fonctionnement. — Il n'y a pas de limite théorique. Dans la pratique, il est impossible de faire le vide parfait dans un récipient, de même qu'on ne peut comprimer indéfiniment un gaz. On est limité, dans le premier cas, par les *fuites* des appareils ou les défauts de contact; dans le second cas, en outre, par la rupture des récipients employés.

136. Usage des pompes à gaz. — La machine pneumatique est souvent employée dans les laboratoires; elle a aussi quelques applications industrielles (pompes à vider les fosses d'aisances, nettoyage des tapis); mais on lui préfère, dans la plupart de ses usages, la pompe de compression.

Dans une usine centrale, on comprime de l'air à l'aide de fortes machines à vapeur. Une canalisation conduit l'air comprimé au lieu d'utilisation.

L'air comprimé sert à actionner des tramways et des moteurs.

Les horloges pneumatiques sont mues par de l'air comprimé.

On comprime de l'air dans les caissons qui servent à fonder les piles de pont ou les soubassements en terrain humide : ce sont des caissons de tôle, ouverts à la partie inférieure ; l'air comprimé refoule l'eau en s'échappant sur les côtés ; les ouvriers travaillent donc à sec et dans une atmosphère renouvelée.

Dans quelques grandes villes, à Paris en particulic., les bureaux de poste sont réunis par une canalisation ; un piston creux contient les dépêches, et l'air comprimé sur l'une de ses faces le transporte de station en station.

Les locomotives, à vapeur ou électriques, portent une pompe qui comprime l'air dans la conduite générale des freins.

On gonfle d'air comprimé les bandages en caoutchouc des roues de voitures ou de bicyclettes.

137. Pompes à liquides : Pompe aspirante. — Pompe foulante. — Pompe aspirante et foulante. — On donne à la pompe type, décrite au paragraphe **131**, l'un ou l'autre de ces noms, suivant son mode d'utilisation.

Pompe aspirante (*fig.* 82). Le tube d'aspiration D*a* est de longueur notable, le tube de refoulement ne s'élève pas. Le plus souvent dans cette pompe la soupape *b* est placée dans le piston.

Pompe foulante (*fig.* 82). Le corps de pompe est plongé dans l'eau à élever, et le tube d'aspiration peut être supprimé.

Pompe aspirante et foulante (*fig,* 82). Les tubes d'aspiration et de refoulement ont tous deux une longueur notable.

138. Fonctionnement. — Limite d'emploi. — Lorsque la pompe comporte un tuyau d'aspiration, elle fonctionne d'abord comme une machine pneumatique, et le liquide

monte dans le tube grâce à la pression de l'atmosphère qui
s'exerce à l'extérieur. Il y a une limite théorique à la hau-

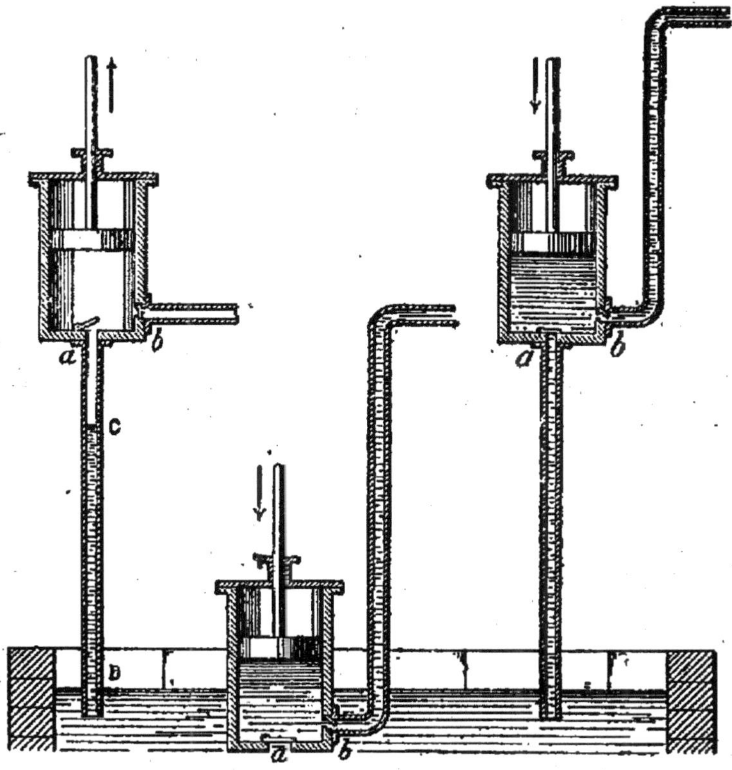

Fig. 82.

Pompe aspirante.   Pompe foulante.   Pompe aspirante et foulante.

Ces pompes ne diffèrent les unes des autres que par les longueurs
des tubes d'aspiration ou de refoulement.

teur du tube d'aspiration. Lorsque la hauteur CD du
liquide fait équilibre à la pression atmosphérique, le
liquide ne monte plus.

Pour l'eau, cette hauteur est de 10 mètres environ.

Elle serait de 76 cm pour le mercure.

En réalité, à cause des fuites on ne peut élever l'eau par aspiration à plus de 8 mètres.

Pour les tubes de refoulement dés diverses pompes, il n'y a pas de limite théorique; il faut disposer d'une force suffisante pour refouler le piston, car la force nécessaire est proportionnelle à la hauteur du tube de refoulement. De plus, on est limité par la résistance à la rupture des appareils. Les pompes industrielles élèvent facilement l'eau à des hauteurs de 40 mètres.

139. Usages. — Les usages domestiques des pompes sont bien connus. La *pompe à incendie* est une pompe foulante; elle peut être mue par un moteur à vapeur.

Des pompes puissantes élèvent l'eau dans les réservoirs, d'où on la distribue dans les villes.

LIVRE III
CHALEUR

CHAPITRE Ier.

THERMOMÈTRES. — DILATATIONS.

I. *Notion de température.— Thermomètres.*

140. Notion de température. — *La notion de température nous est donnée par nos sens.* Plaçons côte à côte trois vases. Le premier contient de l'eau que nous venons de chauffer (vase n° 1), le dernier de l'eau froide (vase n° 3) et le second une eau tiède obtenue en mélangeant l'eau froide avec l'eau chaude (vase n° 2).

Plongeons la main dans ces trois vases successivement : nous dirons que l'eau du premier est plus chaude que celle du second, qui elle-même est plus chaude que l'eau du troisième. C'est une *sensation*.

Nous pouvons aussi exprimer cette sensation en disant : *La température* du premier vase est *plus élevée* que celle du second et du troisième.

141. Insuffisance du toucher. — Le toucher permet donc de classer ces vases par ordre de température décroissante. Une telle classification n'est possible que pour un même corps, dont on possède plusieurs échantillons plus ou moins chauds. Elle ne serait pas possible avec des corps de nature différente, comme de l'eau, du bois, du fer.

Elle n'est possible que dans certaines limites assez restreintes, car les corps très chauds ou très froids donnent seulement une sensation de douleur.

Enfin si on fait les comparaisons avec la main à des moments éloignés, il est impossible de se rappeler la sensation, et par conséquent de classer les températures.

142. Le volume d'un corps varie avec la température telle que nos sens ont permis de la définir. — Heureusement les propriétés des corps dépendent de la température telle que nos sens viennent de la définir.

Prenons un réservoir de verre (*fig.* 83) auquel est adapté un tube long et fin et dans lequel on a mis un liquide coloré.

Si on plonge cet appareil dans les vases 1, 2, 3, classés avec la main par ordre de températures décroissantes, on voit le liquide baisser dans le tube fin quand on passe de 1 à 2, et baisser encore quand on plonge l'appareil dans le vase 3.

Inversement, le liquide remonte quand on le fait passer de 3 à 2 et à 1, et les *niveaux atteints redeviennent les mêmes.*

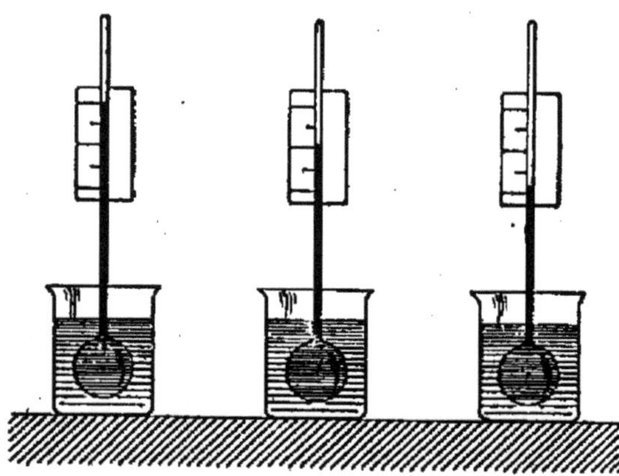

Fig. 83. — Le volume du liquide diminue lorsqu'on place l'appareil dans des vases classés à l'aide du toucher par ordre de températures décroissantes.

143. Principe du thermomètre. — Cet instrument suit donc la classification que nos sens avaient établie. Il est plus sensible que le toucher, ses indications restent les mêmes à divers moments, et nous conviendrons de prendre ses indications pour *repérer* les températures.

A cet effet, nous mettons derrière la tige de l'appareil une feuille de carton divisée en parties quelconques et numérotées de bas en haut.

Nous conviendrons d'appeler *température d'une enceinte le numéro de la graduation devant laquelle s'arrête le liquide lorsque l'appareil est plongé dans l'enceinte.*

D'après ce que nous venons de voir la température de l'eau chaude sera bien représentée par un chiffre plus grand que la température de l'eau froide.

L'appareil que nous venons de constituer est un *thermomètre.*

144. Graduation du thermomètre. — La graduation du thermomètre que nous venons de construire est absolument arbitraire. Le chiffre qu'il indique est différent du chiffre que donne un appareil du même genre plongé en même temps dans la même enceinte, mais de forme et de grandeur autres. Il est indispensable de s'entendre et de rendre tous ces appareils comparables. Ils doivent marquer le même nombre si on les plonge en même temps dans une enceinte. Nous allons définir les températures à l'aide d'un thermomètre à *mercure.*

1° **Point 0** (*fig.* 84). Lorsqu'on plonge un thermomètre dans de la *glace fondante*, le liquide occupe un certain niveau dans la tige, et ce niveau reste *invariable* tant qu'il y a de la glace fondant pour se changer en eau. On est, par la définition même des températures, amené à dire : La température de fusion de la glace est une température *fixe.* On l'appelle o *degré.*

2° **Point 100** (*fig.* 85). On constate de même que le liquide affleure à un niveau constant lorsqu'on plonge le thermo-

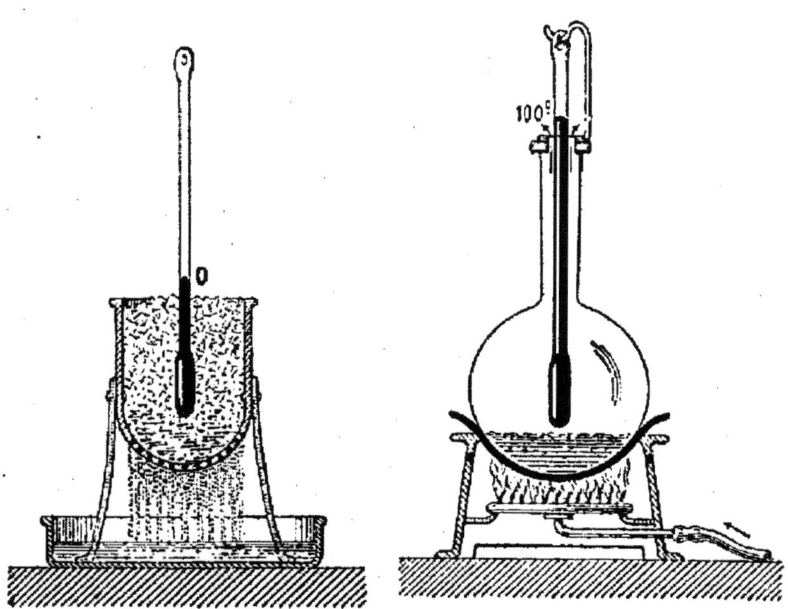

Fig. 84. — *Point* 0. — Dans la glace fondante, le mercure arrive à un niveau fixe qu'on appelle 0 degré.

Fig. 85.—*Point* 100.—On plonge le thermomètre dans la vapeur d'eau bouillante. Le point d'affleurement s'appelle 100 degrés.

mètre dans la *vapeur d'eau bouillante*, la pression atmosphérique étant 76 cm de mercure.

Ce point fixe est appelé 100 *degrés*.

Il ne reste plus qu'à diviser l'intervalle entre les deux points o et 100 en cent parties égales. On prolonge la graduation de part et d'autre des points fixes. La température du thermomètre est, par définition, le numéro de la graduation devant lequel s'arrête le liquide. Si cette division est

au-dessous du o, par exemple : 11 degrés au-dessous du
zéro, on l'écrit — 11°, et on l'énonce *moins 11 degrés*.

145. Thermomètres usuels. — Nous venons de décrire

le thermomètre *à mercure*. Il peut servir jusqu'à des températures voisines de 350°; mais à — 40° le mercure est
solide, il ne peut plus servir. Pour les basses températures,
on se sert d'autres liquides plus difficiles à congeler. Le
plus usité est l'alcool.

Le thermomètre à *alcool* contient de l'alcool coloré en
rouge; sa tige peut être plus large que celle
du thermomètre à mercure, parce que l'alcool se dilate plus que le mercure.

Pour le graduer, on détermine le zéro
comme nous l'avons vu; mais on ne peut
prendre le point 100, parce qu'à cette température la pression due à la vapeur d'alcool briserait le tube.

On le gradue donc par comparaison avec
un thermomètre à mercure. On plonge simultanément les deux appareils dans un
bain. Admettons que le thermomètre à
mercure marque 35°. On trace un trait à
l'endroit où affleure l'alcool du thermomètre
à alcool, on le marque 35° et on divise
l'intervalle de o à 35 de ce thermomètre en
35 parties égales, et on prolonge la graduation de part et d'autre.

Les bons thermomètres portent la graduation sur la tige (*fig.* 86); les thermomètres commerciaux sont fixés sur une
planchette divisée.

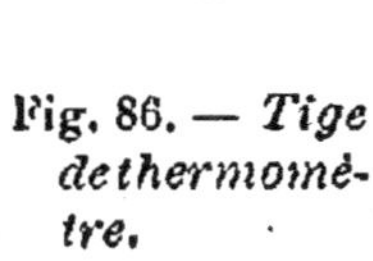

Fig. 86. — *Tige
de thermomè-
tre.*

7

II. *Dilatation des solides.*

146. Dilatation linéaire des corps solides. — Lorsque la température s'élève, les dimensions d'un corps solide augmentent; en particulier, si ce corps solide a une forme qui se rapproche plus ou moins de celle d'une barre ou d'une poutre, il est intéressant d'étudier son augmentation de longueur, ou *dilatation linéaire.*

Prenons une barre de laiton de 40 cm environ, posons-la sur des briques et chauffons-la avec un bec de gaz. Nous constatons en la mesurant avant et après son élévation de température qu'elle s'est allongée de quelques millimètres. Cet allongement peut être rendu visible : l'une des extrémités de la barre est fixe; celle-ci repose sur deux aiguilles.

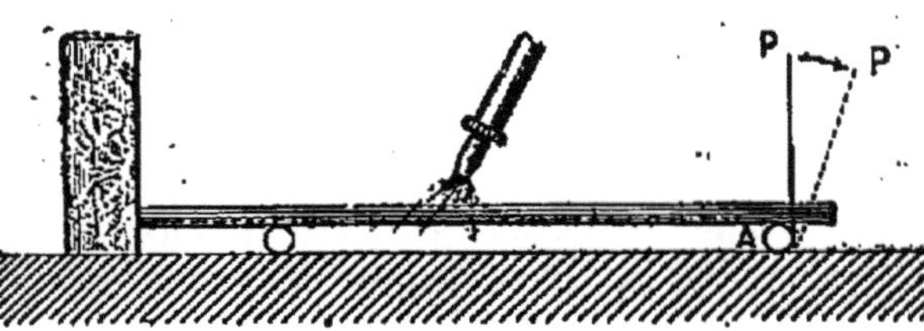

Fig. 87. — *Dilatation linéaire des solides.* — Lorsque la barre chauffée s'allonge, l'aiguille A qui lui sert de support roule, et une feuille de papier collée à cette aiguille se déplace visiblement.

Le roulement est rendu manifeste si on attache à l'aiguille la plus éloignée du point d'appui une feuille de papier (*fig.* 87).

147. Coefficient de dilatation linéaire. — *C'est l'allongement que prend* 1 *centimètre du corps quand on le chauffe de* 1 *degré.*

7.

Pour le fer, cet allongement est $0^{cm},0000123$. L'expérience prouve que la dilatation linéaire est très sensiblement la même si on chauffe une barre de $0°$ à $1°$ ou de $15°$ à $16°$, etc., c'est-à-dire quelle que soit la température initiale de la barre. Donc l'allongement d'une barre chauffée est proportionnel à l'écart des températures extrêmes.

148. Application numérique. — *Quelle est, à $30°$, la hauteur de la Tour de fer située à Paris et qui a 300 mètres à $0°$?*

Quand on chauffe 1^{cm} de $1°$ l'allongement est $0,0000123$;

— $30\,000^{cm}$ de $1°$ — $0,0000123 \times 30,000$;

— $30\,000^{cm}$ de $30°$ — $0,0000123 \times 30\,000 \times 30.$

On trouve $11^{cm},07$ pour l'allongement. La hauteur à $30°$ est donc $30\,011^{cm},07$.

149. Formule. — Une formule algébrique, démontrée une fois pour toutes, dispense de refaire le raisonnement dans tous les problèmes analogues.

On demande la longueur l_t à $t°$ d'une barre dont la longueur est l_0 à $0°$. Son coefficient de dilatation linéaire étant b.

Quand on chauffe 1^{cm} de $1°$ l'allongement est b

— l_0 de $1°$ — $b \times l_0$

— l_0 de t_0 — $b\, l_0\, t$

La longueur à t_0 est donc $l_t = l_0 + l_0\, bt$

ou
$$l_t = l_0 (1 + bt).$$

$(1 + bt)$ s'appelle *binôme de dilatation linéaire.*

150. Dilatation cubique des corps solides. — On appelle ainsi leur augmentation de volume. Toutes les dimensions linéaires d'un corps augmentent par suite d'une élévation de température, donc le volume augmente.

Une sphère de laiton passe exactement, à la température ordinaire, dans un anneau du même métal. Si on chauffe la sphère, elle ne peut plus passer; si on chauffe à la fois la sphère et l'anneau, la sphère passe toujours (*fig.* 88).

Cette seconde expérience montre qu'un corps qui présente une cavité se dilate comme si la cavité était constituée par la substance qui l'entoure.

Ainsi un flacon de verre chauffé augmente de capacité, et la cavité se dilate comme si elle était constituée par du verre.

Citons encore l'expérience suivante : Pour retirer un bouchon de verre du goulot d'une bouteille auquel il adhère trop fortement, il suffit de verser un peu d'eau chaude sur le goulot. Celui-ci se dilate d'abord, et on peut, en se hâtant, retirer facilement le bouchon non dilaté.

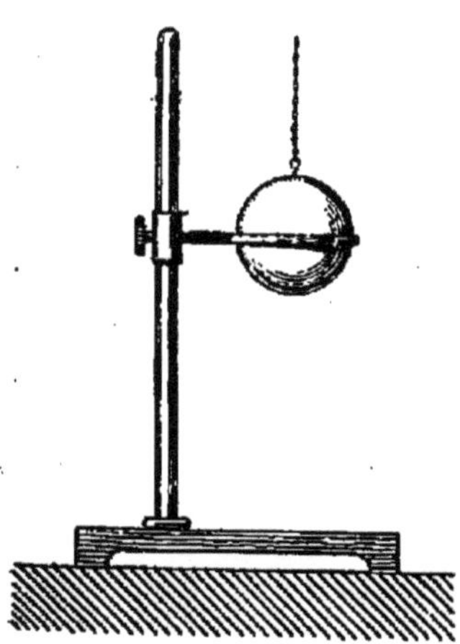

Fig. 88. — *Dilatation des solides.*

151. Coefficient de dilatation cubique. — **Formule.** — *Le coefficient de dilatation cubique est l'augmentation de volume que prend 1 centimètre cube du corps quand on le chauffe de 1°.*

On démontre, pour les augmentations de volumes, une formule identique à celle qui a été établie pour les dilatations linéaires. Soit v_0 le volume d'un corps à 0°, k son coefficient de dilatation cubique. Son volume v_t à t_o est donné par la formule :

$$v_t = v_0 \, (1 + kt).$$

$(1 + kt)$ s'appelle *binôme de dilatation cubique.*

Application numérique. — *Quelle est, à 50°, la capacité d'un flacon de verre qui a 2 litres à 0° ? Le coefficient de dilatation cubique du verre est 0,000 025.*

Appliquons la formule :

$$v_t = 2000^{\text{cmc}} \, (1 + 0,000\,025 \times 50) = 2\,002^{\text{cmc}},500.$$

152. Valeurs des coefficients de dilatation. — Il y a entre les coefficients de dilatation linéaire et cubique la relation suivante que l'on peut démontrer, mais que nous admettrons comme un résultat d'expérience.

Pour un même corps, le coefficient de dilatation cubique est le triple du coefficient de dilatation linéaire : $k = 3\,b.$

Les coefficients de dilatation des métaux sont supérieurs en général à ceux des minéraux, du verre ou de la porcelaine.

Coefficients de dilatation cubique de quelques corps :

Verre	0,000 025	Laiton	0,000 051
Platine	0,000 025	Argent	0,000 057
Or	0,000 042	Plomb	0,000 085

Les coefficients de dilatation linéaire sont les tiers de ces nombres.

153. Variation du poids spécifique avec la température. — Le poids d'un morceau de métal est constant ; si on le chauffe, son volume augmente, donc son poids spécifique diminue.

Soit ϖ_0 le poids spécifique d'un corps à 0°, V_0 son volume à cette température, ϖ_t et V_t le poids spécifique et le volume à t_0.

$$\text{Le poids à } 0° \text{ est } \varpi_0\, V_0$$
$$— \qquad t^0 \ — \ \varpi_t\, V_t\,.$$

Ces poids sont égaux donc :

$$\varpi_0\, V_0 = \varpi_t\, V_t\,;$$

mais on a $$V_t = V_c\,(1 + kt);$$

donc $$\varpi_0\, V_0 = \varpi_t\, V_0\,(1 + kt);$$

d'où $$\varpi_t = \frac{\varpi_0}{1 + kt}\,.$$

Application numérique. — *Le poids spécifique du fer à 0° est 7,8. Quel est-il à 400°, son coefficient de dilatation cubique étant 0,000 036 ?*

$$\varpi_t = \frac{7,8}{1 + 0,000\,036 \times 400} = 7,63.$$

154. Efforts énormes développés par la dilatation des solides. — Une barre de fer de 1 mètre de long et de 1 cmq de section s'allonge de $0^{cm},123$ si on la chauffe à 100°. Si on veut empêcher la dilatation en plaçant cette barre entre des supports résistants, elle exerce sur ces supports une poussée de 2 600 kilogrammes environ.

Si la résistance des supports est insuffisante, ils sont déplacés ou brisés. La barre peut aussi se courber.

155. Applications usuelles des phénomènes de dilatation. — Dans les constructions métalliques, il faut prévoir la dilatation des pièces employées. On ne place

pas les rails de chemin de fer exactement bout à bout, on
laisse entre eux un petit intervalle; de la sorte les allongements peuvent se produire et les rails ne risquent pas de
se tordre par l'élévation de la température.

Les ponts (*fig.* 89) sont souvent formés par une poutre
fixée à une extrémité, et dont l'autre extrémité roule sur

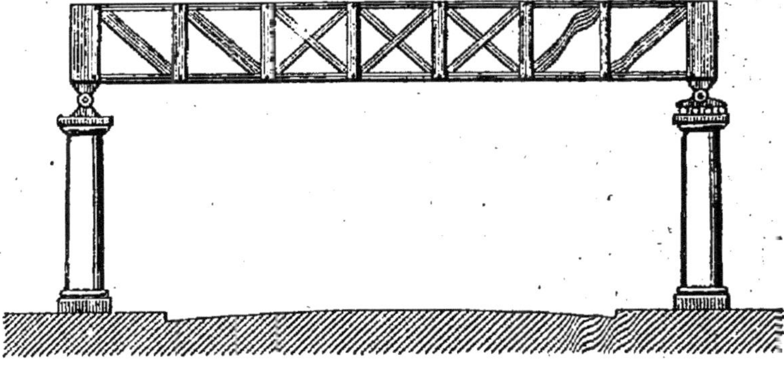

Fig. 89. — *Poutre de pont.* — L'une des extrémités est fixe ;
l'autre peut se déplacer sur un petit chariot.

un petit chariot qui permet les déplacements occasionnés
par les variations de température.

Quand on chauffe sans précautions un morceau de verre,
ou de soufre, les portions chauffées seules se dilatent, les
autres gardent leur volume primitif; de là dans l'intérieur
du corps des efforts énormes qui le brisent fréquemment.

On profite des efforts exercés par la contraction d'un
corps chauffé qui revient à la température ordinaire. Pour
cercler les roues de wagons ou de voitures, on pose le
cercle à chaud; en se refroidissant, il adhère fortement
à la roue.

La durée des oscillations d'un balancier d'horloge augmente avec sa longueur. Si donc on ne construit pas les

balanciers avec des précautions toutes spéciales, l'horloge retarde en été, le balancier ne battant plus assez vite.

Nous avons vu que les coefficients de dilatation des corps varient beaucoup avec la nature du corps. On sait construire des aciers au nickel dont le coefficient de dilatation est presque nul.

III. *Dilatation des liquides et des gaz.*

156. Dilatation des liquides. — Nous nous sommes servis de ce phénomène pour la mesure des températures. Les liquides se dilatent beaucoup plus que les solides.

Plongeons un ballon à col long et fin contenant un liquide dans de l'eau chaude (*fig.* 90); nous voyons au premier moment le liquide *baisser* un peu (de 1 en 2), puis il remonte et dépasse de beaucoup son niveau primitif (3).

C'est que le verre s'est trouvé *d'abord* au contact de l'eau chaude; la capacité du ballon a *augmenté;* puis le liquide s'est lui-même échauffé, et comme il se dilate plus que le verre, il a monté dans le tube.

On observe donc directement, non pas la dilatation *vraie* du li-

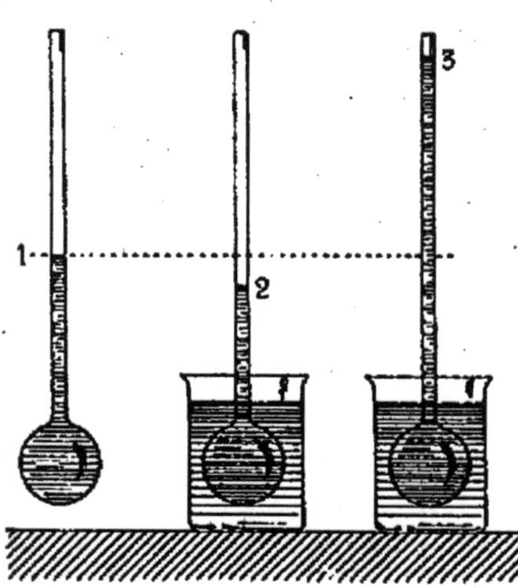

Fig. 90. — Positions successives du liquide dans un ballon plongé brusquement dans l'eau chaude.

quide mais sa dilatation *apparente*, qui dépend de la dilatation de l'enveloppe.

La dilatation d'un liquide en un vase clos et rempli est accompagnée d'efforts énormes exercés sur les parois par le liquide.

157. Valeurs numériques et applications usuelles.

— Les coefficients de dilatation cubique des liquides sont beaucoup supérieurs à ceux des solides.

Mercure	0,0001802
Alcool	0,001048
Ether	0,001513

On sait l'usage des liquides dans la construction des thermomètres.

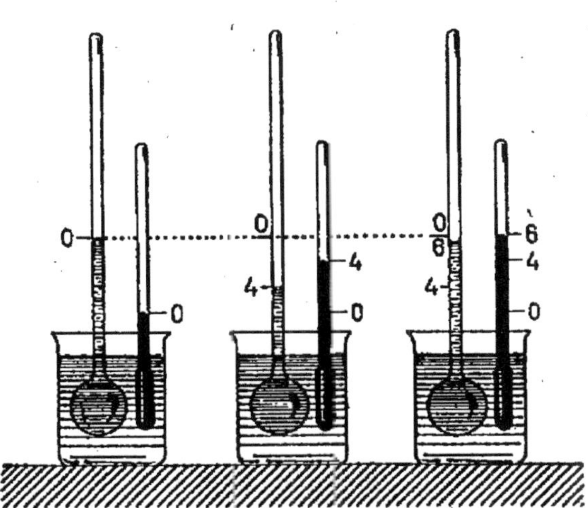

Fig. 91. — *Comparaison d'un thermomètre à eau et d'un thermomètre à mercure.* — Tandis que le mercure monte continuellement dans la tige, l'eau descend entre 0° et 4°, puis remonte.

Les différences de densités dues aux variations de température sont la cause des courants marins.

158. Dilatation de l'eau (*fig.* 91). — Les liquides, en général, augmentent constamment de volume lorsque la température s'élève. L'eau fait exception.

Prenons de l'eau à 0° et chauffons-la avec précaution. Son volume *diminue* jusqu'à ce que nous ayons atteint la température de 4° environ. Puis à partir de 4° l'eau, comme tous les liquides, se dilate lorsque la température augmente.

L'eau contenue dans un ballon à longue tige repasse donc deux fois par les points de la tige compris entre zéro et 4°; un thermomètre à eau donnerait la même indication pour deux températures différentes situées l'une au-dessous, l'autre au-dessus de 4°.

159. Maximum de densité de l'eau. — Expérience de Hope. — D'après cette expérience, une quantité d'eau déterminée occupe à 4° le plus petit volume possible. Donc, à cette température, la densité de l'eau est la plus grande possible. On dit que l'eau présente un *maximum de densité* à la température de 4°. Nous pouvons le vérifier directement à l'aide d'une expérience due à Hope (*fig.* 92).

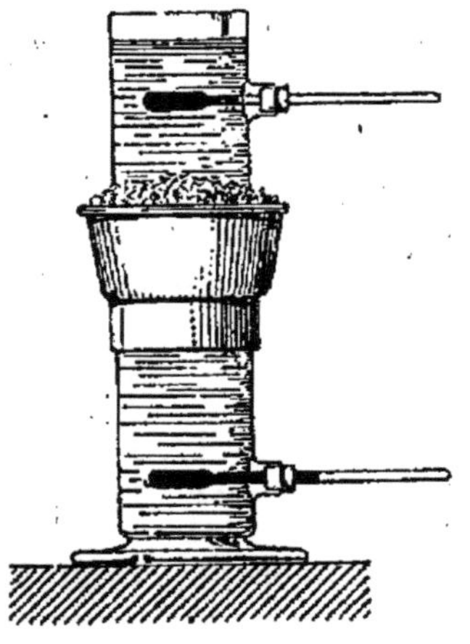

Fig. 92. — Expérience de Hope.

Une éprouvette à pied est percée vers ses extrémités de deux tubulures dans lesquelles passent des thermomètres. Vers le milieu est un manchon que l'on remplit d'un mélange réfrigérant de glace et de sel. On verse dans l'éprouvette de l'eau à la température de 15°. On constate que le thermomètre inférieur *baisse* jusqu'à 4° et y reste, tandis que l'autre reste vers 15°. Cette première partie de l'expérience prouve que l'eau à 4° est plus dense qu'à toute température plus élevée. Bientôt, tandis que le thermomètre inférieur continue à marquer 4°, le thermomètre supérieur baisse, atteint 4° et descend même à o°. Cette deuxième partie de l'expérience prouve que l'eau à 4° est plus dense que l'eau à toute température plus basse.

Donc à 4° l'eau présente un *maximum de densité*.

Grâce à cette propriété, l'eau d'un lac tranquille peut s'abaisser à la surface et le fond rester à 4°.

160. Dilatation des gaz à pression constante. — A pression constante, les gaz se dilatent beaucoup plus que les solides et les liquides.

Le coefficient de dilatation de tous les gaz difficiles à liqué-fier *est le même* et égal à 0,00367.

Ce fait est connu sous le nom de *loi de Gay-Lussac*.

Ce coefficient est cent fois plus fort que le coefficient d'un métal.

La formule des dilatations est : $V_t = V_0 (1 + 0{,}00367\ t)$.

Pour montrer cette dilatation, prenons un ballon muni d'un long tube fin que nous maintenons horizontal après y avoir introduit une goutte de mercure (*fig.* 93).

Il suffit d'approcher la main du ballon pour voir la goutte se déplacer rapidement.

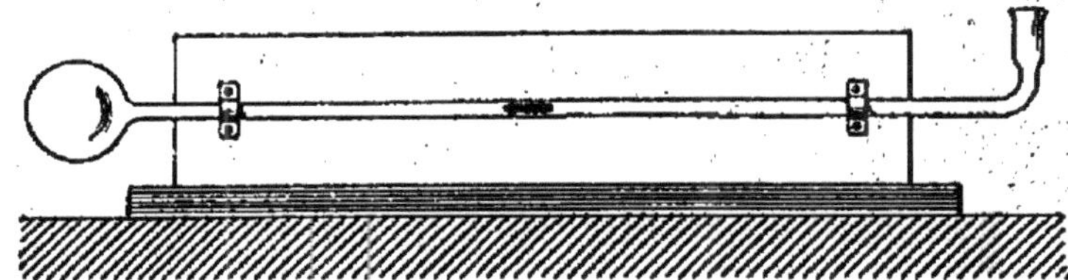

Fig. 93. — *Dilatation des gaz à pression constante.* — Il suffit d'approcher la main du ballon pour voir la goutte de mercure s'en éloigner rapidement.

Dans cette expérience, l'air qui se dilate est constamment soumis à la pression atmosphérique. C'est une dilatation du gaz à *pression constante* et à volume variable.

161. Augmentation de pression des gaz à volume constant.

— Si on s'oppose à la dilatation d'un solide ou d'un liquide, il exerce des poussées énormes. Les gaz, au contraire, sont très compressibles. On peut s'opposer à la dilatation d'un gaz en le chauffant dans un vase clos ; alors la pression augmente dans des limites faciles à mesurer et à montrer.

Un ballon (*fig.* 94) est fermé par un bouchon muni d'un tube en S. Ce tube contient un liquide. Si on chauffe l'air du ballon, le niveau baisse en A et monte en B. Mais on peut maintenir le niveau constant en A, en ajoutant du liquide. La dénivellation AB mesure l'excès de la pression du gaz sur la pression atmosphérique. Cet excès est

$$p = h\varpi$$

$h =$ hauteur AB.

$\varpi =$ poids spécifique du liquide du tube.

Dans cette expérience, le volume du gaz est resté le même. C'est une augmentation de pression à *volume constant*.

L'expérience montre que la pression P_t est donnée, pour tous les gaz, par la formule

$$P_t = P_0 (1 + 0{,}00367 t).$$

P_0 est la pression à 0°.

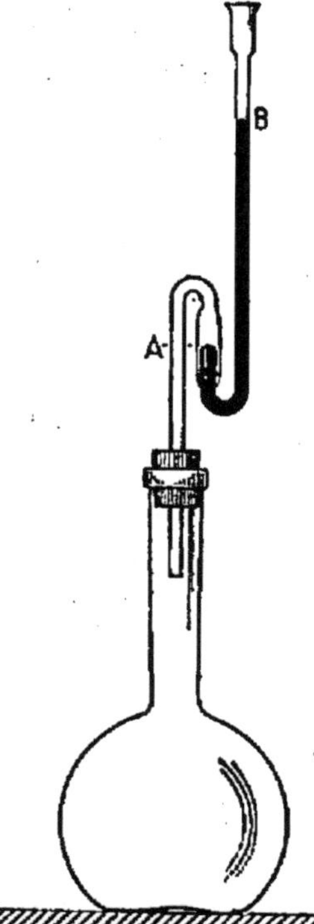

Fig. 94.—*Augmentation de pression des gaz à volume constant.*—On peut échauffer le gaz en maintenant le nivaue A constant ; il faut alors augmenter sa pression en ajoutant du liquide en B.

Le coefficient 0,00367 qui intervient a même valeur que le coefficient de dilatation des gaz à pression constante.

162. Variation du poids spécifique avec la température. — A pression constante, le poids spécifique d'un gaz, comme celui d'un corps quelconque, varie en raison inverse du binôme de dilatation.

Application numérique. — *Le poids spécifique de l'air à 0°, sous la pression atmosphérique normale, est 0,001293; quelle est sa valeur à 200°, sous une pression de 3 atmosphères?*

Si, à la pression normale, on chauffe de l'air à 200°, son poids spécifique diminue et est donné par la formule **(153)** :

$$\varpi_t = \frac{\varpi_0}{1 + 0,00367\, t} = \frac{0,001293}{1 + 0,00367 \times 200}.$$

Mais la pression a triplé; donc, d'après la loi de Mariotte **(122)**, le poids spécifique a triplé et est devenu

$$\varpi'_t = \frac{0,001293 \times 3}{1 + 0,00367 \times 200} = 0,00223.$$

163. Constance de la densité des gaz par rapport à l'air. — Si nous nous reportons à la définition de la densité d'un gaz par rapport à l'air, il est clair que cette densité ne dépend pas de la température, la pression restant constante. En effet la densité est le quotient des poids spécifiques du gaz et de l'air, à la même température, et ces deux poids spécifiques varient tous deux en raison inverse du *même* binôme de dilatation.

D'autre part, nous avons vu **(129)** que la densité d'un gaz par rapport à l'air est indépendante de la pression qu'il supporte.

Donc *la densité d'un gaz par rapport à l'air est constante.* C'est une conséquence de ce que les gaz se compriment de la même façon (loi de Mariotte) et ont le même coefficient de dilatation (loi de Gay-Lussac).

Cette densité constante par rapport à l'air est celle que l'on inscrit dans les ouvrages de chimie.

Densités de quelques gaz :

Oxygène	1,1	Azote	0,9
Hydrogène	0,069	Chlore	2,4

164. Poids d'un gaz. — Si ϖ_{gaz} et ϖ_{air} désignent les poids spécifiques d'un gaz et de l'air dans les mêmes conditions de température et de pression, la densité est, par définition :

$$d = \frac{\varpi_{gaz}}{\varpi_{air}};$$

d'où
$$\varpi_{gaz} = \varpi_{air} \times d.$$

Le poids d'un corps est le produit du poids spécifique par le volume :
$$P = \varpi_{gaz}V;$$

c'est-à-dire
$$P = \varpi_{air} \times V \times d.$$

Le poids d'un gaz s'obtient en cherchant le poids du même volume d'air dans les mêmes conditions de température et de pression et en multipliant le résultat obtenu par la densité du gaz.

165. Application numérique. — *Quel est à 15°, sous la pression de 78^{cm} de mercure, le poids de 22^{l},4 de méthane ?* $(d = 0,55)$.

Le poids spécifique de l'air à 15° sous la pression de 76^{cm} est
$$\varpi_{15} = \frac{0,001293}{1 + 0,00367 \times 15}.$$

A 15°, sous la pression de 78^{cm}, il ést

$$\varpi'_{15} = \frac{0,001293}{1 + 0,00367 \times 15} \times \frac{78}{76}.$$

Le poids cherché est $P = \varpi'_{15} \times d \times V$.

$$P = \frac{0^{gr},001293}{1 + 0,00367 \times 15} \times \frac{78}{76} \times 0,55 \times 22400^{cm} = 15 \text{ gr. } 5.$$

<hr>

CHAPITRE II.

QUANTITÉS DE CHALEUR.

I. *Notion de quantité de chaleur. — Chaleur spécifique.*

166. Notion expérimentale de quantité de chaleur.
— Prenons un corps à la température de 50°, par exemple, et mettons-le en contact avec un autre corps à une température plus basse, 10°. Le premier se refroidit et le second s'échauffe. On dit que le premier corps *a cédé de la chaleur* au second, ou que le second *a reçu de la chaleur* du premier.

Échauffons de l'eau dans un ballon à l'aide d'une lampe à alcool pesée. Nous constatons que, pour élever la température de l'eau, il faut brûler d'autant plus d'alcool que la masse d'eau est plus considérable et l'élévation de température plus grande.

Plaçons deux ballons identiques *(fig.* 95) contenant des quantités d'eau *différentes* au-dessus de deux lampes à alcool identiques, brûlant la même quantité d'alcool en une heure. Plaçons un thermomètre dans chacun des ballons. Nous constatons que la température de la petite quantité d'eau s'élève beaucoup plus vite que la température de la grande masse d'eau.

Ces expériences nous apportent la notion de *quantité de chaleur*, différente de la notion *de température*.

Dans la dernière expérience par exemple, la *même* quantité de chaleur élève différemment la température de masses d'eau différentes.

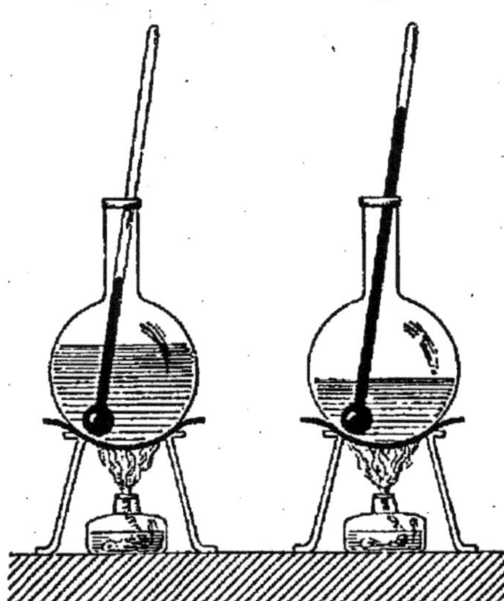

Fig. 95. — *Notion de quantité de chaleur*. — Le ballon qui contient beaucoup d'eau s'échauffe beaucoup moins vite que l'autre, bien qu'il reçoive par une lampe identique la même quantité de chaleur.

167. Unité de quantité de chaleur. — Une quantité de chaleur peut être mesurée; l'unité de cette nouvelle grandeur est la *calorie*.

La définition de cette unité est justifiée par les expériences suivantes :

Mélangeons un kilogramme d'eau à 10° avec un kilogramme d'eau à 30°, nous obtenons deux kilogrammes d'eau à 20°. La chaleur abandonnée par un kilogramme d'eau en se refroidissant de 30° à 20° est donc égale à la chaleur nécessaire pour échauffer un kilogramme d'eau de 10° à 20°. Si on opère en mélangeant deux masses d'eau égales, portées respectivement à des températures quelconques t, t', la température finale est, de même, toujours la moyenne des deux températures $\frac{t + t'}{2}$. Il en résulte qu'il faut la même quantité de chaleur pour échauffer 1 gramme d'eau de 0° à 1°, ou de 1° à 2°, ou de 17° à 18°, etc. Cette quantité de chaleur s'appelle une *calorie*.

La calorie est la quantité de chaleur nécessaire pour élever de 1° la température de 1 gramme d'eau pure.

168. Principes de la mesure des quantités de chaleur. — Il résulte de ces expériences et de la définition de la calorie que :

1er Principe : *Le nombre de calories nécessaires à l'échauffement d'une certaine quantité d'eau est proportionnel à son élévation de température.*

Nous allons montrer l'influence de la quantité d'eau par l'expérience suivante. Mélangeons *un* kilogramme d'eau à 0° avec *deux* kilogrammes à 15° : la température finale n'est pas ici la moyenne, l'expérience montre qu'elle est 10°. Donc, deux kilogrammes, se refroidissant de 5° seulement, ont échauffé un kilogramme de 10°. Il en résulte que :

2e Principe : *Le nombre de calories nécessaires à l'échauffement d'une certaine quantité d'eau est proportionnel à son poids.*

169. Notion de chaleur spécifique. — Plaçons au-dessus des deux lampes à alcool identiques, que nous avons déjà utilisées, d'une part un kilogramme d'eau, d'autre part un kilogramme de mercure; nous constatons que le mercure est porté à 100°, alors que l'eau s'est échauffée de quelques degrés seulement.

Cette expérience montre qu'il faut beaucoup moins de chaleur pour échauffer un gramme de mercure de 1° que pour échauffer un gramme d'eau de la même quantité.

Répétons aussi une expérience de mélange analogue aux deux précédentes. Mélangeons un kilogramme d'eau à 0° avec un kilogramme de mercure à 5o°. Si on avait ajouté un kilogramme d'eau, la température finale serait 25°; or, nous constatons qu'elle est seulement de 1°,6.

Il faut donc la même quantité de chaleur pour échauffer 1 gramme d'eau de 1°,6 ou 1 gramme de mercure de 5o° — 1°,6 c'est-à-dire de 48°,4.

Les principes fondamentaux énoncés pour l'eau s'appliquent à tous les corps. On déduit de cette expérience qu'il faut 3o fois plus de chaleur pour donner à 1 gramme d'eau la même élévation de température qu'à 1 gramme de mercure.

170. Définition de la chaleur spécifique. — Si on avait fait cette expérience avec de l'alcool, ou de la benzine, ou du cuivre, on aurait trouvé une température finale différente; il est donc utile de définir la propriété des corps mise en évidence par ces expériences.

On appelle chaleur spécifique d'un corps le nombre de calories nécessaires pour élever de 1° la température de 1 gramme de ce corps.

171. Application. — Les deux principes fondamentaux permettent de résoudre la question suivante :

Quelle est la quantité de chaleur nécessaire pour échauffer 125 grammes d'argent de 14° à 18°,5, sachant que la chaleur spécifique de l'argent est 0,057 ?

Pour échauffer 1 gramme d'argent de 1°, il faut 0 calorie 057.

Pour échauffer 1 gramme d'argent de (18,5 — 14) degrés, il faut 0,057 (18,5 — 14) calories, d'après le premier principe.

Pour échauffer 125 grammes d'argent de (18,5 — 14) de-

8.

grés, il faut 0,057 (18,5 — 14) 125 calories, d'après le second principe, donc :

$$q = 125 \times 0,057 \times (18,5 — 14) = 32^{cal},06.$$

172. Formule générale. — Nous pouvons généraliser le résultat obtenu :

Soit p le poids d'un corps en grammes;
   c sa chaleur spécifique,
   t sa température initiale,
   t' sa température finale.

La quantité de chaleur nécessaire pour effectuer ce changement est

$$q = p\,c\,(t' — t).$$

II. Calorimétrie. — Méthode des mélanges.

173. Principe de la méthode des mélanges. — La Calorimétrie a pour but de mesurer les quantités de chaleur; la méthode la plus employée est celle des mélanges.

On s'arrange de façon que la quantité de chaleur à mesurer serve à l'échauffement d'une masse d'eau connue, depuis une température initiale jusqu'à une température finale mesurées avec soin. *On écrit que la quantité de chaleur à mesurer égale la quantité de chaleur reçue par l'eau.*

174. Mesure d'une chaleur spécifique. — Nous allons appliquer cette méthode à la mesure de la chaleur spécifique du cuivre (*fig.* 96).

Plaçons 100 grammes de tournure de cuivre dans un tube à essai avec un thermomètre, et suspendons par un fil de cuivre ce tube dans le col d'un ballon à la partie inférieure duquel nous maintenions de l'eau à l'ébullition. Le cuivre est ainsi plongé dans une étuve, et sa température monte lentement jusqu'à 100°. D'autre part, un vase mince en métal contient 200 grammes d'eau à la température ambiante, soit 16°,5.

Lorsque le cuivre a atteint la température de 98° par exemple, on le verse rapidement dans l'eau du vase; on constate que le thermomètre de précision placé dans ce vase monte jusqu'à la température de 20°,2.

Écrivons que la chaleur gagnée par l'eau a été apportée par le cuivre.

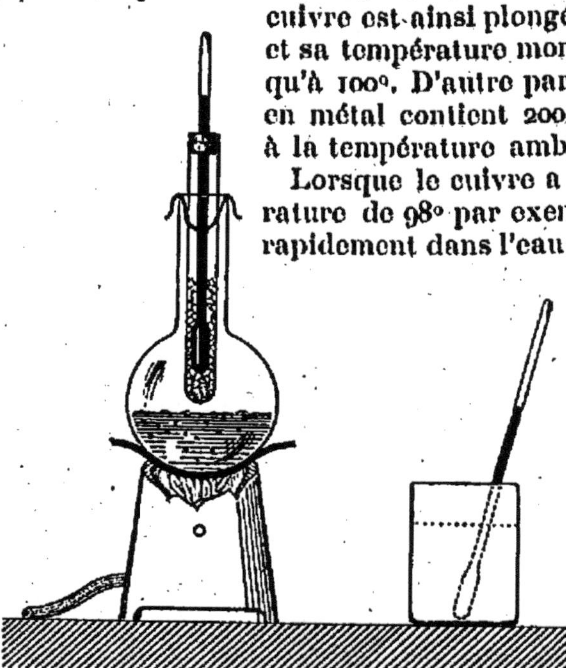

Fig. 96. — *Mesure d'une chaleur spécifique.* — On verse rapidement le cuivre du tube à essai dans l'eau du vase. On lit les températures initiale et finale. La connaissance des poids de cuivre et d'eau et de la température du cuivre introduit permet de calculer la chaleur spécifique.

200 grammes d'eau se sont échauffés de 16°,5 à 20°,2. Il leur a fallu pour cela

$$200^{gr}\,(20,2 - 16,5) = 740 \text{ calories.}$$

Ces 740 calories ont été fournies par 100 grammes de cuivre qui se sont refroidis de (98 — 20,2) degrés; 1 gramme, se refroidissant de 1°, aurait apporté

$$c = \frac{740}{100\,(98^\circ - 20^\circ,2)} = \frac{740}{7780} = 0,095.$$

C'est, par définition, la chaleur spécifique du cuivre.

175. Généralisation. — Appelons T la température initiale du cuivre, p son poids, c sa chaleur spécifique, P le poids de l'eau du vase, t sa température initiale, t' sa température finale. La quantité de chaleur fournie par le cuivre est (**172**) :

$$q = p\,c\,(T - t').$$

La quantité de chaleur gagnée par l'eau est

$$P\,(t' - t).$$

Ces deux quantités sont égales

$$pc\,(T - t') = P\,(t' - t);$$

d'où

$$c = \frac{P\,(t' - t)}{p\,(T - t')}.$$

Cette formule permet de résoudre simplement tous les problèmes dans lesquels l'une des quantités [est inconnue.

Application numérique. — *50 grammes de plomb, de chaleur spécifique 0,0312, ont amené 200 grammes d'eau de la température de 15° à celle de 17°,3. Quelle était la température initiale du plomb?*

On tire de la formule précédente

$$T = \frac{P\,(t' - t) + pc\,t'}{pc}, \quad \text{c'est-à-dire ici}$$

$$T = \frac{200 \times 2,3 + 50 \times 0,0312 \times 17,3}{50 \times 0,0312} = 312^\circ,$$

176. Résultats. — Voici les chaleurs spécifiques de quelques corps :

Eau	1	Fer	0,114
Mercure	0,033	Soufre	0,178
Argent	0,057	Sodium	0,293
Cuivre	0,095	Alcool	0,547

177. Valeur exceptionnelle de la chaleur spécifique de l'eau. — On voit donc, et nous l'avons remarqué dès le début de l'étude des quantités de chaleur, que la chaleur spécifique de l'eau est très grande vis-à-vis de celle des autres corps, c'est-à-dire : l'eau peut recevoir ou fournir beaucoup de chaleur, et sa température change moins que celle du même poids d'un autre corps qui recevrait ou fournirait les mêmes quantités de chaleur.

C'est la principale raison pour laquelle la variation de température des eaux de la mer est beaucoup moindre que celle des continents, de l'été à l'hiver.

Il en résulte que les climats *maritimes*, c'est-à-dire céux des îles et des côtes, sont plus tempérés que les climats *continentaux*.

La grandeur de la chaleur spécifique de l'eau permet aussi d'employer un courant d'eau pour maintenir une température constante. Dans la grande industrie métallurgique, les fourneaux ou cuves employés sont souvent entourés d'une enveloppe parcourue par un *courant d'eau froide*. Grâce à sa grande chaleur spécifique, l'eau employée s'échauffe peu malgré la grande quantité de chaleur qu'elle reçoit. Dans les laboratoires, on emploie aussi les réfrigérants à courant d'eau, ou on plonge dans une grande masse d'eau les appareils dont on veut maintenir la température bien constante.

CHAPITRE III.

FUSION ET SOLIDIFICATION.

178. Changements d'état. — Quand on chauffe progressivement un corps *solide*, la glace par exemple, il arrive un moment où ce corps *fond*, c'est-à-dire passe à l'état *liquide*. Ce changement d'état s'appelle *fusion*. Inversement, un liquide refroidi, de l'eau par exemple, prend l'état solide : c'est la *solidification*.

Les liquides, ou même certains solides, chauffés *émettent des vapeurs;* ils prennent l'état gazeux : c'est la *vaporisation*. Inversement, une vapeur ou un gaz peuvent se liquéfier : le phénomène s'appelle *liquéfaction*.

I. *Passage de l'état solide à l'état liquide.*

179. Fusion franche. — Un grand nombre de corps présentent le phénomène de la fusion franche, c'est-à-dire passent brusquement, lorsqu'on les chauffe, de l'état solide à l'état liquide. Exemples : la glace, le phosphore, le mercure.

180. Exceptions. — Mais il y a des corps pour lesquels le changement d'état n'est pas brusque, et qui prennent des états intermédiaires pâteux; par exemple, le verre. Chauffons un tube de verre (*fig.* 97) sur un bec de gaz, il se ramollit sans fondre; dans cet état, nous pouvons le courber ou l'étirer.

Il est des corps, appelés *réfractaires*, qui ne fondent pas à la température des foyers habituels, par exemple la chaux, le carbone. On est arrivé à fondre tous ces corps au four électrique, dont la température est de 3 000°.

Fig. 97. — *Fusion pâteuse.* — Un tube de verre placé dans la flamme d'un bec de gaz se ramollit sans fondre.

Enfin certains corps solides sont *décomposés* avant de fondre, par exemple le papier. Si on chauffe du papier à l'air, il s'enflamme; à l'abri de l'air, il se décompose en laissant un résidu de charbon, en même temps que des gaz se dégagent.

Nous étudierons seulement les lois de la fusion franche ou brusque.

181. Lois de la fusion. — 1re Loi : *A la pression ordinaire, une espèce chimique déterminée commence toujours à fondre à une même température,* appelée *point de fusion.*

Cette loi s'applique à une *espèce chimique* déterminée, c'est-à-dire à un corps tel que la constitution de deux quelconques de ses parties, même très petites, soit la même.

Ainsi l'eau commence toujours à fondre à 0°; l'acide acétique, à 17°. Mais un *mélange* des deux corps aurait un point de fusion qui dépendrait de leurs proportions.

Cette propriété des espèces chimiques est utilisée par les chimistes pour les distinguer des mélanges, ou pour reconnaître la pureté d'un corps, la moindre impureté changeant beaucoup le point de fusion.

Voici quelques points de fusion de corps usuels :

Mercure	— 40°	Benzine	7°
Glace	0°	Phosphore	44°

Soufre	114°	Cuivre	1050°
Étain	230°	Fer	1500°
Plomb	335°	Platine	1700°

2ᵉ Loi : *Pendant toute la durée de la fusion d'une espèce chimique déterminée, la température reste constante.*

Prenons un mélange de glace et d'eau. Sa température est 0°, quelle que soit la température extérieure. Si même nous mettons le mélange sur un foyer et si nous agitons, sa température reste 0° jusqu'à ce que le dernier petit fragment de glace ait disparu (*fig.* 98).

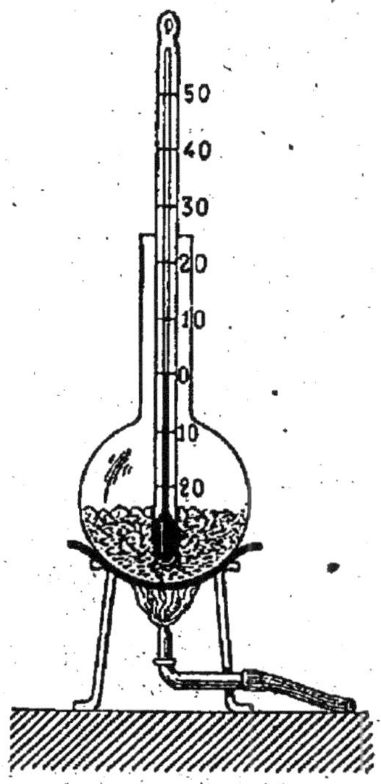

Fig. 98. — *Lois de la fusion.* — La température reste constante et égale à 0° pendant toute la durée de la fusion de la glace, placée sur un bec de gaz.

182. Chaleur de fusion. — Dans cette expérience, la chaleur fournie à la glace n'a donc pas servi à élever la température; c'est qu'elle était nécessaire pour effectuer le changement d'état. Il faut fournir de la chaleur à un corps pour le fondre.

On appelle chaleur de fusion d'un corps le nombre de calories qu'il faut fournir à un gramme de ce corps, préalablement amené à sa température de fusion, pour le faire passer, à cette température, de l'état solide à l'état liquide.

183. Détermination des chaleurs de fusion. — La chaleur de fusion d'un corps se détermine par la méthode des mélanges (**173**). L'expérience est particulièrement simple pour la glace.

Jetons 10 gr. de glace à 0° dans 200 gr. d'eau à la température de 15°. La glace fond et l'eau se refroidit ; nous constatons que la température finale est 10°,5. Nous pouvons en déduire la chaleur de fusion de la glace.

La chaleur cédée par l'eau pendant son refroidissement est $200 (15 - 10,5) = 900$ calories.

Cette chaleur a servi, d'une part, à fondre la glace à la température de 0°. Ce qui exige $10 \times x$ calories, x étant la *chaleur de fusion* cherchée. D'autre part, cette chaleur a servi à échauffer l'eau à 0° résultant de la fusion des 10 gr. de glace jusqu'à 10°,5. Ce qui exige $10 \times 10°,5 = 105$ calories.

La chaleur fournie par le refroidissement de l'eau égale la somme de ces chaleurs nécessaires à la fusion et à l'échauffement :

$$900 = 10\,x + 105 ;$$

d'où $\quad 795 = 10\,x \quad x = 79$ cal,5.

La chaleur de fusion de la glace a, on le voit, une grande valeur. La chaleur de fusion du phosphore est 5 calories, celle du zinc 28 calories, etc.

Fig. 99. — *Changement de volume pendant la fusion*. — Le soufre liquide recouvre la portion solide pendant la fusion ; c'est que le volume a augmenté. La glace présente le phénomène inverse.

184. Changement de volume pendant la fusion. — En général les corps *augmentent* de volume en fondant, ils deviennent donc moins denses. Le soufre liquide (*fig.* 99) recouvre le soufre solide pendant la fusion. Il y a quelques exceptions : la fonte de fer, l'argent, etc.; mais la plus remarquable est l'eau. La glace en fondant *diminue* de volume, elle est moins dense que l'eau et flotte à sa surface. S'il en était autrement, par les froids de l'hiver, de la glace se formerait sans cesse à la surface des eaux et tomberait au fond, de sorte que bientôt toute l'eau serait congelée.

185. Influence de la pression sur la fusion. — Des variations *considérables* de pression changent le point de fusion des corps.

Une augmentation de pression *élève* le point de fusion des corps dont le volume augmente pendant la fusion, et *abaisse* le point de fusion des corps qui, comme la glace, diminuent de volume en fondant.

On conçoit le sens de cette action par la remarque suivante :

Une augmentation de pression *diminue le volume*, donc favorise la fusion des corps analogues à la glace. Au contraire, une augmentation de pression s'oppose à l'augmentation de volume que subissent en général les corps pendant la fusion; il faut donc élever davantage la température pour les fondre.

Il faut comprimer la glace à 13 atmosphères pour la faire fondre à —$0°{,}1$. On voit que les variations de la pression atmosphérique sont sans influence sensible.

II. *Passage de l'état liquide à l'état solide.*

186. Solidification. — La *solidification* est le phénomène inverse de la fusion, c'est le passage de l'état liquide à l'état solide.

Il y a lieu de considérer la solidification franche et la solidifiation progressive. Lès corps qui ont une fusion franche se solidifient franchement.

Les corps liquides peuvent tous être solidifiés par un refroidissement plus ou moins énergique.

187. Lois de la solidification. — Les lois de la solidification *franche* sont analogues à celles de la fusion.

1ʳᵉ Loi : *À la pression ordinaire, une espèce chimique déterminée commence généralement à se solidifier à une température fixe, qui est la température de fusion du même corps à l'état solide.*

2ᵉ Loi : *Pendant toute la durée de la solidification d'une espèce chimique déterminée, la température reste constante.*

188. Chaleur de solidification. — Pour solidifier un liquide, il faut lui prendre de la chaleur ; si on cesse le refroidissement, la solidification cesse. Puisque la température est constante pendant la solidification, c'est que la solidification *fournit* de la chaleur, à l'inverse de la fusion, qui en exige.

On appelle chaleur de solidification d'un corps le nombre de calories dégagé par le passage d'un gramme de ce corps de l'état liquide à l'état solide, à sa température de fusion.

La chaleur de solidification est égale à la chaleur de fusion du même corps.

189. Changement de volume. — Influence de la pression. — En général la solidification est accompagnée d'une *diminution* de volume. Au contraire, les corps qui diminuent de volume en fondant *augmentent* de volume en se solidifiant. La congélation de l'eau est accompagnée d'une augmentation de volume, et, si elle s'effectue en vase clos, elle peut produire des effets mécaniques considérables.

Plaçons un tube à essai plein d'eau et soigneusement bouché, le bouchon étant attaché, dans un mélange réfrigérant de glace et de sel marin; bientôt le tube se brise (*fig.* 100).

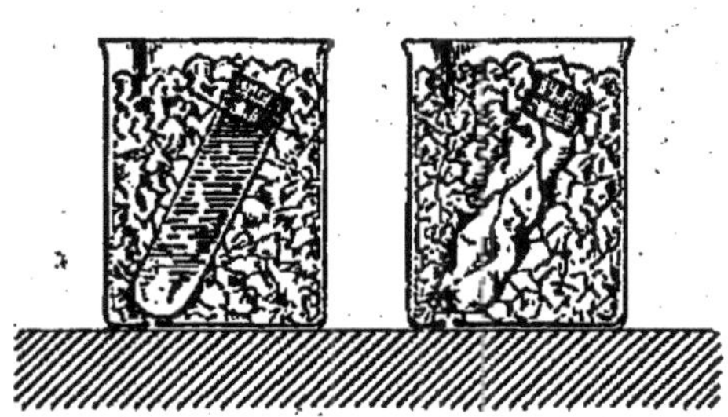

Fig. 100. — *L'eau augmente de volume en se solidifiant.* — Un tube à essai plein d'eau, bouché et refroidi, se brise.

Le même phénomène se produit quelquefois en hiver dans les canalisations d'eau. La congélation de la sève, au moment des gelées du printemps, brise les cellules des végétaux. Les pierres dites *gélives* se brisent par congélation de l'eau qui a pénétré dans leurs pores.

190. Regel de la glace. — Pressons fortement l'un contre l'autre deux morceaux de glace : ils se soudent. Ce phénomène est le *regel*.

La pression fait fondre la glace; de l'eau emplit l'intervalle irrégulier entre les deux morceaux de glace. Lorsque la pression cesse, cette eau regèle et soude les deux fragments.

L'expérience suivante (*fig.* 101) due à Tyndall est très saisissante. Un fil de fer supportant un corps

Fig. 101. — *Regel.* — Le fil tendu par le poids traverse le morceau de glace sans le briser.

lourd passe par-dessus un bloc de glace porté par deux supports. Au bout de quelque temps, le fil a entièrement traversé le bloc de glace, et celui-ci n'est pas brisé : la pression du fil a fondu la glace, mais l'eau s'est regelée aussitôt après le passage du fil.

Le phénomène du regel explique la *plasticité apparente* de la glace. C'est grâce à ce phénomène que les glaciers suivent lentement les vallées en se moulant sur les accidents de terrain.

III. *Dissolution.*

191. Dissolution. — Jetons une pincée de sel marin dans un verre d'eau, bientôt le sel n'est plus visible. Il existe cependant dans l'eau, qui a pris le goût du sel ; mais il y est à l'état liquide. On dit que le sel s'est dissous dans l'eau. Ce mode particulier de fusion s'appelle *dissolution*. L'eau s'appelle le *dissolvant.*

Un très grand nombre de corps sont solubles dans l'eau. Tous les liquides dissolvent certains solides : le sulfure de carbone dissout l'iode, le soufre, etc.

192. Loi de la dissolution. — **Saturation.** — Il n'y a pas de température fixe de dissolution.

Par exemple, on peut dissoudre du sel dans l'eau à o° ou à 8o°.

Faisons l'expérience à une température bien déterminée et ajoutons peu à peu du sel dans de l'eau ; il arrive un moment où la quantité dissoute n'augmente plus. Ce fait est général.

Loi : *A une même température, un poids de liquide ne peut dissoudre plus d'une quantité déterminée de solide.*

Quand ce poids maximum est atteint, on dit que la *solution est saturée*.

La *solubilité* est définie par le poids du solide qui peut se dissoudre dans 100 parties du liquide. Elle augmente en général avec la température.

On peut représenter la variation de la solubilité par une courbe (*fig.* 102); on porte en abscisses les températures et en ordonnées les solubilités.

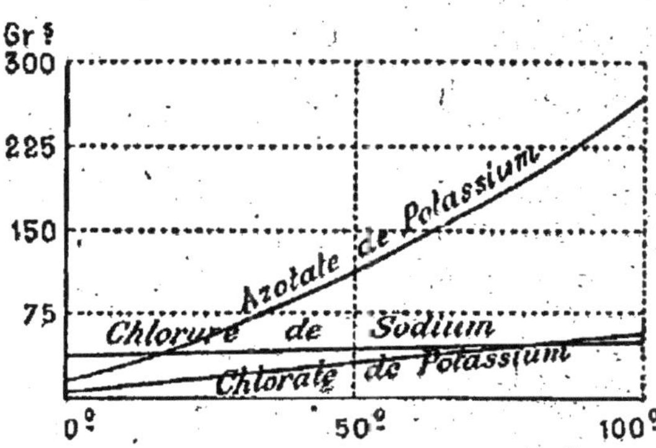

Fig. 102. — Graphique de solubilité.

Exemples 100 grammes d'eau dissolvent :

	A 0°	A 100°
Chlorure de potassium	29 gr.	52 gr.
Chlorate de potassium	3 gr.	57 gr.
Azotate de potassium	13 gr.	270 gr.
Chlorure de sodium	36 gr.	50 gr.

193. Mélanges réfrigérants. — *La dissolution est accompagnée d'une absorption de chaleur.* Si donc on dissout un corps dans un liquide sans chauffer par un foyer extérieur, la chaleur doit être prise à la solution elle-même, et la température de celle-ci baisse.

On utilise cette absorption de chaleur produite par la dissolution pour la confection de *mélanges réfrigérants*.

Ainsi on abaisse la température de 25 degrés en dissolvant de l'azotate d'ammonium dans un poids d'eau égal au sien pris à la température ordinaire.

On obtient un abaissement de 30° en dissolvant 3 parties de sulfate de sodium dans 2 parties d'acide chlorhydrique concentré.

Il existe aussi des mélanges dans lesquels on utilise à la fois l'absorption de chaleur causée par la fusion et celle causée par la *dissolution*. C'est le cas d'un mélange de glace et de sel; peu à peu le mélange se liquéfie, la glace fond, c'est une première cause d'abaissement de température; le sel se dissout dans l'eau, c'est une seconde cause de refroidissement. La température la plus basse que l'on puisse obtenir avec un tel mélange est celle de la congélation de la solution. C'est ici 21 degrés au-dessous de zéro.

Les mélanges réfrigérants sont utilisés dans les laboratoires, et dans la confection des glacés et sorbets.

IV. *Cristallisation.*

194. Cristallisation par voie de fusion. — On trouve dans la nature un grand nombre de corps solides affectant des formes géométriques. On les appelle des *cristaux.*

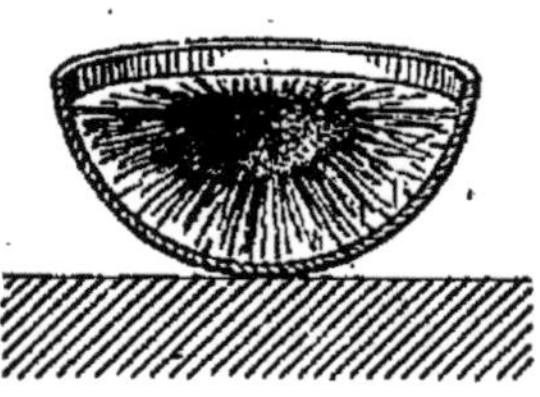

Fig. 103. — *Cristallisation par fusion.* — On a fondu du soufre dans une capsule et écoulé une partie du liquide avant la solidification totale. La capsule est tapissée de cristaux de soufre.

Par exemple, le quartz ou cristal de roche, qui est de la silice cristallisée; la pyrite, qui est du sulfure de fer cristallisé; le sel gemme ou chlorure de sodium cristallisé.

On sait dans le laboratoire reproduire la plupart de ces cristaux. Un premier mode général de cristallisation est la fusion. Un solide fondu, puis solidifié par refroidissement lent, présente souvent une texture cristalline, c'est-à-dire que la masse, compacte au premier abord, est en réalité formée d'un très grand nombre de petits cristaux enchevêtrés. On peut le voir souvent par l'aspect de la cassure.

Si on écoule une partie du corps fondu avant sa solidification totale, on voit nettement les cristaux formés par la partie solidifiée. C'est ce que nous pouvons réaliser avec le *soufre* (*fig.* 103).

195. Cristallisation par voie de dissolution. — Faisons une solution *saturée* d'alun à la température de 100° et laissons-la *refroidir*. A mesure que la température s'abaisse, l'eau est capable de dissoudre de moins en moins de sel, et, en effet, on voit celui-ci se déposer sous forme de cristaux, d'autant plus volumineux que le refroidissement est plus lent.

On peut aussi faire la solution à la température ordinaire, et laisser le liquide *s'évaporer* lentement, c'est-à-dire prendre l'état de vapeur, comme nous le verrons plus loin.

La quantité de liquide diminuant, il arrive bientôt un moment où tout le sel ne peut plus rester dissous. Il se dépose sous forme cristalline.

On peut réaliser cette expérience avec le sulfate de cuivre dissous dans l'eau. C'est de cette manière que l'on extrait le sel marin de l'eau de mer dans les *marais salants*.

196. Cristallisation par voie de sublimation. — Un certain nombre de corps solides, comme l'iode, l'acide benzoïque, chauffés, passent directement à l'état gazeux sans fondre. On dit qu'ils se *subliment*. Si la vapeur rencontre une paroi froide, elle reprend l'état solide et se dépose sous forme cristalline. C'est ce que l'on réalise avec de l'iode chauffé doucement au fond d'un ballon à long col. Les cristaux se déposent le long du col du ballon.

CHAPITRE IV.

VAPORISATION EN VASE CLOS.

I. *Chauffage de l'eau en vase clos.*

197. Vaporisation. — On donne le nom de *vaporisation* au passage de l'état liquide à l'état gazeux.

Presque tous les liquides chauffés se vaporisent, émettent des *vapeurs*. On appelle plus particulièrement *vapeurs*, les gaz provenant des corps liquides à la température ordinaire; mais il n'y a aucune différence de nature entre les vapeurs et les corps ordinairement *gazeux*, comme l'oxygène ou l'azote.

Nous verrons que tout gaz est la vapeur d'un certain liquide, qui est appelé gaz liquéfié.

Nous étudierons d'abord la vaporisation en vase clos.

198. Marmite de Papin. — La marmite de Papin (*fig.* 104) est un récipient de bronze à parois très résistantes dont le couvercle est maintenu par une vis. L'appareil est placé sur un fourneau; un *thermomètre* permet de lire la température de l'appareil, qui est la même en tous ses points.

Le couvercle est muni d'une *soupape* maintenue par un levier. En déplaçant un poids le long du levier, il exerce sur la soupape une force variable. Si la pression intérieure due à la vapeur d'eau dépasse la pression due au poids P, la soupape se soulève.

Enfin le couvercle porte un *manomètre métallique* (**112**)

9.

qui donne à chaque instant la pression de la vapeur d'eau dans l'appareil.

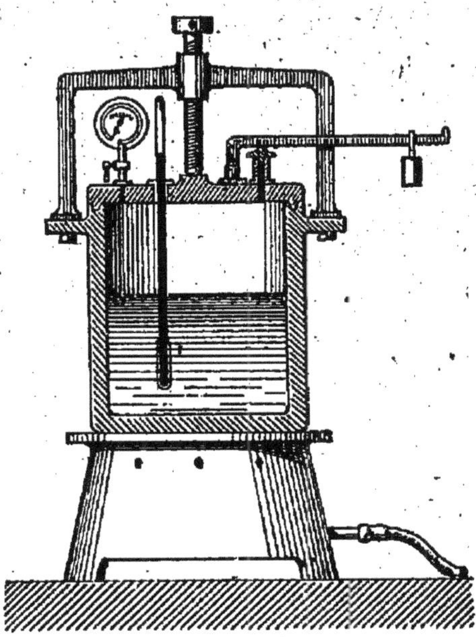

Fig. 104. — *Marmite de Papin.* — Un récipient résistant en bronze contient de l'eau que l'on peut chauffer. Il porte un manomètre, une soupape et un thermomètre.

199. Pression de la vapeur d'eau. — Plaçons cet appareil sur un fourneau à gaz; la soupape étant ouverte, bientôt tout l'air qu'il contenait est chassé; nous fermons la soupape et l'appareil ne renferme plus que de l'*eau* et de *la vapeur d'eau*, ou de la vapeur seule.

1er Cas. — *La marmite contient de l'eau et de la vapeur d'eau en présence.* Lorsque la vapeur est en présence d'un excès de liquide, elle est dite *saturante.*

Pour une certaine hauteur de gaz brûlant dans le fourneau, la température atteint une valeur donnée, 120° par exemple, qu'elle garde, la chaleur perdue par les diverses causes de refroidissement contrebalançant exactement la chaleur reçue du foyer.

On constate que, *tant que la température reste la même, la pression indiquée par le manomètre reste la même.* Pour 120°, c'est 2 kilogrammes par centimètre carré.

Si on augmente la flamme, la température prend bientôt une nouvelle valeur stationnaire, 181° par exemple, et à partir de ce moment, la pression garde une valeur constante, égale à 10 kgr. 3 par cmq.

2e Cas. — *La marmite ne contient que de la vapeur d'eau.* La vapeur qui n'est pas en présence d'eau est dite *non saturante.*

Si au début de l'expérience on a mis très peu d'eau dans la marmite, il peut se faire qu'à 120° cette eau soit *entièrement vaporisée*, il ne reste pas d'eau liquide dans l'appareil; on constate alors que la pression atteint une valeur toujours *inférieure* à la pression (2 kgr. par cmq) qui avait été observée à la même température (120°) lorsque l'eau et la vapeur étaient en présence.

De plus, dans ce cas, où il n'y a pas d'eau liquide en présence de la vapeur, cette pression dépend de la quantité d'eau mise au début. En résumé, une vapeur non saturante n'est autre chose qu'un gaz.

200. Lois. — Les expériences faites nous permettent d'énoncer les lois suivantes, qui s'appliquent non seulement à l'eau, mais *à tous les liquides* :

1° *À une température donnée, la pression de la vapeur est* **maxima** *quand la vapeur est saturante;*

2° *La pression maxima de la vapeur d'un certain liquide ne dépend que de la température de l'expérience et croît quand la température s'élève.*

201. Valeur de la pression maxima de la vapeur d'eau à diverses températures. — Cette pression maxima a été mesurée par plusieurs méthodes. Sa connaissance est utile pour l'étude de l'humidité de l'air et surtout pour le fonctionnement des *chaudières à vapeur.*

Nous donnons ici le tableau de ces pressions pour diverses températures :

Températures.	Pressions maxima de la vapeur d'eau en		
	Centimètres de mercure.		Kilog. par cmq.
— 10°	0^{cm},209		0,0029
0°	0^{cm},460		0,0063
10°	0^{cm},917		0,0123
20°	1^{cm},539		0,0236
100°	76^{cm} ou	1 atmosphère	1,033
121°	(76 × 2)^{cm} ou	2 atmosphères	2,066
135°	(76 × 3)^{cm} ou 3	—	3,099
145°	(76 × 4)^{cm} ou 4	—	4,132
153°	(76 × 5)^{cm} ou 5	—	5,165
181°	(76 × 10)^{cm} ou 10	—	10,330
215°	(76 × 20)^{cm} ou 20	—	20,660
236°	(76 × 30)^{cm} ou 30	—	30,990

On peut remarquer que la glace émet des vapeurs, dont la pression est très faible, il est vrai. On voit aussi que la pression maxima croît d'abord lentement quand la température s'élève, puis beaucoup plus rapidement.

Une même variation de température de 35° donne des variations de pression mesurées par 0^{cm},5^{mm}, par 152^{cm}, par 760^{cm} de mercure pour des températures initiales respectives de —30°, 100°, 180°.

Les pressions utilisées dans les chaudières sont comprises entre 1^{kgr},5 et 12^{kgr} par cmq.

Nous représentons graphiquement (*fig.* 105) la manière dont la pression dépend de la température en portant en abscisses les températures et en ordonnées les pressions correspondantes.

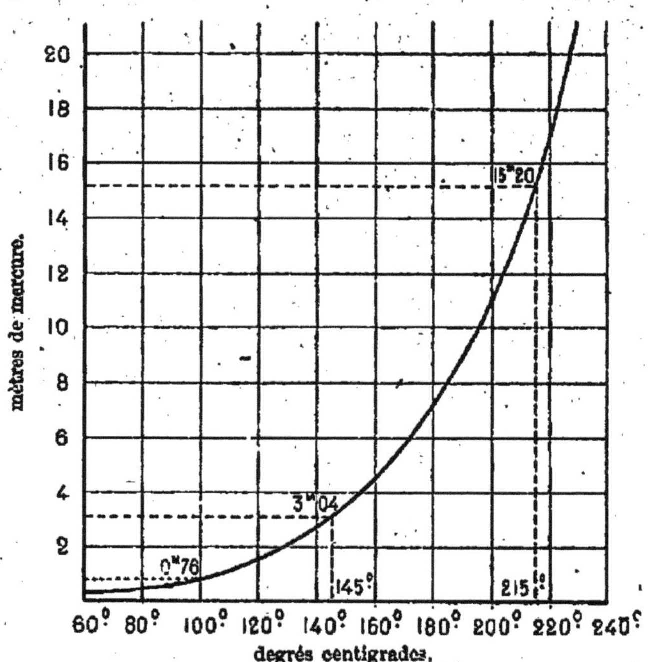

Fig. 105. — *Variation de la pression maxima de la vapeur d'eau dans les limites d'emploi des chaudières à vapeur.*

II. *Principe des machines à vapeur.*

202. Organes principaux d'une machine à vapeur. — Une machine à vapeur comporte trois parties principales :

1º Une *chaudière* ou *générateur* de vapeur, formée d'un récipient clos à parois résistantes, dans lequel on chauffe de l'eau à une température assez élevée pour que la pression y atteigne plusieurs kilogrammes par centimètre carré (201) ;

2° Un *cylindre* dans lequel glisse un piston mobile. On fait arriver la vapeur sous pression de la chaudière alternativement sur chacune des faces du piston. Ce piston est vivement repoussé et prend un mouvement de va-et-vient ou mouvement *alternatif*. Ce mouvement se fait suivant une ligne droite, il est *rectiligne*;

3° Un *mécanisme* qui transforme le mouvement *rectiligne alternatif* du piston en un mouvement *circulaire et continu*.

203. Chaudière et accessoires (*fig.* 106). — Un *foyer* alimenté le plus souvent de houille chauffe l'eau de la

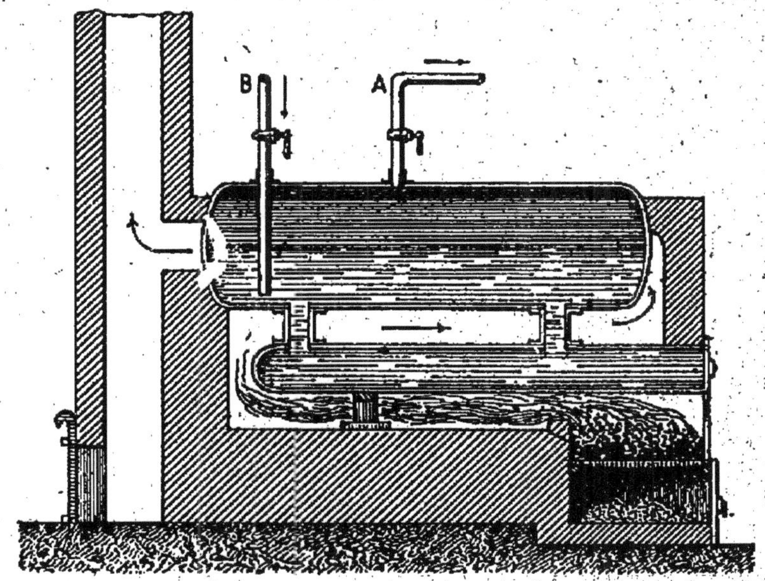

Fig. 106. — *Chaudière à bouilleurs.* — A. Tube amenant la vapeur au cylindre. — B. Tube d'alimentation d'eau de la chaudière.

chaudière. Pour économiser le combustible, et pour permettre la production de grandes quantités de vapeur, les chaudières offrent une grande surface aux gaz chauds du foyer.

Dans la *chaudière à bouilleurs*, les gaz parcourent trois fois la longueur de la chaudière grâce à des parois de briques.

Dans les *chaudières tubulaires*, les gaz du foyer passent dans des tubes noyés au sein de l'eau à échauffer (locomotives), ou bien autour d'un grand nombre de tubes dans lesquels se trouve l'eau; dans ce cas, la chaudière est donc constituée par toute une série de tubes (chaudières marines).

La pression dans les chaudières peut atteindre 12 kilogr. par cmq. Ces chaudières sont en tôle d'acier et éprouvées avant leur usage à la presse hydraulique (83).

Les chaudières portent les appareils accessoires décrits au sujet de la marmite de Papin (198), c'est-à-dire un manomètre destiné à marquer la pression et une soupape de sûreté, à poids ou à ressort, qui s'ouvre lorsque la pression à l'intérieur dépasse la limite pour laquelle la chaudière est construite.

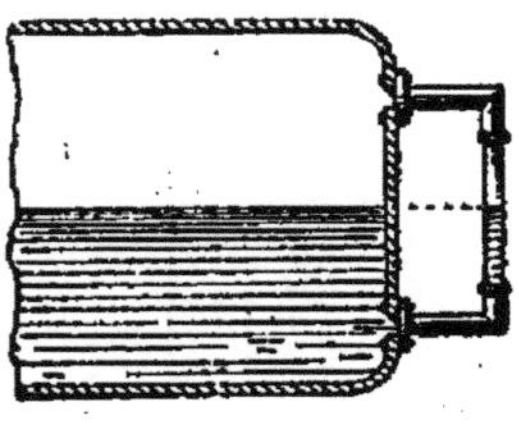

Fig. 107.—*Niveau d'eau.* — Dans le tube de verre épais l'eau occupe le même niveau qu'à l'intérieur de la chaudière.

Enfin un niveau d'eau en verre épais (*fig.* 107), basé sur le principe des vases communiquants (66), permet de constater le niveau de l'eau dans la chaudière.

204. Cylindre. — Le cylindre (*fig.* 108) est un corps de pompe en acier dans lequel se déplace un piston métallique. Près des bases débouchent quatre tubes, a_1, a_2, b_1, b_2; les deux premiers communiquent par A avec la chaudière et amènent par conséquent la vapeur sous pression; les deux autres communiquent par B avec l'atmosphère. Ces tubes peuvent être fermés par des valves ou des robinets. Si les valves R_1 et R_2 sont fermées, R_4 R_3 ouvertes, la vapeur pénètre sous la face inférieure du piston, et comme sa pression est supérieure à la pression atmosphérique qui s'exerce sur la face supérieure, le piston se meut de bas en haut.

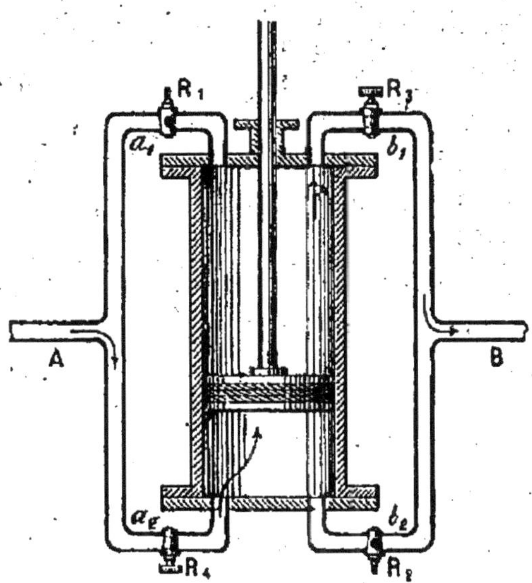

Fig. 108. — *Cylindre.*

Lorsque le piston arrive au haut de sa course, les valves R_1, R_2 s'ouvrent *automatiquement*, par le jeu même de la machine; en même temps les valves R_3 et R_4 se ferment. La vapeur arrive maintenant sur la face supérieure du piston, et celui-ci se meut en un sens inverse du précédent. Le piston est donc animé d'un mouvement alternatif.

Nous n'entrerons pas dans le détail des dispositifs qui jouent le rôle de ces valves.

205. Détente. — En réalité on ne laisse pas le cylindre en communication avec la chaudière pendant toute la durée de la course du piston. On se contente d'établir cette communication pendant 1/5 de la course, par exemple Pendant le reste de la course, la vapeur se détend d'elle même dans le piston; et pendant cette période, la machine produit du travail sans dépense correspondante de vapeur; elle fonctionne donc dans des conditions plus économiques. Mais à mesure que le piston avance, la pression exercée par la vapeur est plus faible, et la force sur le piston est plus petite que si la communication était établie pendant toute la course.

206. Application numérique. — *Le cylindre d'une machine à vapeur communique d'une part avec la chaudière, dans laquelle la pression est de 11 kg. 363 par cmq, et d'autre part avec l'atmosphère. La surface du piston est de 2 dmq 5. Quelle est la force qui tend à repousser le piston?*

La force qui s'exerce du côté de la chaudière est le produit de la pression par la surface **(61)**, c'est-à-dire :

$$P_1 = 11,363 \times 250^{cmq}.$$

Du côté de l'atmosphère, la pression est égale au poids de 1 kg. 033 par cmq **(104)**; la force est donc

$$P_2 = 1,033 \times 250^{cmq}.$$

La force qui tend à repousser le piston est la différence de celles qui s'exercent sur chacune des faces, soit :

$$P = P_1 - P_2 = 250 (11,363 - 1,033) = 258^{kg},25.$$

207. Mécanisme de transformation (*fig.* 109). — Le dispositif le plus employé pour transformer le mouvement *rectiligne alternatif* du cylindre en un mouvement *circulaire continu* est le suivant.

L'extrémité de la tige du piston est guidée dans son mouvement par une *coulisse*. En A est articulée une tige AB appelée *bielle*, qui est articulée en B à la *manivelle* BC. Celle-ci tourne autour du point C en entraînant un axe métallique horizontal, perpendiculaire à la figure, appelé *arbre* de la machine; et une lourde roue de fonte V appelée *volant.* Supposons que le piston se meuve actuellement de droite à gauche : l'extrémité B de la bielle décrit la por-

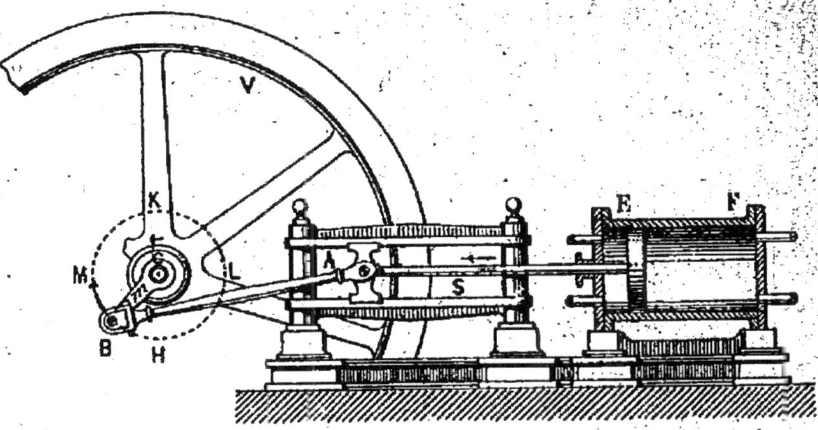

Fig. 109. — *Mécanisme de transformation.* — Le diamètre du cercle décrit par l'extrémité B de la bielle est égal à la course EF du piston.

tion BM de circonférence dans le sens BM. Lorsque le piston se meut de gauche à droite, l'articulation B de la bielle et de la manivelle décrit la demi-circonférence MKL ; puis le piston revenant vers la gauche, la tête de la bielle décrit la demi-circonférence LHM.

Aux points M et L, appelés *points morts*, la force agissant sur le piston ne peut déplacer la bielle ; mais ces points sont dépassés grâce à l'impulsion donnée par le *volant* entraîné par l'arbre.

Le mouvement de l'arbre est bien circulaire et continu, c'est-à-dire toujours dans le même sens.

208. Notion expérimentale de travail.—Kilogram-mètre. — Soulevons verticalement un corps pesant à une certaine hauteur au-dessus du sol. La force que nous exerçons pour soutenir ce corps est sans cesse égale à son poids; mais nous savons bien que nous effectuons un *travail* d'autant plus considérable que nous le soulevons plus haut. D'ailleurs ce travail est aussi d'autant plus grand que le corps soulevé est plus lourd.

On prend comme mesure du travail W *le produit de la force en kilogrammes* P *par le déplacement en mètres* l :

$$W = Pl.$$

L'unité de travail est le *kilogrammètre*. *C'est le travail nécessaire pour soulever un corps pesant 1 kilogramme de 1 mètre de hauteur.*

D'après cela, le travail nécessaire pour élever 2 kilogrammes de 5o mètres est 1oo kilogrammètres; de même le travail nécessaire pour élever 5o kilogrammes de 2 mètres est 1oo kilogrammètres.

209. Notion de puissance. — Cheval-vapeur. —

Pour évaluer en kilogrammètres le *travail* effectué par une machine à chaque coup de piston, il suffit de multiplier la force qui s'exerce sur le piston (en kgr.) par son déplacement (en mètres). Mais, pour caractériser bien mieux une machine, il faut savoir *quel travail elle peut effectuer en* un temps *donné.*

Une montre est une machine. A la fin des longues années de sa marche, elle a effectué un travail très notable; ce n'est cependant pas une machine *puissante*, puisqu'elle ne saurait fournir un grand travail en peu de temps.

Nous pouvons considérer une locomotive durant un temps assez faible pour que le travail qu'elle effectue soit petit. C'est cependant une machine *puissante.*

La notion de puissance d'une machine comporte donc, en dehors de l'idée de travail, celle du temps dans lequel ce travail est effectué.

La puissance d'une machine est le quotient du travail qu'elle effectue par le temps qu'elle a mis à l'effectuer. C'est numériquement le travail accompli par la machine en une seconde.

L'unité de puissance est le cheval-vapeur. C'est la puissance d'une machine capable d'effectuer un travail de 75 kilogrammètres par seconde.

Une machine d'un cheval-vapeur pourrait donc soulever 75 kilogrammes de un mètre en une seconde, ou 1 kilogramme de 75 mètres en une seconde.

210. Application numérique. — *La course du piston dans la machine définie plus haut (206) est 0^m 75. Cette machine fonctionne sans détente et le piston parcourt 90 fois le cylindre en une minute. Quelle est sa puissance?*

La machine fonctionne sans détente, c'est-à-dire que le piston est en communication avec la chaudière pendant toute la durée de sa course. La force sur le piston est P = 258 kgr. 25. Le travail par coup de piston est W = Pl = 258,25 × 0,75 = 193 kilogrammètres 7. Le piston fait 90 courses en une minute, donc $\frac{90}{60}$ = 1,5 en une seconde.

La puissance est 193,7 × 1,5 = 290,5 kilogrammètres par seconde ou $\frac{290,5}{75}$ = 3,87 *chevaux-vapeur.*

CHAPITRE V.

VAPORISATION A L'AIR.

I. *Chauffage de l'eau à l'air.*

211. Evaporation. — Le passage d'un liquide à l'état gazeux, dans l'air libre, peut se faire par *évaporation* ou par *ébullition.*

Dans l'*évaporation*, le liquide se vaporise uniquement par sa surface. Abandonnons à l'air une assiette contenant de l'eau. Au bout d'un temps plus ou moins long, cette eau a disparu; elle a passé à l'état de vapeur qui s'est répandue dans l'air. A aucun moment, une agitation ne s'est manifestée dans le sein même du liquide. Enfin la vapeur d'eau qui s'est formée est *invisible*, elle est un gaz comme l'air.

212. Circonstances qui favorisent l'évaporation de l'eau. — 1° L'évaporation se fait d'autant plus rapidement que la surface libre du liquide est plus grande.

2° Elle est plus rapide par un temps sec que par un temps humide.

3° Une élévation de température favorise l'évaporation.

4° L'agitation de l'air favorise l'évaporation, car les couches d'air très humides voisines du liquide sont sans cesse balayées et remplacées par de l'air plus sec.

C'est un fait bien connu que par un grand vent sec, les routes, le linge humide, sont rapidement séchés.

On active beaucoup l'évaporation d'un liquide en y faisant *barboter* un courant d'air.

213. Froid produit par l'évaporation. — Enveloppons (*fig.* 110) d'une couche de coton le réservoir d'un ther-

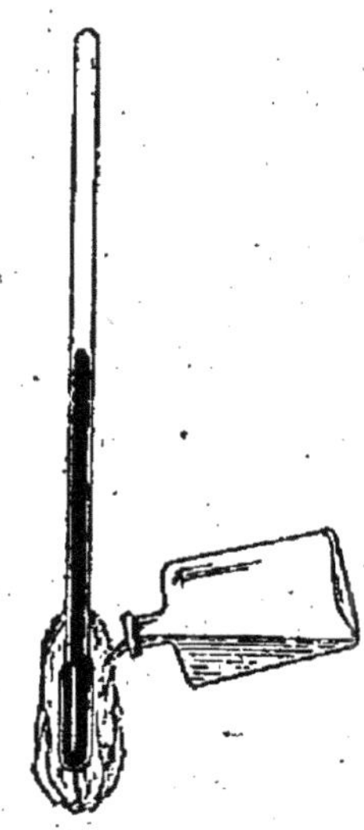

Fig. 110. — *Froid produit par l'évaporation.* — Le thermomètre refroidi par l'évaporation de l'éther baisse rapidement.

momètre et arrosons-le avec un peu d'éther; nous constatons un vif abaissement du mercure.

Ceci nous montre que l'évaporation de l'éther exige de la chaleur; cette chaleur est prise au thermomètre, qui se refroidit.

Donc *l'évaporation est accompagnée d'une absorption de chaleur.*

On observerait aussi un abaissement en faisant l'expérience avec de l'eau, mais l'abaissement serait plus petit, parce que l'évaporation de l'eau est plus lente que celle de l'éther.

De l'eau abandonnée à l'air, qui s'évapore lentement, se refroidit très peu; la chaleur nécessaire au passage à l'état de vapeur est fournie sans cesse par l'air ambiant.

Les machines *frigorifiques* employées dans la brasserie, la boucherie, etc., et destinées à abaisser la température d'enceintes ou de récipients, sont basées sur le froid produit par l'évaporation rapide de corps tels que l'ammoniaque liquide, l'anhydride sulfureux liquide, etc., corps dont l'évaporation est extrêmement rapide.

214. Ebullition. — Chauffons de l'eau dans un ballon de verre ouvert (*fig.* 111); au bout de quelque temps, nous entendons un bruissement particulier ; on dit que l'eau *chante*. On voit en même temps de petites bulles se détacher des parois, s'élever, diminuer et disparaître par suite de la liquéfaction ou condensation de la vapeur d'eau dont elles sont formées. Enfin, ces bulles, au lieu de disparaître, grossissent en s'élevant, et viennent crever à la surface; toute la masse de 'eau est vivement agitée : l'eau bout. Ce mode de passage de l'état liquide à l'état gazeux est *l'ébullition.*

215. Lois de l'ébullition. — Les lois que nous allons énoncer s'appliquent à l'eau et à toutes les *espèces chimiques*, comme les lois de la fusion **(181)**; elles permettent de distinguer une espèce chimique d'un mélange.

Les bulles qui viennent crever à la surface sont formées de vapeur saturante puisqu'elles sont en contact avec le liquide; leur pression est la pression extérieure : sans cela elles ne sauraient sortir du liquide. On conçoit donc qu'au moment de l'ébullition, la pression maxima de la vapeur soit la pression extérieure.

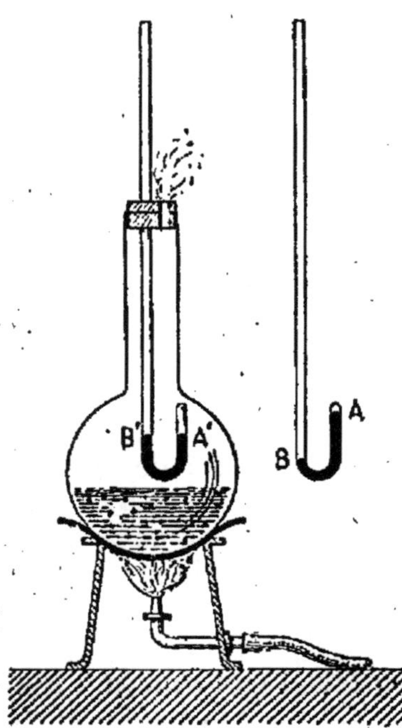

Fig. 111. — *Ebullition.* — C'est une vaporisation qui se produit dans toute la masse du liquide. La pression maxima de la vapeur est égale à la pression extérieure.

1re Loi : *La température de la vapeur d'un liquide en ébullition est celle pour laquelle la pression maxima de la vapeur est égale à la pression supportée par le liquide.*

Pour vérifier cette loi, on prend un tube recourbé (*fig.* III) à branches inégales, dont la petite branche seule est fermée. Celle-ci contient, à la partie supérieure, quelques gouttes d'eau; elle est remplie de mercure qui est maintenu par la pression atmosphérique et qui occupe l'espace AB.

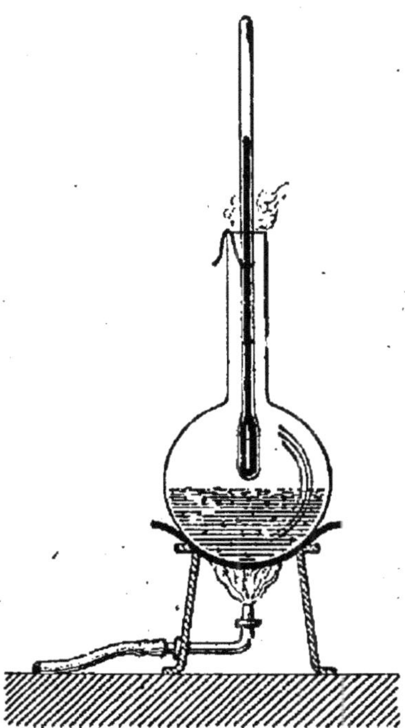

Fig. 112. — *Ebullition.* — La température de la vapeur est constante, sous pression extérieure constante.

On plonge ce tube dans la vapeur d'eau bouillante ; aussitôt la vapeur saturée qui se forme dans la petite branche refoule le mercure; et le niveau du mercure dans les deux branches A', B' devient le même. Ceci prouve que la pression maxima de la vapeur d'eau contenue dans la petite branche, et qui est à la température d'ébullition, est égale à la pression extérieure.

216. Conséquence. — Il résulte de cette loi que si la pression extérieure est invariable, la température de la vapeur est invariable. C'est ce qu'on énonce souvent sous forme de loi :

2ᵉ **Loi** : *Pendant toute la durée de l'ébullition, la température de la vapeur reste constante, si la pression extérieure est invariable.*

Un thermomètre plongé dans la vapeur reste stationnaire pendant l'ébullition. La température qu'il marque est dite température d'ébullition (*fig.* 112).

Voici les températures d'ébullition de quelques corps sous la pression d'une atmosphère :

Anhydride sulfureux 8°	Alcool 78°,5	Mercure 360°
Éther 34°,5	Eau 100°	Soufre 440°

La constance de la température d'ébullition de l'eau a été utilisée pour la graduation du thermomètre (**144**). On a marqué 100°, la température d'ébullition de l'eau, à la pression mesurée par 76 cm de mercure. La pression maxima de la vapeur d'eau à 100° est donc 1 atmosphère.

217. Variation de la température d'ébullition avec la pression. — Lorsque la pression est différente d'une atmosphère, la température d'ébullition de l'eau n'est pas 100°. Cette température est d'autant plus élevée que la pression extérieure est plus grande. On peut connaître cette température en consultant la table des pressions maxima de la vapeur d'eau aux diverses températures (**201**). Ainsi, sous la pression de 3 atmosphères, la température d'ébullition de l'eau est 135°, puisque 3 atmosphères est la pression maxima de la vapeur d'eau à 135°.

Au contraire, sous des pressions inférieures à la pression atmosphérique normale, la température d'ébullition est inférieure à 100°. Au sommet du Mont-Blanc, la pression est, nous le savons (**107**), inférieure à ce qu'elle est au niveau de la mer; on constate que l'eau y bout à 84° environ, c'est-à-dire qu'il serait impossible d'y faire durcir un œuf dans l'eau bouillante, quel que fût le temps de la cuisson.

Expérience de Franklin (*fig.* 113). — L'expérience suivante montre l'influence de la pression sur le point d'ébullition. Dans un ballon de verre faisons bouillir de l'eau jusqu'à ce que la vapeur ait complètement chassé l'air de la partie supérieure. Bouchons fortement le ballon, retirons-le du foyer et retournons-le. L'eau se trouve en présence de sa vapeur en *un vase clos, tout entier à la même température.*

10.

Dans ces conditions, elle ne peut pas bouillir. De plus, il est certain que sa température est inférieure à 100°. Mais refroidissons la partie supérieure du ballon à l'aide d'une éponge pleine d'eau froide ; nous voyons l'eau du ballon bouillir.

C'est que la vapeur d'eau s'est condensée, la pression dans le ballon a diminué ; elle est devenue assez faible pour que l'eau puisse bouillir à une température bien inférieure à 100°.

Il faudrait un appareil plus compliqué pour montrer l'ébullition à des pressions élevées. Remarquons que dans la marmite de Papin l'eau ne bout pas, quelle que soit la température, car tout l'appareil est clos et à la même température.

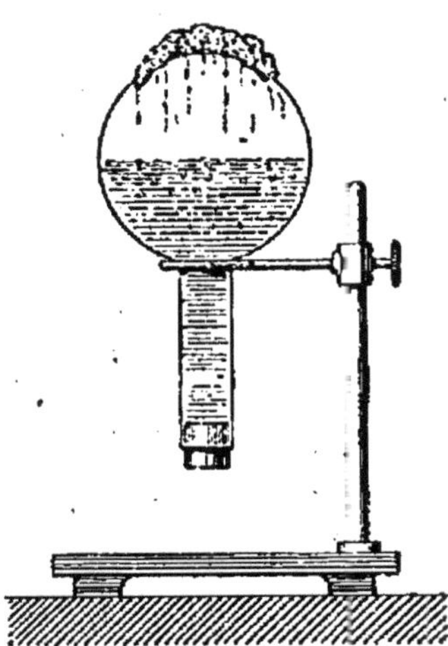

Fig. 113. — *Expérience de Franklin.* — Lorsqu'on fait condenser par un refroidissement extérieur la vapeur d'eau du ballon, l'eau bout au-dessous de 100°, la pression qu'elle supporte étant inférieure à une atmosphère.

218. Chaleur de vaporisation. — Nous avons déjà vu que la vaporisation exige de la chaleur (**213**). Puisque pendant l'ébullition la température est constante (**216**), c'est que la chaleur fournie par le foyer est uniquement employée à transformer le liquide en gaz.

On appelle *chaleur de vaporisation d'un liquide le nombre de calories qu'il faut fournir à un gramme de ce liquide pour le transformer en vapeur à sa température d'ébullition.*

La chaleur de vaporisation de l'eau est beaucoup plus grande que celle des autres corps ; elle est de 537 calories. L'eau a donc, de tous les corps, la plus grande chaleur spécifique, la plus grande chaleur de fusion, la plus grande chaleur de vaporisation.

La chaleur nécessaire pour faire passer un kilogramme d'eau à l'état de vapeur, à sa température d'ébullition, suffirait pour élever de 1° la température de 537 kilogr. d'eau.

219. Changement de volume qui accompagne la vaporisation.

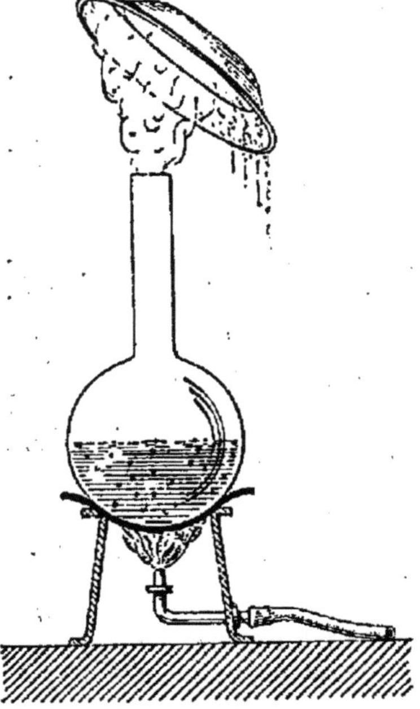

Fig. 114. — *Condensation de la vapeur d'eau.* — À quelque distance du col du ballon, la vapeur d'eau se condense en gouttes d'eau qui forment un brouillard. On peut les rassembler sur une assiette froide.

— Nous avons vu que la fusion d'un solide est accompagnée d'un changement de volume (**184**); il y a tantôt augmentation, tantôt diminution. La vaporisation produite par voie d'évaporation ou d'ébullition est toujours accompagnée d'une *grande augmentation de volume.* Un centimètre cube d'eau est transformé en 1650 cmc de vapeur d'eau.

II. *Liquéfaction des vapeurs.*

220. Liquéfaction.

— La *liquéfaction* d'un gaz ou d'une vapeur est son passage à l'état liquide. Lorsqu'on refroidit suffisamment la vapeur d'un liquide, la vapeur d'eau par exemple, elle se *condense* ou se *liquéfie.*

Chauffons de l'eau dans un ballon; l'atmosphère dans le

ballon au-dessus du liquide est parfaitement transparente, pourtant elle contient de la *vapeur d'eau*. A une certaine distance de l'orifice du ballon, on voit un léger brouillard; on dit que l'eau fume. Ce brouillard est formé par la *condensation* ou *liquéfaction* de la vapeur d'eau.

Ce brouillard *est déjà de l'eau liquide en fines gouttelettes*, la vapeur d'eau étant un gaz invisible comme l'air.

Ce brouillard se dissipe d'ailleurs rapidement, c'est-à-dire reprend l'état gazeux. Mais plaçons une assiette froide (*fig.* 114) dans ce brouillard : elle est bientôt ruisselante d'eau formée par la réunion des fines gouttes qui constituaient le brouillard.

Nous avons liquéfié la vapeur d'eau par *refroidissement*; on peut aussi liquéfier une vapeur en la comprimant; elle prend l'état liquide dès que la pression est égale à la pression maxima de la vapeur à la température de l'expérience.

La condensation d'une vapeur est accompagnée d'un *dégagement de chaleur* égal à l'absorption que causait la vaporisation du liquide. Cette chaleur est considérable pour l'eau. Dans l'expérience précédente, l'assiette s'échauffe rapidement. Bientôt même, elle est si chaude que la vapeur ne s'y condense plus.

221. Principe de Watt (*fig.* 115).—Prenons un tube en V, contenant de l'eau et de la vapeur d'eau; chauffons l'une des branches A : toute l'eau contenue dans cette branche se vaporise et vient se liquéfier dans la branche froide B. Il est bon de maintenir cette branche à basse température à l'aide d'un courant d'eau, car elle s'échaufferait rapidement par suite de la chaleur dégagée par la condensation.

Lorsque tout le liquide est condensé en B, Watt a énoncé que *la pression dans l'appareil est la pression maxima correspondant à la température de la branche froide.*

Ces notions qui complètent l'étude du chauffage de l'eau

en vase clos nous permettent de comprendre l'emploi du condenseur dans les machines à vapeur.

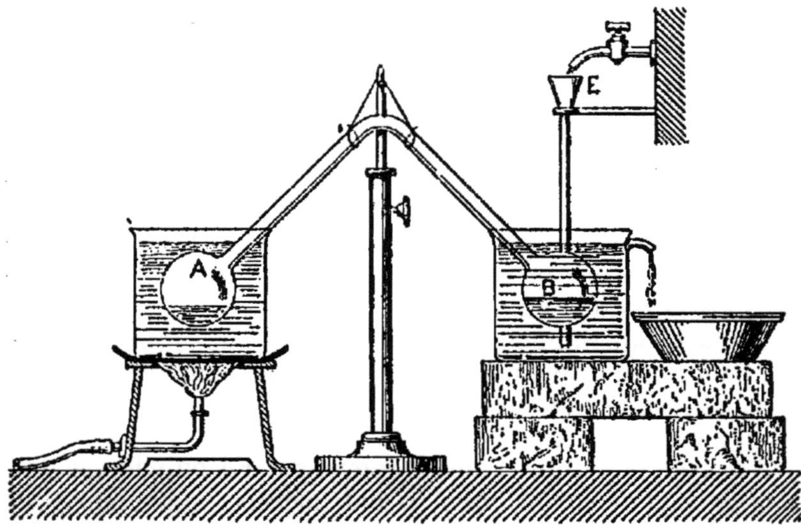

Fig. 115. — *Principe de Watt.* — Tout l'eau contenue dans la branche chauffée A va se liquéfier dans la branche B, maintenue dans de l'eau froide.

222. Condenseur. — Dans les machines *fixes*, le tuyau d'échappement B de la vapeur qui sort du cylindre (204) débouche souvent, non dans l'air, mais dans un *condenseur*. C'est un réservoir contenant de l'eau à la température ordinaire et *constamment refroidi :* la vapeur d'eau sortant du cylindre s'y liquéfie, et la pression dans cet appareil clos ne contenant que de l'eau et de la vapeur est la pression maxima de la vapeur d'eau à la température ordinaire ; elle est bien inférieure à la pression atmosphérique. La force opposée au mouvement du piston, qui s'exerce sur la face du piston située du côté du tube d'échappement, est donc diminuée, c'est-à-dire que la puissance de la machine est augmentée par l'usage du condenseur.

223. Distillation. — La *distillation* est destinée à purifier les liquides. Si l'on fait bouillir de l'eau contenant des corps solides en dissolution, la vapeur est exempte de ces corps, et la condensation de cette vapeur donne de l'eau pure.

Nous réalisons l'expérience avec de l'eau fortement salée, placée dans une cornue; nous recueillons l'eau distillée dans une allonge refroidie par un courant d'eau (*fig.* 116). L'eau distillée est absolument insipide.

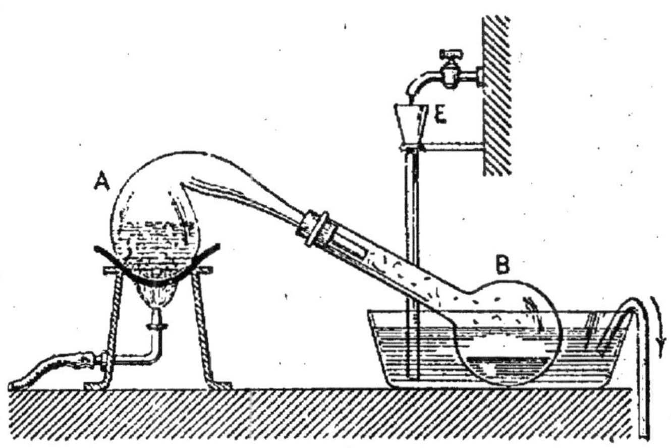

Fig. 116. — *Distillation.* — L'eau placée en A contient des impuretés solides qui restent dans la cornue. En B on recueille de l'eau pure.

Dans l'industrie, l'opération s'effectue dans un alambic (*fig.* 117). Le ballon A est remplacé par une *chaudière.* Le ballon B est remplacé par un tube nommé *serpentin* à cause de sa forme. Il est placé dans un récipient d'eau froide constamment renouvelée.

Si on ne prenait ce soin, le serpentin s'échaufferait rapidement (**220**) et l'eau s'échapperait de l'appareil à l'état de vapeur.

224. Distillation fractionnée. — L'alambic plus ou moins modifié sert aussi à séparer les uns des autres des liquides inégalement volatils.

Supposons qu'on chauffe un mélange d'eau et d'alcool : l'alcool, plus volatil que l'eau, passe d'abord presque pur.

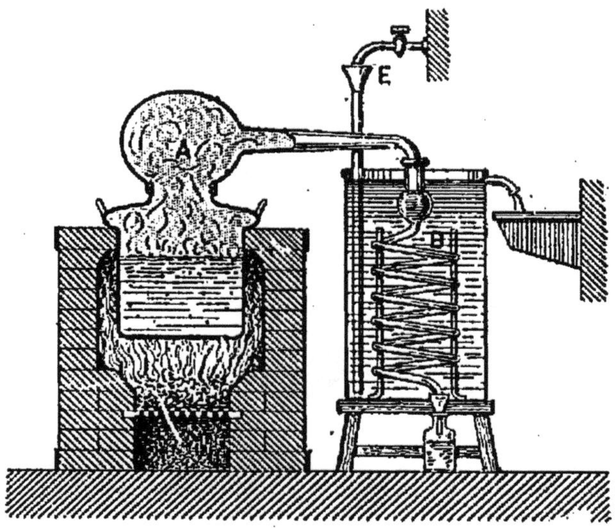

Fig. 117. — *Alambic.* — C'est le même appareil que le précédent, mais accommodé aux besoins de l'industrie.

A la fin de l'opération, on recueille de l'eau presque pure. En distillant encore une fois les premiers produits obtenus, on obtient un liquide plus riche encore en alcool. On peut recommencer plusieurs fois. Cette méthode est dite. des *distillations fractionnées.* Elle est très employée. Elle sert à préparer industriellement l'alcool par distillation des produits de fermentation des pommes de terre. Elle sert à séparer les divers résidus si importants de la distillation de la houille, etc.

CHAPITRE VI.

VAPEUR D'EAU DANS L'ATMOSPHÈRE.

I. *Point de rosée.*

225. Présence de la vapeur d'eau dans l'air. — Les eaux occupent, à la surface du globe, une étendue beaucoup plus considérable que les terres. Il est donc certain que l'atmosphère doit contenir de la vapeur d'eau provenant de la vaporisation de ces eaux.

On peut constater qu'en effet l'air contient toujours de la vapeur d'eau. Lorsque l'on apporte une carafe remplie d'eau bien fraîche et bouchée dans un endroit chaud, cette carafe se recouvre extérieurement de buée, c'est-à-dire d'eau liquéfiée par refroidissement.

Une feuille de papier buvard, bien desséchée, placée sur une balance sensible, augmente visiblement de poids par suite de l'absorption de l'eau contenue dans l'air.

Un cheveu dégraissé s'allonge par un temps humide. On a basé sur cette remarque de petits appareils appelés *hygroscopes.*

Un grand nombre de substances chimiques changent d'aspect à l'air par suite de l'absorption de la vapeur d'eau.

226. Point de rosée. — Refroidissons avec précaution un vase en verre mince (*fig.* 118), soit en y faisant évaporer rapidement de l'éther par le passage d'un courant d'air, soit en y mettant de l'eau dans laquelle nous jetons de temps en temps de petit morceaux de glace. Un thermo-

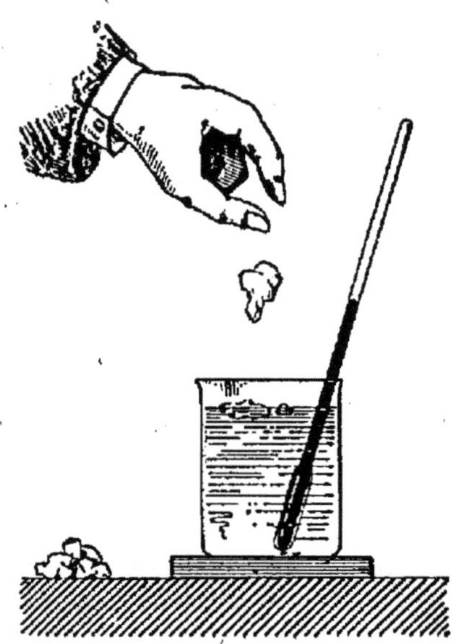

Fig. 118. — *Point de rosée.* — On jette de temps en temps un petit morceau de glace dans l'eau du vase. Lorsque la paroi externe se couvre de buée, la température marquée par le thermomètre est le point de rosée.

mètre indique la température du liquide qui emplit le vase.

A un certain moment nous voyons se déposer sur la face externe du vase une buée. La température que marque alors le thermomètre s'appelle *point de rosée.*

Cette température donne de précieux renseignements sur l'humidité de l'air.

Le point de rosée est d'autant plus éloigné de la température ambiante que l'air est plus sec.

Si l'air est saturé de vapeur d'eau, ce qui se produit par un temps de pluie, le point de rosée est la température même de l'air.

II. *Brouillard. Nuages.*

227. Brouillards. — Pendant les nuits d'automne, il se forme souvent, surtout par un temps clair, près du sol, dans les endroits encaissés et humides, une masse opaque formée de fines gouttes d'eau. C'est un *brouillard.*

Ces gouttes d'eau très légères restent en suspension dans l'air à cause de la résistance que l'air oppose à leur chute.

La formation de ces brouillards est comparable à ce qui se passe lorsque de l'eau chauffée *fume* (**220**). L'eau des prairies basses est encore chaude, alors que l'air se refroidit rapidement pendant la nuit.

Le matin, le soleil fait évaporer ces gouttelettes et dissipe le brouillard.

228. Nuages. — La constitution des *nuages* est la même que celle des brouillards; mais ils occupent les régions élevées de l'atmosphère.

Il y a formation de nuages chaque fois qu'une masse d'air humide est refroidie. Cela peut arriver par exemple lorsqu'un vent froid souffle dans une région humide et plus chaude, ou bien lorsqu'une colonne d'air humide s'élève dans l'atmosphère, etc.

Les nuages peuvent exister à des hauteurs très variables et atteindre une altitude de 8000 mètres. Les nuages très élevés sont formés de petits cristaux de glace.

229. Pluie. — Lorsqu'un nuage se refroidit, les gouttes d'eau qui le forment grossissent et tombent vers le sol : le nuage se résout en *pluie*. Si ces gouttes d'eau rencontrent une atmosphère sèche, elles se volatilisent à nouveau. Il peut y avoir des pluies dans les hautes régions de l'atmosphère qui n'atteignent pas le sol; mais, dans une atmosphère humide, les gouttes peuvent grossir et atteindre la terre.

Si la pluie qui tombe à Paris séjournait sur le sol, elle formerait au bout d'une année une couche de 60 centimètres de hauteur environ.

230. Neige. Grêle. — Si la condensation d'eau se fait sur de petits cristaux de glace à une température inférieure à 0°, l'eau tombe sous la forme de *neige*.

La neige est de l'eau solide *cristallisée* en formes régulières d'étoiles à six branches, petites, mais qui présentent des détails très fins et variés.

La grêle ne se forme qu'en temps d'orage. Les grêlons sont formés d'un noyau de glace opaque autour duquel sont des couches transparentes ; ils peuvent atteindre plusieurs centimètres de diamètre, et causent de graves dégâts à la végétation.

231. Rosée. Gelée blanche. — La rosée est la condensation d'eau en fines gouttes qui se produit par les nuits calmes et *sereines* sur les objets placés à la surface du sol.

La nuit, le sol se refroidit en rayonnant sa chaleur vers le ciel (nous expliquerons plus loin **(237)** ce mode de refroidissement). Il en résulte que l'eau contenue dans l'air à l'état de vapeur peut se condenser sur le sol, comme nous avons montré qu'elle le fait sur un vase refroidi placé dans l'air **(226)**.

On ne peut confondre la rosée avec la pluie, puisque les objets élevés n'en sont pas couverts, et qu'elle se produit par les temps sereins.

La rosée ne se produit pas lorsque le ciel est nuageux, parce que le refroidissement du sol est alors insensible ; elle se produit surtout au printemps et en automne, saisons où la différence de température entre le jour et la nuit est grande.

Si le sol se refroidit au-dessous de 0°, la rosée peut se déposer sous forme de glace : c'est la *gelée blanche*. La gelée blanche est néfaste à la végétation naissante ; on peut l'éviter en formant pendant la nuit un nuage artificiel de fumée au-dessus des cultures à préserver.

CHAPITRE VII.

TRANSMISSION DE LA CHALEUR.

I. *Propagation de la chaleur par conduction.*

232. Conductibilité. — Plaçons dans la flamme d'un bec de gaz (*fig.* 119) une extrémité d'une barre de cuivre.

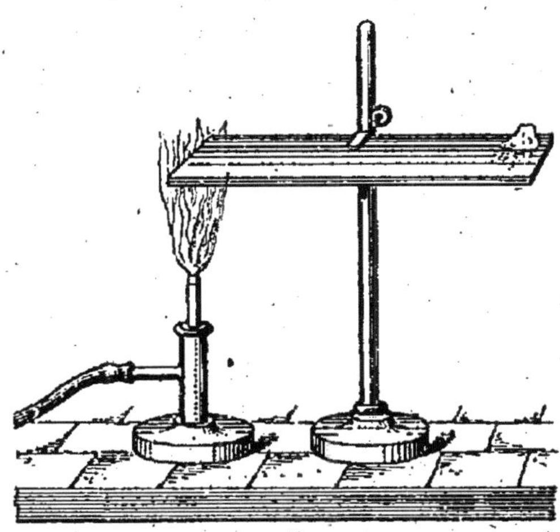

Fig. 119. — *Conduction.* — Si on chauffe une extrémité d'une barre de cuivre, un morceau de paraffine placé à l'autre extrémité fond.

Un morceau de paraffine placé à l'autre extrémité entre bientôt en fusion, et si nous touchons la barre, nous constatons qu'elle est brûlante.

Si nous plaçons dans la flamme un morceau de fusain que nous tenons à la main, l'une des extrémités brûle sans qu'à l'autre extrémité nous percevions la moindre élévation de température.

La chaleur s'est transmise de proche en proche dans le cuivre, on dit par *conduction.* Le cuivre est un corps *bon conducteur* de la chaleur, le charbon est *mauvais conduc-*

teur. On dit encore que le cuivre a une *grande conductibilité*, le charbon une *faible conductibilité.*

De tous les corps, l'argent est le meilleur conducteur, puis viennent les autres métaux. Les minéraux, le verre, la porcelaine conduisent encore un peu; les substances d'origine végétale, bois, coton, et les substances organiques animales comme les fourrures et laines, conduisent très mal.

Enfin viennent les liquides et surtout les gaz.

233. Application de la conductibilité au toucher des corps. — Les différences de conductibilité entre les corps expliquent les sensations diverses de froid et de chaud que donne le toucher de différents corps à la même température.

Si on touche un corps bon conducteur, par exemple une barre de fer à la température de 10°, avec la main, comme la main est à une température supérieure, la chaleur de la main passe rapidement sur le fer et se répand dans toute la masse. On éprouve une sensation de froid.

Si on touche un corps mauvais conducteur, par exemple une barre de bois à la même température de 10°, la chaleur de la main échauffe les points de contact et ne se répand pas dans le bois. On n'éprouve pas de sensation de froid.

C'est à cause de ce fait que nous avons eu bien soin de prendre plusieurs corps de *même nature* quand, à l'aide du toucher, nous les avons classés par ordre de température croissante. (*Définition des températures,* **141.**)

234. Applications usuelles de la conductibilité. — Les manches d'outils métalliques qui doivent être portés à haute température sont en bois; on entoure d'osier les anses des théières, qui contiennent de l'eau bouillante; la blanchisseuse saisit son fer à repasser à l'aide d'une étoffe; dans tous ces cas, on sépare l'objet chaud de la main par un *mauvais conducteur.*

Le corps de l'homme et des animaux supérieurs est en général à une température plus élevée que l'air ambiant; les fourrures, les étoffes de laine, les plumes, préservent du refroidissement, puisqu'elles conduisent mal la chaleur du corps vers l'extérieur.

De même si on veut conserver de la glace pendant l'été, on l'enveloppe dans des couvertures de laine; la laine conduit mal la chaleur de l'extérieur vers la glace.

Un rôle important dans la mauvaise conductibilité des fourrures, plumes, etc., est joué par l'air que ces corps emprisonnent dans leur masse. L'air est en effet un très mauvais conducteur. Dans les pays du Nord, les appartements sont munis de doubles fenêtres; le matelas d'air compris entre les deux verres empêche la chaleur de l'appartement de se répandre au dehors par conductibilité.

II. *Propagation de la chaleur par convection et par rayonnement.*

235. Convection. — Nous avons dit que les liquides sont mauvais conducteurs de la chaleur. Si de l'éther ou du pétrole brûle à la surface de l'eau, l'eau à quelques centimètres de profondeur ne s'échauffe pas. Cependant nous constatons que de l'eau placée *au-dessus* d'un foyer quelconque s'échauffe rapidement. Mais ce n'est pas par conductibilité.

Chauffons de l'eau (*fig.* 120) dans un large vase en verre (une de ces cloches en verre mince qui servent parfois à la préservation des candélabres convient fort bien), et mettons un peu de sciure de bois en suspension dans l'eau. Cette sciure nous permet de voir les courants qui prennent naissance; l'eau s'élève au milieu et redescend vers les bords.

L'eau chauffée par la flamme devient moins dense et s'élève; elle est remplacée par de l'eau plus froide, plus dense par conséquent. Les courants qui prennent naissance s'appellent *courants de convection*.

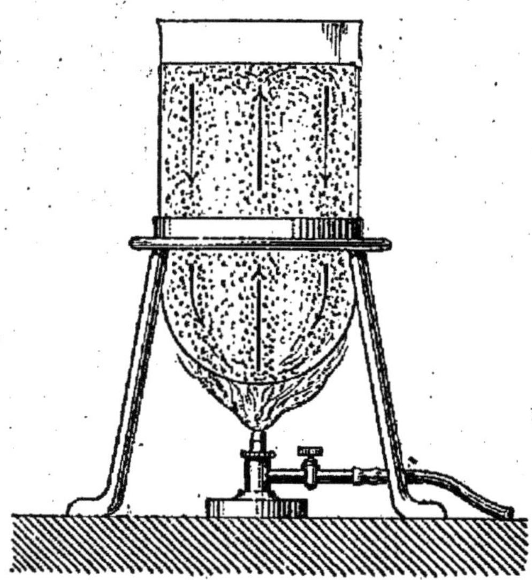

Fig. 120. — *Convection*. — Dans l'eau chauffée par la partie inférieure naissent des courants de convection.

236. Applications de la convection. — C'est par convection que se refroidit l'eau de la mer pendant l'hiver. L'eau se refroidit par sa surface au contact de l'air froid; l'eau froide, plus dense, tombe au fond, mais à cause du maximum de densité de l'eau, ces courants de convection ont une allure particulière que nous avons étudiée par l'expérience de Hope (159).

Les gaz, plus mauvais conducteurs encore que les liquides, mais dont les particules sont plus mobiles, s'échauffent, eux aussi, par convection.

Le tirage des cheminées est une application directe de ce phénomène. L'air de la cheminée s'échauffe par l'action du foyer, il devient donc moins dense et s'élève; il est remplacé par de l'air froid appelé vers le foyer; cet air échauffé monte à son tour. Il se produit un *tirage* permanent. On voit que les cheminées d'appartement assurent non seulement le chauffage, mais encore la ventilation. C'est aussi par convection que s'échauffe l'air dans une chambre contenant une source calorifique de large surface, comme un poêle.

Les *vents* qui règnent à la surface du sol ne sont pas autre chose en général que des courants de convection. En particulier, à l'équateur, l'air échauffé par son contact avec le sol s'élève; il est remplacé par de l'air froid venant des pôles. Ces vents qui vont des pôles vers l'équateur s'appellent *vents alizés*.

Au contraire, dans les hautes régions de l'atmosphère, l'air chaud se dirige de l'équateur vers les pôles.

Ces vents ont une grande influence sur la répartition des climats.

237. Rayonnement. — Il est clair que la chaleur qui nous vient du soleil, en même temps que sa lumière, ne nous est transmise ni par conduction, ni par convection, puisque ces deux modes de propagation exigent l'existence d'un corps intermédiaire et sont assez lents; or la chaleur du soleil traverse les espaces interplanétaires vides d'air et on sait qu'elle parcourt 300.000 kilomètres par seconde.

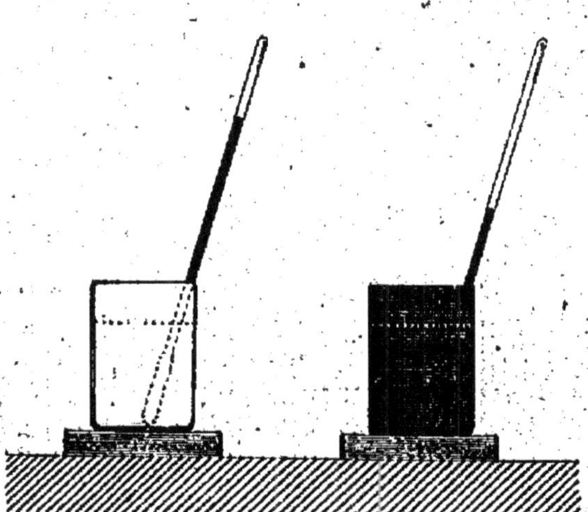

Fig. 121. — *Rayonnement de la chaleur.* — L'eau chaude se refroidit moins vite dans un vase poli que dans un vase recouvert de noir de fumée.

Ce mode de propagation est le *rayonnement.*

Plaçons-nous en face d'une cheminée où flambe un beau feu : notre figure et nos mains s'échauffent vivement *par rayonnement*, l'air interposé ayant à peine changé de température.

238. Influence de la nature du corps rayonnant.

— Plaçons deux petits vases de fer-blanc (*fig.* 121) sur de larges bouchons de liège. L'un de ces vases est poli, l'autre recouvert de noir de fumée. Mettons un thermomètre dans chaque vase, et versons dans ces deux vases de l'eau chaude à la même température. L'eau de ces vases se refroidit, presque uniquement par rayonnement, le liège et l'air en contact avec les vases leur enlevant très peu de chaleur.

Nous constatons que l'*eau du vase poli se refroidit beaucoup moins vite* que celle du vase recouvert de noir de fumée. Nous concluons de cette expérience que la quantité de chaleur rayonnée par deux corps de même forme et à la même température dépend de la nature de leurs surfaces; en particulier, les métaux polis rayonnent peu de chaleur; les corps noirs et mats en rayonnent beaucoup.

239. Absorption de la chaleur. — L'air, le vide sont

traversés par la chaleur rayonnante, quelle que soit la source de chaleur.

D'autres corps sont traversés par la chaleur provenant de certaines sources seulement. La chaleur lumineuse provenant du soleil, par exemple, traverse le verre, tandis que la chaleur obscure émise par un vase rempli d'eau bouillante ne le traverse pas. Le verre est donc *transparent* pour la chaleur lumineuse, et *opaque* pour la chaleur obscure.

La chaleur est renvoyée en avant ou *réfléchie* par les corps polis.

Enfin tous les corps *absorbent* une partie de la chaleur qu'ils reçoivent par rayonnement, mais cette absorption est très faible pour les métaux polis, très grande pour les corps noirs et mats. D'une façon générale, les corps qui, chauffés, sont capables de *rayonner* beaucoup de chaleur, sont aussi ceux qui en *absorbent* beaucoup d'une source rayonnante extérieure.

Prenons deux pièces d'un franc (*fig.* 122), l'une bien polie, l'autre couverte de noir de fumée; fixons-les l'une

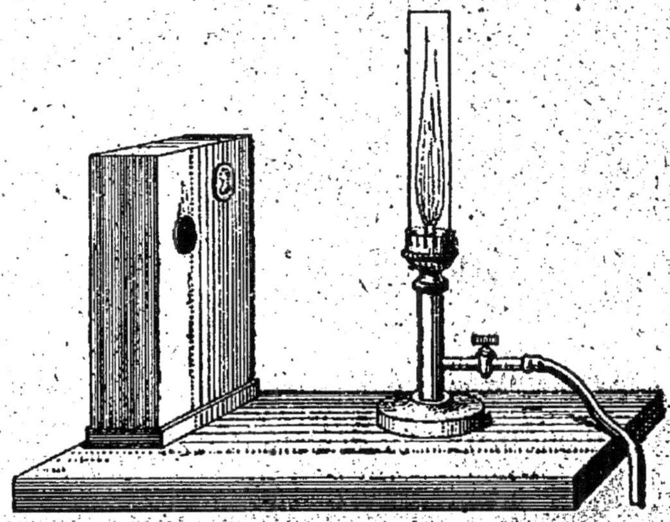

Fig. 122. — *Absorption de la chaleur.* — Une pièce enduite de noir de fumée absorbe plus de chaleur qu'une pièce polie. Elle glisse la première d'une couche de vaseline qui les retient.

près de l'autre contre un bloc de bois, à l'aide d'une couche de vaseline; plaçons à égale distance des deux pièces une lampe à gaz.

Nous constatons que la pièce noircie glisse la première par suite de la fusion de la couche de vaseline située derrière. Donc la pièce noircie a absorbé plus de chaleur.

240. Quelques applications du rayonnement. — On fait en métal poli les casseroles, alambics, chaudières destinés à garder longtemps un liquide chaud, puisque les métaux polis perdent peu de chaleur par rayonnement.

Le vase dans lequel on fait les mesures calorimétriques (174) doit être en métal poli ; il doit aussi être disposé de façon à perdre peu de chaleur par conductibilité, puisqu'on désire que toute la chaleur apportée dans ce vase y reste. On le fait, à cet effet, reposer sur du liège.

Les vêtements blancs sont utilisés dans les pays chauds, parce qu'ils absorbent peu de chaleur; les vêtements noirs prendraient au soleil une température insupportable.

La chaleur lumineuse du soleil pénètre dans les serres; mais la chaleur obscure émise par les corps qui y sont renfermés ou la chaleur que l'on y produit artificiellement ne peut plus sortir, le verre étant opaque pour la chaleur obscure. La vapeur d'eau de l'air

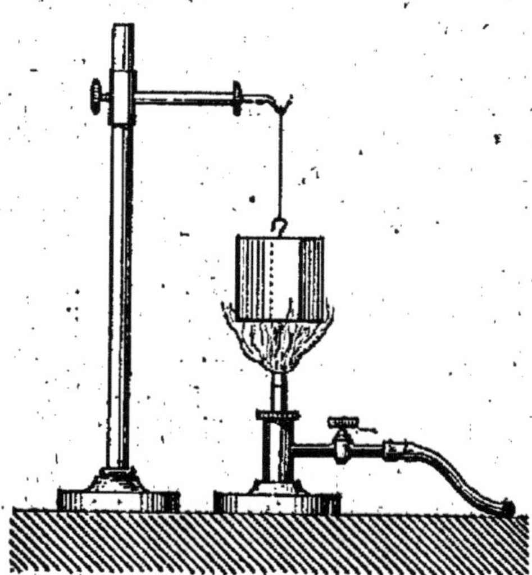

Fig. 123. — Un morceau de laiton chauffé par un bec de gaz rayonne d'abord de la chaleur obscure, puis de la chaleur lumineuse ou lumière chaude.

joue pour nous un rôle analogue aux verres des serres : elle retient pendant la nuit la chaleur obscure émise par le sol.

241. Chaleur et lumière. — Pour terminer, remarquons que la chaleur est lumineuse si elle est rayonnée par un corps à température suffisamment élevée.

Plaçons un cube de laiton (*fig.* 123) dans la flamme d'un bec de gaz; il s'échauffe, rayonne de la chaleur obscure, puis il devient rouge sombre, et, à partir de ce moment, la chaleur qu'il émet est lumineuse; elle devient rouge cerise, rouge vif, enfin blanche. Nous pouvons dire aussi bien : *la chaleur qu'il rayonne est lumineuse* ou la *lumière qu'il rayonne est chaude.*

FIN DE LA 1re PARTIE.

TABLE DES MATIÈRES

Paris. — Imprimerie DELALAIN, 18, rue Séguier.

RÉVÉLATIONS

HISTORIQUES ET POLITIQUES

SUR

LES HOMMES ET LES CHOSÉS.

L'histoire sera désormais une vérité.

A PARIS,

CHEZ BARROIS L'AINÉ, LIBRAIRE,

RUE DES BEAUX-ARTS, N°. 15.

Avec le 29 juillet s'est levée une ère de progrès que tout citoyen doit s'efforcer de hâter, de propager. Une révolution faite au bénéfice du peuple doit porter tous ses fruits ; les hommes qui veulent être les colonnes du nouvel édifice doivent en adopter toutes les conséquences ; et une de ces conséquences les plus immédiates est une investigation des hommes et des choses qui tende à l'épuration morale et intellectuelle de la machine administrative. Il faut que la France sache à qui on confie le maniement de ses affaires ; il faut qu'elle sache si tel homme est puissant par l'intrigue ou par ses talens, s'il est l'agent du pays ou d'une coterie. Le plus beau principe des gouvernemens représentatifs bien ordonnés est de s'emparer de toutes les capacités sociales qui lui sont désignées par la voix publique; chaque citoyen vraiment digne de ce nom doit tendre à faire écarter un agent de l'état, s'il en est de plus digne, de plus méritant. Le temps est venu enfin de démasquer les brouillons politiques; depuis quarante ans la France a fait de trop terribles expériences pour qu'il lui soit permis de recommencer. C'est là le principal but des *Révélations historiques et politiques*, et quand elles n'en auraient pas d'autre, ce serait déjà un immense service rendu à l'avenir du pays.

Le second, et non moins important, est le redressement de cette foule d'erreurs et de mensonges qu'on voit entassés dans la plupart des ouvrages prétendus historiques qui ont été publiés sur nos commotions politiques depuis la restauration. La restauration, on ne saurait le nier, a été un long mensonge, une conspiration flagrante contre la vérité; mensonges dans les lois, mensonges dans le gouvernement; on ne voulait de vérité ni sur la révolution, ni sur la république, ni sur l'empire, ni sur l'émigration. Le trésor de l'état, les mesquines élucubrations de nos hommes politiques, tout était employé pour la retenir sous le boisseau; la France avec son histoire était audacieusement confisquée au profit d'une famille et d'un parti. C'était un nouveau genre de conquêtes; aux petites gens, les petites choses. On reculait devant la gloire de l'empire, devant les hauts faits de la république; *soumettons la France*, se sont dit ces gouvernans de nouvelle espèce, *par l'hypocrisie;* ils ont appelé à eux tous les écrivains qui ont voulu se vendre, et ils se sont mis à l'œuvre. Les mots de ralliement de quelques-uns étaient *légitimité* et *religion*, sans s'inquiéter qu'il n'y a rien de moins légitime et de moins religieux que l'imposture et leur vénale complaisance. Pendant quinze ans, ils ont fatigué, conspué la France.....

Mais le peuple de sa main puissante a soulevé le boisseau; c'est à l'écrivain de continuer l'œuvre. Dans une si grave investigation, dans ce grand redressement de tant de niaiseries politiques, de tant d'erreurs de faits, il choquera bien des opinions reçues; mais il ne marchera qu'à l'aide de jalons historiques, de documens authentiques fournis par les personnages eux-mêmes. Ainsi, s'ils ont à se plaindre du portrait, ce ne sera pas sa faute; ils n'auront à s'en prendre qu'à eux-mêmes. Il doit s'attendre aussi à bien de petites haines; les amours-propres froissés pardonnent rarement : n'importe, rien ne le détournera de sa voie. Dévoiler les antécédens, les intrigues politiques des hommes qui briguent la confiance du pouvoir, révéler les vues, les projets de ceux qui étaient placés plus ou moins haut sur la scène, éclairer le pays dans son choix des hommes qui sont aptes à consolider le gouvernement nouveau, tel est son but, et il le remplira sans crainte comme sans ménagement. Les *Révélations historiques* seront comme un arsenal où l'historien futur, qui voudra mettre en œuvre ces matériaux surchargés de faits et d'incidens, pourra puiser à pleines mains et en toute sûreté. Tels personnages, qui croient leurs intrigues bien enfouies dans l'ombre, et auxquels s'attache une faveur qu'ils savent bien n'avoir jamais méritée, vont jeter des cris de haro, l'écrivain se contentera de leur opposer leurs actes.

MODE DE PUBLICATION.

Cet ouvrage sera publié par livraisons. Chaque livraison contiendra cinq feuilles d'impression. Il en paraîtra une tous les dix jours.

Six livraisons formeront un volume.

Le prix de chaque livraison est de 1 fr. 50 c., et par la poste, 1 fr. 75 c.

On peut souscrire pour un volume. Le prix (en payant d'avance) sera de 8 fr., et par la poste de 9 fr. 50 c.

PARIS.—IMPRIMERIE ET FONDERIE DE FAIN, RUE RACINE, No. 4,
PLACE DE L'ODÉON.

RÉVÉLATIONS

HISTORIQUES ET POLITIQUES

LES HOMMES ET LES CHOSES.

TOME I.

PARIS.—IMPRIMERIE ET FONDERIE DE FAIN, RUE RACINE, N°. 4,
PLACE DE L'ODÉON.

RÉVÉLATIONS

HISTORIQUES ET POLITIQUES

·SUR·

LES HOMMES ET LES CHOSES.

L'histoire sera désormais une vérité.

✳

TOME PREMIER.

✳

A PARIS,

CHEZ BARROIS L'AINÉ, LIBRAIRE,

RUE DES BEAUX-ARTS, N°. 15.

A GENÈVE, CHEZ AB. CHERBULIEZ, LIBRAIRE.

1830.

PRÉFACE.

Avec le 29 juillet s'est levée une ère de progrès que tout citoyen doit s'efforcer de hâter, de propager. Une révolution faite au bénéfice du peuple doit porter tous ses fruits ; les hommes qui veulent être les colonnes du nouvel édifice doivent en adopter toutes les conséquences ; et une de ces conséquences les plus immédiates est une investigation des hommes et des choses qui tende à l'épuration morale et intellectuelle de la machine administrative. Il faut que la France sache à qui on confie le maniement de ses affaires ; il faut qu'elle sache si tel homme est puissant par l'intrigue ou par ses talens, s'il est l'agent du pays ou d'une coterie. Le plus beau principe des gouvernemens représentatifs bien ordonnés est de s'emparer de toutes les capacités sociales qui lui sont désignées par la voix publique ; chaque citoyen vraiment digne de ce nom doit tendre à faire écarter un agent de l'état, s'il en est de plus digne, de plus méritant. Le temps est venu enfin de démasquer les brouillons politiques ; depuis quarante ans la France a fait de trop terribles expériences

pour qu'il lui soit permis de recommencer. C'est
là le principal but des *Révélations historiques et
politiques*, et quand elles n'en auraient pas d'autre,
ce serait déjà un immense service rendu à l'a-
venir du pays.

Le second, et non moins important, est le redressement de cette foule d'erreurs et de mensonges qu'on voit entassés dans la plupart des
ouvrages prétendus historiques qui ont été publiés
sur nos commotions politiques depuis la restauration. La restauration, on ne saurait le nier, a été un
long mensonge, une conspiration flagrante contre la vérité; mensonges dans les lois, mensonges
dans le gouvernement; on ne voulait de vérité
ni sur la révolution, ni sur la république, ni sur
l'empire, ni sur l'émigration. Le trésor de l'état,
les mesquines élucubrations de nos hommes politiques, tout était employé pour la retenir sous le
boisseau; la France avec son histoire était audacieusement confisquée au profit d'une famille et
d'un parti. C'était un nouveau genre de conquêtes;
aux petites gens, les petites choses. On reculait
devant la gloire de l'empire, devant les hauts
faits de la république; *soumettons la France*,
se sont dit ces gouvernans de nouvelle espèce,
par l'hypocrisie; ils ont appelé à eux tous les
écrivains qui ont voulu se vendre, et ils se sont
mis à l'œuvre. Les mots de ralliement de quelques-uns étaient *légitimité* et *religion*, sans s'in-

quiéter qu'il n'y a rien de moins légitime et de moins religieux que l'imposture et leur vénale complaisance. Pendant quinze ans, ils ont fatigué, conspué la France.....

Mais le peuple de sa main puissante a soulevé le boisseau; il n'y a qu'à continuer l'œuvre. Dans une si grave investigation, dans ce grand redressement de tant de niaiseries politiques, de tant d'erreurs de faits, il choquera bien des opinions reçues; mais il ne marchera qu'à l'aide de jalons historiques, de documens authentiques fournis par les personnages eux-mêmes. Ainsi, s'ils ont à se plaindre du portrait, ce ne sera pas sa faute; ils n'auront à s'en prendre qu'à eux-mêmes. Il doit s'attendre aussi à bien des petites haines; les amours-propres froissés pardonnent rarement: n'importe, rien ne le détournera de sa voie. Dévoiler les antécédens, les intrigues politiques des hommes qui briguent la confiance du pouvoir, révéler les vues, les projets de ceux qui étaient placés plus ou moins haut sur la scène, éclairer le pays dans le choix des hommes qui sont aptes à consolider les institutions nouvelles, tel est son but, et il le remplira sans crainte comme sans ménagement. Les *Révélations historiques* seront comme un arsenal où l'historien futur, qui voudra mettre en œuvre ces matériaux surchargés de faits et d'incidens, pourra puiser à pleines mains. Tels personnages, qui croient leurs intrigues bien enfouies dans l'ombre, et auxquels s'attache une faveur qu'ils savent bien n'avoir jamais méritée, vont jeter les hauts cris; on se contentera de leur opposer leurs actes. On doit le dire cependant : tous les portraits ne sont pas d'une parfaite exactitude. La flatterie a quelquefois tenu le pinceau, souvent aussi la haine s'en est saisie : ces jugemens divers se serviront de contre-épreuve l'un à l'autre, ils sont livrés à la libre discussion du public, et l'histoire en fera son profit.

RÉVÉLATIONS

HISTORIQUES ET POLITIQUES

SUR

LES HOMMES ET LES CHOSES.

***

SUR LA FORMATION DU MINISTÈRE POLIGNAC.

*Lettre de M. le baron de***, agent diplomatique,
à S. E. M. le comte de ***.*

Paris, 21 août 1829.

Monseigneur se rappellera ce que j'avais l'honneur de lui écrire en 1827. Trois restaurations étaient à faire en France : celle du pouvoir, elle a marché constamment avec des succès divers; celle de la noblesse, qui n'était pas une combinaison relative au pouvoir, mais une condition imposée à l'autorité royale. Enfin celle du clergé, non moins empressé que la noblesse, il dut cependant attendre son tour.

M. de Villèle fut appelé au ministère pour y être l'homme d'affaires de la noblesse. Cet homme d'affaires était habile, sous tout autre rapport que celui d'homme d'état. Il servit bien ses maîtres, qui l'abandonnèrent dès le moment où ils virent qu'il ne pouvait plus rien pour eux. Il se trouvait alors aux prises avec le clergé, qui prétendait avec raison que son tour était venu : il fallait d'abord rendre les bois de l'église qui n'avaient pas encore été vendus, et qui devaient l'être en vertu d'une ordonnance provoquée par ce mécréant d'abbé Louis. M. de Villèle n'entendait pas de cette oreille. Il voulut jouer au fin avec les prêtres. Il promit pour ne pas tenir, et il donna comme un gage de sa bonne volonté la suspension de la vente des bois de la caisse d'amortissement : ce n'était qu'une espérance. Le clergé ne s'en contenta point. Il exigea une restitution immédiate, et laissa pénétrer des prétentions à une indemnité, pour le surplus de ses biens, indemnité qu'on ne pouvait justement lui refuser, après avoir accordé un milliard aux émigrés. M. de Villèle, qui ne voulait pas être un ministre des finances sans finances, montra les dents. Sa chute fut immédiatement résolue. Privé de son appui naturel, l'émigration, qui n'avait plus besoin de lui, mal avec le clergé aux intérêts duquel il refusait de s'associer, il tenta de se faire constitutionnel ; mais les constitutionnels, qui l'avaient prôné lorsqu'ils le croyaient fort, eurent bientôt pénétré le secret de sa faiblesse, et ne voulurent pas risquer leur popularité pour rien. Ils imposèrent des conditions qui furent d'abord trouvées trop dures.

Depuis plusieurs années, le clergé portait au ministère M. de Polignac, que la noblesse ne repoussait pas. Cette combinaison paraissait être parvenue à sa maturité en 1827.

Le discrédit de M. de Villèle lui était favorable. Toutes les batteries furent dressées au mois de septembre de cette année. C'est avec M. de Rivière que l'avénement de M. de Polignac se concertait. Déjà de l'opposition se manifestait dans une partie de la famille royale; le roi lui-même était incertain. Les impressions que lui avait données M. de Villèle contre M. de Polignac, qu'il s'efforçait depuis deux ans de représenter comme absolument incapable des affaires du gouvernement, duraient encore.

M. de Villèle vit qu'il n'en avait pas pour un mois. Il revint alors à la combinaison ministérielle dans laquelle il conserverait une place, en partageant le pouvoir avec certains chefs des libéraux qui le flattaient autrefois. Il ne se montra plus difficile sur les conditions. « Il ne s'agissait » que de vivre, disait-il au roi. Laissons passer la » bourrasque, nous nous débarrasserons de nos » nouveaux amis après les avoir compromis. »' Le terrain ainsi déblayé, nous pourrons tenter, avec de nouvelles chances de succès, une » campagne favorable au clergé, qui, nous » voyant plus forts que nous ne le sommes aujourd'hui, sera peut-être moins exigeant. «

Mais au moment où M. de Villèle croyait son affaire arrangée, les libéraux, qui se défiaient les uns des autres, lui manquèrent dans les mains. Il tenta, pour dernière ressource, ses coups d'état. Les élections lui apprirent qu'il fallait se retirer, mais il comprit que s'il parvenait à éloigner M. de Polignac, et à provoquer la création d'un ministère où il glisserait quelques anciennes créatures, pour le rappeler quand le moment serait venu, l'incapacité de ce ministère mixte préparerait à l'homme nécessaire un retour éclatant. Mais nous allons trop vite, revenons au mois de septembre 1827.

M. de Polignac remit d'abord deux mémoires rédigés par un de ses affidés, qui était en même temps celui de la congrégation. Par le premier, il établissait pourquoi et comment M. de Villèle s'était usé, et était devenu incapable de travailler à l'exécution des desseins du roi. Par le second, il montrait la convenance de prévenir la nécessité où l'on serait bientôt de renvoyer M. de Villèle, et celle de prendre les devants pour n'avoir pas la main forcée par un parti. M. de Villèle avait dans ce même moment proposé ses coups d'état, qui seraient demeurés fameux, si M. de Polignac n'avait pas fait pis. Celui-ci, prévenu par M. de Rivière, remit deux nouveaux mémoires dirigés contre chacune des mesures adoptées par M. de Villèle, savoir, la dissolution de la chambre des députés, et la modification de la majorité dans la chambre des pairs, au moyen d'une fournée. Ces mesures étaient présentées comme devant amener dans la situation des affaires un change-ment en mal qui nécessiterait d'autres coups d'état, et qui, par un usage trop fréquent de la prérogative royale, en affaiblirait l'action. Les idées développées dans ces deux mémoires étaient monarchiques-constitutionnelles modérées, à la manière de M. de Villèle, et avec les mêmes arriè-res-pensées, si ce n'est que pour l'un des conces-sions limitées en faveur du clergé ne devaient être qu'un moyen de transaction, tandis que pour l'autre une restauration complète était un but. Néanmoins les mesures de M. de Villèle furent mises à exécution : on en a vu le résultat. Ce mi-nistre dut céder à l'orage ; mais en même temps qu'il déclarait au roi qu'il devait se retirer, il le conjura, pour lui donner une nouvelle preuve de sa fidélité, de ne pas remettre les affaires entre les mains de M. de Polignac. Le ministère Poli-gnac, frappé de mort avant de naître, et le mi-nistère Villèle ne pouvant éviter le sort qui le menaçait, un autre ministère dut être créé. Il le fut, et parut l'être à l'improviste, au hasard et sans système. Dans la réalité, il fut créé suivant le système conçu par M. de Villèle, pour prépa-rer, comme je l'ai déjà dit, et avant deux ans, son retour aux affaires.

M. de Polignac, à qui cette combinaison devait échapper, ne perdait pas de vue son but. Débarrassé de fait du ministère Villèle, il crut avoir fait un grand pas. Il ne fallait plus, selon ses amis, que laisser au nouveau ministère le temps de se compromettre par des fautes qui amèneraient sa ruine. La manière dont il se conduisit pendant l'année 1828 donna à penser que le moment était arrivé. La session de 1829 allait s'ouvrir, et le moment parut favorable. Un ministre, M. le comte Portalis, dirigé par M. le baron Mounier qui, depuis la restauration, avait figuré dans toutes les intrigues ministérielles, proposa au roi une mesure qui flattait le penchant du prince. Le succès du voyage d'Alsace avait, selon lui, révélé de grandes vérités. Il était évident que la France tout entière appartenait au roi, et que les factions étaient désormais sans appui dans la nation. La royauté pouvait donc sortir de tutelle; il suffisait qu'elle le voulût. La meilleure manière de déclarer sa volonté consistait dans la composition d'un ministère qui n'eût rien d'équivoque. La nomination de M. de Polignac serait une proclamation qui réunirait tous les royalistes. Deux ministres, M. le comte Portalis et M. le vicomte de Martignac, qui avaient donné des gages suffisans au parti, resteraient en place. M. le baron Mounier, qui avait si bien compris la monarchie absolue sous Bonaparte et sous le duc de Richelieu, s'associerait à eux. M. de Polignac désignerait les autres membres du conseil qui imposerait à la France et à l'étranger. M. le comte Portalis fut donc autorisé à écrire à M. de Polignac de se rendre auprès du roi.

Le projet avait percé, et les ministres, trahis par deux de leurs collègues, dévoilèrent le mystère qu'ils découvrirent à l'instant même de l'arrivée de M. de Polignac à Paris.

Monseigneur se rappelle l'effet que ce retour produisit dans la capitale, et le déchaînement de la presse périodique. Le roi s'intimida. Un ajournement fut proposé, et M. de Polignac retourna à Londres, après avoir fait à la Chambre des pairs la protestation qui devait préparer son retour. Il quitta la France le 25 de février. Il commençait à trouver la partie difficile à jouer ; et cet homme, qui s'était cru appelé à rendre au trône sa force et à l'église sa puissance, doutait du succès de sa mission. Renoncer à la remplir eût été pour lui une nécessité douloureuse, mais il eût été plus douloureux encore de renoncer au pouvoir. Il croyait d'ailleurs qu'il suffisait qu'un Polignac fût à la tête des affaires pour qu'à la fin tout fût sauvé ; il se trouva reporté en conséquence vers les mêmes idées qui n'avaient point empêché la chute de M. de Villèle. « Il faut, dit-il, qu'à tout » prix je sois à la tête du ministère ; arrivera » ensuite ce qu'il pourra. »

M. de Polignac donna donc à son affidé des instructions pour négocier la composition future de son ministère. « Tout me sera bon, était-il dit, » jusqu'à M. C. P..... inclusivement, je ne ré- » pugnerai à personne et à rien : je serai consti- » tutionnel s'il le faut. Je ne donne l'exclusion » qu'aux bonapartistes, qui, après avoir fait de » la force et de l'égalité pour rallier les esprits » quand il fallait combattre toute l'Europe, se- » raient capables aujourd'hui de fonder l'alliance » du pouvoir et de la liberté. Ils auraient pour » eux le pays, et loin de pouvoir m'en défaire » quand je le voudrais, je serais bientôt à leur » merci. Dans leurs rangs sont nos véritables en- » nemis. » Les ouvertures furent donc faites à plusieurs constitutionnels, on leur dit qu'il leur fallait un ministre qui eût l'oreille du prince; que ce ministre, qui s'associerait à leurs vues, se- rait seul capable de préparer l'esprit du prince et de vaincre sa résistance; qu'il ne s'agissait pas aujourd'hui d'ajouter au pouvoir du trône, mais de le sauver par une transaction entre les idées d'autrefois et les nécessités du temps, etc., etc. On ajouta beaucoup d'autres belles choses dans le même genre, qui obtinrent un accueil favorable. Des rapports étaient envoyés tous les huit jours à Londres pour tenir M. de Polignac au courant des progrès de son intrigue.

Ce long préambule n'était peut-être pas inutile

pour rappeler à monseigneur des faits sans lesquels il lui serait difficile de bien comprendre ce qui vient d'arriver.

Les ministres étaient personnellement désagréables à la cour. La pesanteur de M. Portalis déplaisait presque autant que la légèreté suffisante et de mauvais ton de M. de Martignac, la bonhomie de M. de Caux autant que la pétulance de M. de Saint-Cricq, la sécheresse de M. Roy autant que la rudesse de M. Hyde de Neuville, la pédanterie de M. de Vatimesnil autant que la politesse onctueuse de M. Feutrier. On les tournait en ridicule au jour la journée. Une partie de la famille royale préparait de nouvelles combinaisons étrangères à celles de M. de Polignac. Enfin, disait-on dans les petits appartemens, nous aurons des ministres de bon ton et de bonne compagnie. Ces graves considérations concouraient avec la raison d'état à rendre un changement imminent.

Aussitôt que la clôture des chambres parut prochaine, les affidés de M. de Polignac pressèrent son retour. On ne sait ce qui se passait alors dans son esprit. Il hésita ; soit pressentiment, soit faiblesse naturelle, le courage fut au moment de lui manquer. Il partit enfin ; il comptait qu'on viendrait au-devant de lui à Calais : il ne s'y trouva personne. Il descendit à sa terre de Millemont ; personne ne vint l'y trouver. Après avoir réfléchi vingt-quatre heures sous ces frais ombrages, il reprit courage, et son affidé, qui le boudait, le vit entrer chez lui à son réveil.

Des explications étaient survenues, des exigences s'étaient présentées qui ne rendaient pas la composition du nouveau ministère aussi facile qu'on l'avait cru d'abord.

Pendant que l'intrigue de M. de Polignac, conduite en son absence par son agent, préparait un ministère de fusion, les royalistes, qui en avaient eu vent, déclarèrent qu'ils abandonneraient M. de Polignac, s'ils ne trouvaient pas des garanties dans la composition du nouveau ministère. De leur côté les villélistes convoitaient aussi la succession du ministère agonisant. Cette intrigue était conduite par M. de Genoude, agent très-actif, et par M. de Montbel et ses amis. Tout fut arrangé dans les derniers jours de la session. M. de Montbel devait en porter la nouvelle à Toulouse. On consentait d'abord à garder M. Roy, qui s'était rallié aux ultras. Il était utile, pour éviter dans les premiers momens qu'on aperçût au fond de la combinaison M. de Villèle, qui d'ailleurs ne voulait plus des finances. On retrouvait dans M. de Martignac un ancien adepte villéliste en qui l'on avait toute confiance, et on lui donnait les sceaux. Ce dernier arrangement fut bientôt abandonné, parce que M. de Martignac s'obstinait à garder l'intérieur. Ce fut alors que

M. de Labourdonnaye parut sur la scène. Il avait vu la porte du cabinet entr'ouverte; et, appuyé des royalistes purs, il s'était présenté pour la forcer. On ne le repoussa point, loin de là. C'était l'intérieur que M. de Montbel voulait qu'on réservât à M. de Villèle, qui regardait ce ministère avec la police et les affaires ecclésiastiques comme le plus important de tous. Comme il était entendu que l'ancien président du conseil ne pouvait pas entrer de prime-abord, M. de Labourdonnaye était commode. On comptait qu'avant deux mois il ferait, et au besoin on lui ferait faire assez de folies pour l'éloigner. Son influence dans la chambre était si mince, qu'on l'éloignerait sans inconvénient. On ferait alors apparaître M. de Villèle comme l'homme d'affaires par excellence, seul capable de rétablir l'ordre. Bellune rentrerait à la guerre, où Villèle le mènerait à son gré. Guernon de Ranville ou Courvoisier aurait les sceaux; ce dernier convenait mieux comme plus facile à conduire. Enfin M. de Montbel aurait un ministère quelconque, l'instruction publique, par exemple, pour veiller de ce poste aux intérêts de son protecteur et de son ami. M. de Polignac, ainsi entouré, serait une utilité comme ayant l'oreille du roi. Il n'était bon qu'à cela. Son incapacité assurait à un homme aussi habile que M. de Villèle la facilité de le conduire. Il ne manquait plus qu'un ministre de la marine. M. Genoude se chargea de le trouver. Devenu capitaliste pendant qu'il travaillait dans le cabinet de M. de Montmorency, alors ministre, il s'était lié d'affaires avec un autre capitaliste, attaché par des rapports de parenté à un homme qui avait la confiance de M. de Polignac. Ce capitaliste était père d'une jolie personne très-riche. L'abbé Louis, son voisin de campagne, avait convoité la belle personne et la riche dot pour un de ses neveux. Ce neveu était amiral, il avait de l'illustration. Le capitaliste proposa son futur gendre à M. de Genoude, et la présentation au comité royal se fit chez madame de Larochejacquelein, où se trouvait MM. de Genoude, de Bonald, de Montbel, etc. M. de Rigny accepta la proposition, et dans cette réunion la dernière main fut mise au ministère villéliste. Tous ces messieurs étaient enchantés de leur œuvre et d'une gaieté charmante. Ils faisaient les plus beaux projets, parmi lesquels on en remarquait un que Charles IX n'eût pas désavoué.

L'intrigue en était là lorsque M. de Polignac débarqua à Calais. Elle était trop bien liée : il dut s'en accommoder. Il adopta la composition du ministère telle qu'elle était et telle qu'elle devait être ; il se chargea de la proposer au roi.

On était arrêté par un obstacle difficile à surmonter. Le nom de Polignac répugnait à la dauphine. Elle le repoussait de ses souvenirs et de ses pressentimens. On attendait le moment de son départ pour Dieppe.

Ce fut alors qu'on s'adressa au roi. M. le dauphin s'opposa à la nomination de M. de Bellune, et sa résistance fut insurmontable. On s'adressa successivement à MM. d'Ambrugeac et Dode de la Brunerie qui refusèrent. Ce fut alors que l'affidé de M. de Polignac se chargea de décider M. de Bourmont à accepter. Ce général fit d'abord des difficultés : il écrivit même au roi. On insista ; il se soumit à condition que lorsqu'il sortirait du ministère, on rétablirait la place de premier inspecteur-général de la gendarmerie. «Il » se sentait capable, dit-il, de rendre d'importans » services en dirigeant la police militaire qui se- » rait l'attribut essentiel de cette charge. »

Le roi résista durant deux jours ; il se décida le 6 août au soir ; mais une circonstance inattendue retarda l'exécution. Une lettre arriva de Toulouse, et M. de Montbel déclara que le choix de M. Roy était incompatible avec les vues qu'on avait sur M. de Villèle, à qui il fallait un ministre des finances qu'il pût diriger à son gré. Les engagemens étaient formels avec M. Roy ; mais on comptait sur son caractère altier ; on lui imposa des conditions dont la plus importante était l'engagement de mettre vingt millions à la dispostion du nouveau ministère. M. Roy se cabra, s'emporta et refusa. Le roi proposa M. de Chabrol, qui fut accepté, et qui accepta sans conditions.

Il n'y eut pas de président du conseil. M. de Labourdonnaye avait déclaré qu'il n'en voulait pas, et le parti villéliste, qui l'emportait, n'en voulait que pour M. de Villèle. Il ne l'avait pas caché à M. de Polignac, qui affectait toutes les fois qu'il prononçait le nom de M. de Villèle, d'ajouter ces mots : *Mon président.*

Ainsi le grand faiseur qui s'agitait depuis si long-temps se trouve à la tête d'un ministère autre que celui qu'il a préparé, et donne son nom à un système qui n'est pas le sien. Il est malgré lui sous l'influence villéliste ; l'influence villéliste, représentée par M. de Montbel, est sous la nécessité provisoire de la violence de M. de Labourdonnaye, et M. de Labourdonnaye ne veut rien entendre à l'esprit de fusion dont M. de Polignac avait voulu se faire un drapeau pour arriver aux affaires, et à l'esprit d'astuce et de temporisation qui doit ramener M. de Villèle. Chacun affecte de paraître content et confiant, parce que chacun des partis s'arrange pour se débarrasser de l'autre. Le roi paraît croire à ce qu'il a fait, et se montre enchanté de la perspective qu'on lui présente. Il aura la droite par M. de Villèle, M. de Montbel le lui assure ; M. de Labourdonnaye lui donne l'extrême droite, et M. de Polignac lui promet pour son argent de rendre le centre gauche aussi royaliste que la

lroite. Gouverner avec la droite est un espoir
que le roi a nourri long-temps. Comment refu-
serait-il d'en essayer?

P. S. M. de Rigny a refusé le ministère de
la marine; nommé préfet maritime à Toulon,
il avait été obligé de partir pour que son retard
à se rendre à son poste ne donnât pas l'éveil du
changement. Sa nomination avait été envoyée à
Lyon par le télégraphe, avec ordre au préfet de
la lui faire connaître à son passage dans cette
ville, et, s'il y était déjà passé, de l'en informer par
une lettre qui lui serait adressée à Toulon ; mais
il s'était arrêté dans une terre à quelque distance
de Moulins. Son frère, receveur général de l'Allier, lui avait fait passer *le Moniteur* et les autres
journaux de Paris, où il a pu voir le mauvais
effet produit sur l'opinion publique par la nomination du nouveau ministère. Le sentiment
de la désapprobation universelle lui a porté conseil : sa démission a été acceptée.

FRAGMENS SUR L'ÉMIGRATION.

Bulletins de Blankembourg.

14 mars 1797.

Pour faire accroire à Louis XVIII qu'il est encore quelque chose dans ce bas-monde, on intrigue à Blankembourg comme si on se trouvait encore dans l'Œil-de-Bœuf de Versailles.

D'Avaray, Flachslanden et Jaucourt avaient imaginé, pendant leur administration dans le royaume de Vérone, d'empêcher madame de Balby d'y paraître, parce qu'elle se proposait de les faire chasser. Ils chatouillèrent le front de Louis XVIII, et firent répandre qu'elle était grosse. Aussitôt un courrier de cabinet fut envoyé au-devant de la dame, qui était en route, avec une lettre de cachet qui la tenait exilée, à cinquante lieues de la cour de Vérone.

Le duc de La Vauguyon paraît, il y a quelques mois, à Blankembourg comme premier ministre. D'Avaray et ses associés ont recours à un autre genre de rouerie pour se débarrasser de ce surveillant incommode. Ils tombent d'accord de persuader à Louis XVIII que son premier ministre est fortement attaché aux économistes, voir même aux jacobins. Voilà le pauvre sire qui, croyant avoir le diable dans sa maison, rassemble tout son ménage à l'heure du dîner, et qui vous chasse honteusement La Vauguyon coiffé d'un bonnet rouge, le ventre creux, jurant et pestant comme un cocher de fiacre contre cet infernal tripot. Le duc de Berry et le comte de Damas, son gouverneur, qui arrivaient dans ce moment à Blankembourg, ont assisté à cette cérémonie.

Situation actuelle, politique et militaire, des émigrés français en Allemagne.

22 mars 1797.

Le principal but de Pitt, en faisant solder le corps de Condé et les différentes ramifications qui forment la traînée des émigrés répandus en Allemagne, à la suite de ce corps, a été de réunir une masse de mécontens qui, par leurs relations de parenté et d'intérêts, puissent, dans une occasion favorable, être un véhicule de troubles et de discordes dans la république française, dont il avait projeté la désorganisation totale et le démembrement. C'est par une suite des calculs de son abominable système, que ce ministre cherche à se ménager l'existence d'une soi-disant France extérieure, dont la cour errante de Louis XVIII et l'armée de Condé sont les deux points de ralliement.

Les courtisans qui entourent le prétendant à

Blankembourg croient aussi fermement au retour de l'ancien régime, que les juifs à la venue du Messie. Condé et les principaux meneurs des émigrés prévoient au contraire depuis long-temps que le rétablissement du régime monarchique en France n'est plus qu'une chimère.

Ces chefs, en se coalisant avec les membres des ci-devant parlemens, les évêques et les autres personnages les plus marquans de l'ancien régime, s'entretiennent dans l'illusion que cet amalgame avec l'armée de Condé leur fera obtenir une capitulation ou armistice à l'instar des Vendéens et des Chouans, ou que leur sort, considérés comme une réunion en masse, intéressera assez fortement l'Angleterre et la cour de Vienne pour obtenir quelques indemnités par un article secret du futur traité de paix, et un établissement quelconque dans l'étranger. C'est le motif secret qui paraît avoir engagé le prince de Condé à conserver son corps d'armée dans le voisinage du Rhin, et à tenir en apparence au système du prétendant, dont il a l'air d'être le généralissime, et de régler tout ce qui est relatif au militaire.

La cour de Blankembourg est chargée de la direction des ressorts politiques qui doivent opérer le grand œuvre de la contre-révolution entière, par l'entremise des cours étrangères. Elle a un ministère et un corps diplomatique, à l'instar d'une des premières puissances de l'Europe.

Conseil d'état de Blankembourg.

Le comte D'Avaray, ministre d'état,

Jeune homme avec quelque esprit de société, mais absolument nul en affaires; ans caractère et mené par tous les intrigans qui se succèdent à la cour du prétendant, dont il est le favori.

Le baron de Flachslanden, ministre d'état,

Homme fort intrigant, mais aussi nul que l'autre en affaires; il a cédé le département des affaires étrangères au duc de La Vauguyon; et n'a conservé que celui de la guerre : on le soupçonne d'être vendu au cabinet de Vienne.

Le marquis de Jaucourt, ministre d'état,

Homme de cour fort ignorant, absolument sans moyens, mais sans prétentions.

Le duc de La Vauguyon, ministre d'état, qui vient d'être disgracié,

C'est sans contredit l'adversaire le plus acharné qu'ait la révolution française; il cache sous le voile de la religion l'ame la plus noire et des principes très-machiavéliques ; il est mal avec tous ses collègues et autres courtisans. Le peu de caractère du comte d'Avaray fait toute son existence et son crédit à cette prétendue cour.

Chefs de bureaux.

Jacquinot de Presle,

Ancien employé des domaines du comte d'Artois, fripon, très-vain, qui domine par son caractère audacieux le baron de Flachslanden, dont il est le premier secrétaire. Son importance a diminué avec celle de son maître, à l'arrivée du duc de La Vauguyon qui l'a réduit à des fonctions insignifiantes.

COURVOISIER,

Ancien professeur de droit à Besançon, véritable pédant d'une incapacité reconnue et fort novateur, quoiqu'ennemi de la révolution. Il a subjugué le comte d'Avaray, et se trouve fort opposé au duc de La Vauguyon, parce qu'il l'a apprécié à sa juste valeur. Il est, au reste, initié dans toutes les affaires.

FLEURIET,

Ex-moine de Basse-Normandie. Il n'a et ne peut avoir que des fonctions de copiste.

Missions dans les cours étrangères.

RUSSIE.

CHOISEUL-GOUFFIER, ambassadeur extraordinaire,

A remplacé le comte d'Esterhazy reconnu à Blankembourg pour être à double face. Il jouit de quelque considération à la cour de Pétersbourg.

SUÈDE.

. . . . vacante.

DANEMARCK.

. . . . vacante.

ANGLETERRE.

Le duc d'HARCOURT, ambassadeur,

Nul, mais jouissant par son nom d'une assez grande considération à Londres.

HERMANN,

Ancien consul, homme d'esprit et dirigeant avec beaucoup d'adresse le duc d'Harcourt sans qu'il s'en aperçoive.

HAMBOURG.

THAUVENAY, résident,

Ancien receveur-général des finances, plutôt correspondant qu'agent.

BERLIN.

Le comte d'ESCARS, ambassadeur,

Il a de l'esprit et ne manque pas de moyens pour se produire à la cour de Berlin, dont il connaît très-bien les alentours.

CONSTANTINOPLE.

CHALGRIN, chargé d'affaires,

Ancien secrétaire d'ambassade, plus exalté que capable.

VENISE.

Le comte d'ENTRAIGUES, ambassadeur,

A plus d'esprit que de bon sens. La Russie lui fait un traitement. C'est lui qui, pendant le séjour du prétendant à Vérone, était chargé de la correspondance avec les royalistes de l'intérieur.

VIENNE.

Le comte de SAINT-PRIEST,

Il est parvenu à remplacer complétement le duc de Polignac.

TURIN.

L'abbé de PONT, ambassadeur,

Cet abbé fait les affaires du prétendant à Turin. Il est astucieux, fort attaché aux priviléges de la noblesse, mais peu rompu dans les négociations.

GÊNES.

DE VERNÈGUES, ministre plénipotentiaire,

Ancien officier, fils d'un conseiller au parlement d'Aix, payé par la Russie. Il demeure chez M. de Lizakerwitz, ministre de la Russie, dont il a toute la confiance. Cet officier est spécialement chargé de la correspondance dans les départemens méridionaux pour y entretenir la fermentation dans les esprits.

FLORENCE.

L'abbé de JOSES,

Cet abbé est à la solde de la Russie. Il passe pour être délié, très-ferme, et fort attaché aux priviléges de son ordre ; on le croit spécialement chargé d'insurger la Corse.

ROME.

. . . .   place vacante.

NAPLES.

. . . .   place vacante.

MADRID.

Le duc d'Havré, ambassadeur,

Sans capacité, mais jouissant de beaucoup de considération par son rang de grand d'Espagne.

L'abbé Bertrand, secrétaire d'ambassade ;

Cet abbé a été donné au duc d'Havré pour secrétaire d'ambassade. Il est au-dessous de sa réputation et fort mal vu du duc, qui craint qu'on ne lui ait donné un espion.

LISBONNE.

Le duc de Coigny, ambassadeur,

Une manière de seigneur de l'ancienne cour, plus aimable que capable, et jouissant au premier titre de quelque considération à la cour de Portugal.

Cazalès, secrétaire d'ambassade,

Envoyé pour seconder le duc de Coigny : il est trop connu pour qu'il soit nécessaire d'entrer dans des détails à son sujet.

SUISSE.

FRAUENFELD.

Le président de Vezay,

Ancien président du parlement de Besançon, peu estimé de sa compagnie. Il est chargé de travailler la Franche-Comté.

BERNE.

Deschamps de La Tour, attaché au ministre d'Angleterre. (Il va être expulsé de Berne.)

Ci-devant receveur des domaines en Franche-

Comté; il emporta sa caisse en émigrant. Grand intrigant, chargé de la correspondance contre-révolutionnaire le long du Doubs et du Jura.

ANTOINE-FRANÇOIS LECLERC DE NOISY, capitaine dans l'armée de Condé, natif de Versailles. (Il va être expulsé de Berne.)

Écrivailleur infatigable, initié dans toutes les menées contre-révolutionnaires du Jura et du Rhône, où il est fort connu, en grande liaison et correspondance avec les malintentionnés.

Le chevalier de CHASSEIN,

Emissaire subalterne dans le genre des anciens chevaliers de Saint-Louis attachés à la police de Paris.

PRÈS DU CERCLE DE SOUABE.

CONSTANCE.

Le comte de MODÈNE, ministre plénipotentiaire,

Sans connaissances et sans expérience dans les affaires; se bornant à la correspondance.

Le baron de CASTELNAU, secrétaire de légation,

Ci-devant résident de France à Genève; ne connaissant que les chiens et les valets de la cour.

MALTE.

Le chevalier de CEYSTER-CAUMONT, chargé d'affaires,

Sa correspondance avec le ministre Vergennes suffit pour le connaître : il n'a pas changé.

Agens subalternes et émissaires employés, tant par la cour de Blankembourg que par le prince de Condé.

Le prince de CARENCY, courrier de cabinet,

Fils du duc de La Vauguyon, mauvais sujet dans toute l'étendue du terme; véritable juif-errant, changeant à tout moment de costume, de physionŏmie et de langage. Après avoir vagabondé en Espagne, en Angleterre et en Amérique, il reparut en 1795 en Suisse, sous le nom de *Moris.* Véritable charlatan et courtier de contre-révolution, se vantant d'aller souvent à Paris, tandis qu'il mange l'argent qu'on lui confie avec des filles de joie de Neufchâtel.

Le comte de MONTGAILLARD, ci-devant colonel en second au service de France,

Cet officier, qui a beaucoup écrit sur la révolution, et qui s'est trouvé en relation avec la cour de Vérone, le comte d'Artois et le prince de Condé, paraît maintenant également brouillé avec tout ce monde, qu'il regarde comme devant habiter les Petites-Maisons, où il ne ferait pas mal de retenir une place pour lui-même.

GUILHERMY,

Ci-devant procureur du roi à Castelnaudary, agent secret du cabinet de Blankembourg, chargé de l'administration et de la distribution de fonds secrets. Il est retourné à Rottweil, après avoir conféré à Mulheim avec tous les émissaires contre-révolutionnaires qui doivent se rendre en France.

L'Ardèche, la Drôme et l'Isère. — COMBLAT, ci-devant officier aux gardes françaises; CARDAILLAC, officier dans le Lyonnais.

Le Rhône et l'Ain. — TEYSSONET, MARCATAY.

Jura. — TINSEAU, VALET DE NEUCHATEAU.

Doubs et Haute-Saône. — FLEURIOT, FIAR, de Vesoul.

Mont-Terrible et Haut-Rhin. — MONTJOIÉ VAUFRY père, ÉCOSSÉ DE MALLOIZ.

Bas-Rhin. — OLRICH, natif d'Andlau.

Emissaires qui parcourent les départemens de la frontière de la Suisse et du cours du Rhin, où ils sont connus, surtout à Porentrui, Besançon, Lons-le-Saulnier, et à Lyon. Ils sont très-dangereux par leurs intrigues et leur infatigable activité. On a lieu de croire qu'ils s'occupent dans ce moment des moyens d'entrer en France par les montagnes du Jura, pour chercher à soulever le peuple et entretenir la fermentation dans les esprits, pendant la tenue des assemblées primaires, conformément au plan arrêté à Blankembourg par le duc de La Vauguyon.

L'ex-général DANICAN, M. ANTOIN, l'ex-général PRECY, connu par le siége de Lyon,

Ces trois émissaires viennent de Blankembourg, et cherchent à pénétrer à Lyon et même jusqu'à Paris.

Pensions accordées aux princes émigrés.

Au prétendant Louis XVIII.   12,000 fr. par mois.
À la prétendante.   8,000
À la comtesse d'Artois. . .   8,000
Au duc de Berry.   4,000
Au duc d'Angoulême. . . .   4,000

Ces pensions alimentaires sont fournies par l'Espagne, et payées par M. le marquis d'Entraigues.

Le comte d'Artois est défrayé de toute sa dépense par l'Angleterre.

Toute la dépense du comte d'Artois et de sa suite est payée à Edimbourg par le ministère anglais.

Nota. Le prétendant a une somme de 4,000 louis qui lui a été donnée par la Russie ; cette somme a passé par les mains de M. de Saint-Gratien, lorsque la cour était encore à Vérone.

Le prince de Condé. . . . . .   24,000 fr. par mois.
(Sans compter le tour du bâton.)
Le duc de Bourbon.   6,000
Le duc d'Enghien.   6,000

L'Angleterre donne des subsides au prince de Condé et à sa famille. Elle fournit en outre la solde de toutes les troupes sous ses ordres, et les secours destinés à l'entretien des émigrés non combattans à la suite de ce corps.

AFFAIRES DU PIÉMONT.

SITUATION DE LA COUR AU 15 JANVIER 1797.

Félix Desportes, résident à Genève, aux Repré-
sentans du peuple, membres du comité de
salut public.

Genève, ce 26 nivôse an 3 de la rép. franç.

CITOYENS REPRÉSENTANS,

Je me suis engagé à vous offrir quelques renseignemens sur la cour de Turin, et sur les traités
qui, depuis 1758, ont été passés entre la Sardaigne et la France : je vais vous présenter succinc-
tement tous ceux que j'ai pu me procurer.

Déjà je vous ai esquissé le portrait de Victor-
Amédée et du prince de Piémont, son fils. Vous
savez que le premier, faible, pusillanime et dévot,
perd toutes les ressources qu'il pouvait tirer de
son esprit et de ses connaissances, par l'incertitude de son jugement et l'instabilité de son
caractère. Quoique fait pour être mené par le
moins habile de ses courtisans, cependant il ne
succombe que très-rarement aux suggestions de
ses ministres, parce que sa versatilité, son inquiétude continuelles le font échapper aux intrigues

mieux ourdies pour le subjuguer. Ses flat-
irs le surnomment le Nestor des rois. En effet,
est presque aussi doucereux, aussi âgé que le roi
Pylos ; mais ses conseils n'en ont point la sa-
se, et sa mort seule aura été une conséquence en
vie, si la maladie, que les chagrins de la guerre
uelle viennent de lui causer, le fait disparaître
catalogue de nos ennemis.
Le prince de Piémont, au contraire, doué d'un
ement sain et profond, annonce toute la sa-
se, toute la mesure qui manquent à Victor-
nédée. Juste et bienfaisant, il a blâmé souvent
secret les opérations désastreuses de l'admi-
tration de son père. L'amour du peuple qu'il
commander l'appelle depuis long-temps au
ne : objet de toutes les espérances, de tous les
ux de sa nation, c'est sur ses qualités qu'elle
de la restauration de la fortune publique ; un
oir si flatteur ne serait pas trompé, peut-être,
Charles-Emmanuel, moins paresseux et moins
ot, pouvait triompher de cette inactivité à
uelle ses préjugés religieux semblent le con-
nner, mais dont la véritable source est plutôt
ns la faiblesse extrême de sa vue, qui lui per-
t à peine de se livrer aux moindres travaux
cabinet. Au surplus, il déteste ses deux beaux-
res, qu'il regarde comme les auteurs de la dis-

1) Louis XVIII et Charles X.

solution de sa puissance ; il méprise la coalition dont le système perfide et déprédateur répugne à sa délicatesse et à sa loyauté. Son penchant naturel, autant que l'amour de sa dignité, l'éloigne des Anglais, que leur ambition et leur hauteur rendent partout insupportables ; et sa reconnaissance devance en secret les efforts que nous allons tenter pour arracher à ces corsaires le sceptre de la Méditerranée ; enfin, né populaire et bon, s'il n'était pas fils de roi, il aimerait la république.

Le comte Granery, aujourd'hui ministre de l'intérieur, et ci-devant ambassadeur à Vienne, à Rome et à Madrid, partageait assez publiquement, en 1789, la haute opinion que le prince de Piémont avait conçue de notre révolution. Il s'était même fait à la cour, des ennemis par la hardiesse de ses principes ; et les courtisans, qui ne pardonnent jamais dans leurs rivaux un mérite éminent, de grands talens, des qualités aimables, allaient profiter, pour le perdre, de l'enthousiasme qu'il faisait éclater pour les Français. L'apathique inertie de Victor-Amédée put seule alors le sauver : il conserva tous ses emplois ; mais, depuis, entraîné par quelques amis qu'il avait faits à Vienne pendant son ambassade, on dit qu'il a dérogé à la philosophie de ses premiers principes, et qu'il est même devenu, à Turin, un des fauteurs de la cabale anglo-autrichienne. ———

Le ministre des affaires étrangères, M. d'Hau-

ville, est déjà connu chez nous par ses démélés
ec Sémonville, qu'il porta la cour de Turin à
pas reconnaître pour notre envoyé. Celui-là,
ns doute, est bien publiquement vendu à l'em-
reur; sa turpitude ne fut jamais un mystère.
ais, si nous avions à traiter avec la Sardaigne,
ne pourrait nous porter aucun ombrage :
parce qu'il a lui-même plus d'une fois fait
ntir à Victor-Amédée l'importance majeure de
réunion du Milanais et de la Lombardie à ses
ssessions piémontaises (*réunion dont nous*
rions aussi la base de nos propositions); 2°. et
rce que, originaire de Savoie, malgré que de-
is quarante-cinq ans il habite le Piémont, sa
issance le rend odieux aux Piémontais, qui ont
ujours abhorré les Savoisiens, et qui par cela
al n'ont cessé de détruire son crédit à la cour.
lui serait donc difficile de s'opposer ouverte-
ent à nos négociations dans les circonstances
tiques où se trouve la Sardaigne, puisque nous
ttrions en avant ses propres opinions, et que,
l était cause des suites malheureuses que la con-
uation de la guerre va infailliblement entraî-
r pour ce pays, ses nombreux ennemis pour-
ent, sous un nouveau règne, lui faire un
me d'état de son opposition, comme le comte
Bettchardst vient de l'éprouver à la cour de
unich; nous n'aurions donc rien à redouter de
mauvaises intentions pour la France.

Un homme dont nous pouvons tirer le plus grand parti, et qui jouit à Turin d'une considération générale bien méritée sans doute par son caractère, ses lumières et ses vertus, c'est le cardinal-archevêque Costa Darignan. Étranger à la bigoterie papale et à l'esprit de faction qui dirige et transporte presque tous les prêtres, son seul désir, son unique but est le bonheur de sa patrie. Plus estimé qu'aimé à la cour, il est même un peu craint de Victor-Amédée. Ce monarque lui révèle à la vérité le secret de l'état, mais c'est à son indiscrétion naturelle que le cardinal en doit la confidence et non à l'envie de profiter de ses prudens avis. La confiance sans bornes du prince de Piémont le dédommage : si le pouvoir suprême passe bientôt à Turin dans de plus sages mains, il ne se traitera point d'affaire importante que son conseil n'en ait tracé la marche et dirigé les conséquences. Un négociateur adroit, qui aurait une grande habitude des hommes et des cours, parviendrait facilement à capter sa bienveillance et son estime, car il aime aussi les Français.

Ce qui doit intéresser davantage aujourd'hui le comité de salut public, ce n'est pas de savoir quels hommes il faudra faire mouvoir quand la négociation sera entamée, mais comment l'on arrivera à entamer honorablement cette négociation. Ce sont les moyens indirects que nous devons employer. Voici celui que j'offre, le succès en est infaillible.

Nous enverrons à Turin un agent secret bien
nstruit de la situation et des intérêts de cette cour.
l sera chargé, par un banquier génois ou vénitien,
l'une lettre de recommandation pour la maison
Négri, dont le comte Borel de Saint-Alban était
utrefois le premier commanditaire, et dans la-
[uelle il conserve toujours de très-gros intérêts.
]e comte a été beaucoup employé par Victor-
Amédée pour ses affaires de finances : il est aimé et
onsulté à la cour ; surtout il en connaît merveil-
eusement l'esprit et les intrigues. Malgré un ex-
érieur pesant, il est subtil et délié ; son âme est
oute de feu pour les Français, chez lesquels il a
ait ses plus brillantes opérations de banque ; il
aisira avec ivresse l'occasion de les servir. Outre
es renseignemens précieux qu'il sera lui-même
lans le cas de fournir à notre agent, sa maison
tant ouverte à tout ce qu'il y a de plus marquant
à Turin, il pourra le faire trouver tous les jours
vec les hommes qu'il lui importera de connaître
t de cultiver.

Quant aux traités passés entre la France et la
Sardaigne depuis l'alliance funeste de 1758, le
eul qui porte un véritable caractère d'intérêt est
e traité secret signé à Versailles le 9 avril 1775 :
l stipulait la garantie de toutes les possessions
le Victor-Amédée. Malgré sa légion d'espions
liplomatiques, le cabinet de Vienne ignora ce
raité ; c'est le premier acte qui ait donné indi-

reclement atteinte au joug politique que l'astu-
cieuse Marie-Thérèse nous avait imposé.

Une anecdote peu connue sur les événemens
de 1733, mais qu'on ne saurait trop répéter en
ce moment à ceux qui seront chargés de traiter
de nos intérêts avec la cour de Sardaigne, c'est
l'arrangement secret qui fut fait entre Charles-
Emmanuel et Louis XV. Les deux rois conve-
naient de ne point faire la paix que le Milanais
et la Lombardie ne fussent entièrement abandon-
nés à Charles-Emmanuel: alors celui-ci s'attachait
irrévocablement à la fortune de Louis XV, *lui
cédait la Savoie*, et lui assurait la plus puissante
diversion en Italie. Sans respect pour cet engagement, le cardinal de Fleury, dont l'esprit étroit et
trembleur était incapable d'aucune consistance, eut
la lâcheté de négocier, en 1735, avec Charles VI,
à l'insu de la cour de Turin. Charles-Emmanuel,
forcé par cette perfidie de donner, le 22 février
1736, son accession aux préliminaires du traité
qui fut signé définitivement à Vienne le 18 novembre 1738, ne put obtenir que le Tortonais,
le Novarais, la souveraineté des Langhes et les
quatre terres de San-Fedele, Torrediforte, Gro-
vedo et Campo Maggiore. Mais son cœur ne per-
dit pas le souvenir de ce manque insigne de parole : ne pouvant plus avoir aucune confiance dans
le ministère français, ce prince prêta l'oreille, en
1741, aux insinuations de Marie-Thérèse; et leur

approchement produisit le fameux traité conclu
entre eux à Worms sous la médiation de l'Angleterre.

La Sardaigne se trouve à peu près aujourd'hui
vis-à-vis la France dans les mêmes conjonctures
qu'en 1733. Victor-Amédée *peut faire les mêmes
cessions* ; il peut concevoir les mêmes espérances.
C'est à vous, citoyens représentans, qu'il appartient de décider s'il est de l'intérêt de la république
le traiter avec lui ou de continuer à le combattre.

A M. Nomis, ministre du roi de Sardaigne.

Gênes, le 26 nivôse an IV.

La victoire remportée le 2 frimaire par les
Français sur la rivière de Gênes, et l'accroissement journalier de leur armée, qui, dans peu de
temps, sera portée à cent vingt mille hommes,
rendrait peut-être inexorable, sur la paix proposée
avec le roi de Sardaigne, toute autre nation que
le peuple français.

Voici les conditions que propose, au nom du
directoire exécutif, le ministre de la république
française près celle de Gênes, à un souverain
dont la position (on ne peut le dissimuler) est
aussi alarmante que périlleuse.

3.

1°. Le ci-devant comté de Nice, le ci-devant duché de Savoie, ainsi qu'Oneille et Loano, resteront à la France.

2°. La Sardaigne lui sera cédée en toute propriété.

3°. Pour dédommager sa majesté sarde de ses pertes, la république française s'oblige à conquérir tout le Milanais, pour le donner à perpétuité à sa majesté, qui prendrait alors le nom de roi de Lombardie.

4°. Des commissaires nommés *ad hoc* fixeront les limites respectives de la république française et des états du roi de Lombardie.

5°. Afin d'ôter au roi de Sardaigne tout motif de crainte sur le ressentiment que pourrait conserver la maison d'Autriche, son ennemie naturelle et éternelle, de son changement de système et de son isolement des coalisés, le ministre français propose au cabinet de Turin un traité d'alliance offensive et défensive entre les deux états, qui assurera à jamais au roi de Sardaigne la possession du Milanais, et qui cimentera pour toujours la paix entre toutes les puissances de l'Italie.

Telles sont les bases sur lesquelles le ministre français à Gènes propose au cabinet de Turin d'entamer cette importante négociation.

Au premier aperçu, on verra combien ces propositions sont avantageuses; car la république française, en se prêtant à la paix, en donnant au roi de Sardaigne une étendue considérable de pays très-fertile et très-riche, tout-à-fait à sa convenance, et surtout très-peuplé, le dédommage très-amplement de ses pertes. Elle le met à l'abri d'éprouver à chaque instant tous les malheurs d'une guerre dans laquelle son existence est évidemment compromise; et, ce qui est encore bien plus important, elle le soustrait aux fléaux inséparables d'une insurrection prête à éclater dans le Piémont, et qu'il ne peut éviter qu'en se jetant dans les bras de la république française.

Le cabinet de Turin n'ignore pas sans doute ce qu'on vient d'exposer, et le soussigné invite les conseils du roi à peser mûrement les résultats de la continuation d'une guerre aussi injuste dans son principe que désastreuse dans ses effets, et dans laquelle l'ont engagé des gouvernemens, que la perfidie, et surtout le plus pur égoïsme, ont seuls dirigé.

On ajoutera en finissant que sa majesté ne doit pas craindre de voir se renouveler aujourd'hui ce qui se passa en 1735, lorsque le cardinal de Fleury, par une négociation avec Charles VI, inconnue à la cour de Turin, trompa les espérances que Charles-Emmanuel avait conçues des conventions qu'il avait faites avec Louis XV.

Le gouvernement français sera franc, généreux et loyal dans cette importante négociation.

VILLARS.

ABDICATION DU ROI DE SARDAIGNE.

Rapport secret.

Le général en chef Joubert, apprit pendant la tournée des divisions et des places de la Cisalpine, que les Napolitains avaient attaqué l'armée de Rome. Il savait que les intentions du roi de Sardaigne devenaient de plus en plus douteuses, il sentit la nécessité de prendre à l'instant des mesures décisives pour empêcher que son armée, si les Autrichiens rompaient le traité de Campo-Formio, se trouvât dans la position critique d'être attaquée par eux sur la ligne de l'Adige et de l'Adda, tandis qu'elle serait coupée sur ses derrières par ces mêmes Autrichiens, descendant du pays des Grisons et se réunissant aux Piémontais.

Il se détermina donc à envoyer son adjudant général Musnier porter au roi une espèce d'*ultimatum*, relatif au contingent des dix mille hommes à fournir, et à la remise aux Français de l'arsenal de Turin, résolu, si la réponse était rasive de marcher sur cette ville avec toute son rmée, afin de forcer le roi à se prononcer.

La citadelle de Turin était depuis quelques 1ois occupée par les troupes françaises ; mais paraissait convenable de changer quelques-uns es officiers qui y avaient été employés pendant temps que des relations amicales existaient ntre la république et le roi de Sardaigne, au noment où elles devaient se transformer en démonstrations hostiles. Les mêmes hommes ne ouvaient convenir à des circonstances si difféentes.

En conséquence, le général Joubert me donna rdre, le 7 frimaire, de partir à l'instant de Milan, et de venir prendre le commandement de la itadelle de Turin, qu'il regardait, me dit-il, omme devant être son avant-garde.

Il ne se trompa pas : le roi éluda de fournir à l'instant le contingent et de livrer l'arsenal ; le ,énéral en chef se détermina donc à marcher vec diverses colonnes, afin de prendre des meures propres à punir une cour perfide qui jetait nfin le masque.

Je reçus l'injonction de mettre la citadelle de l'urin dans l'état de défense le plus respectable. Il tait intéressant de le faire, car une grande sécuité avait régné jusqu'à ce jour. Les espions piémontais circulaient librement dans la citadelle,

ses moyens défensifs étaient négligés. J'eus infi-
niment à travailler pour rétablir l'ordre de manière à pouvoir répondre de l'état des choses.
J'y parvins cependant promptement, secondé,
comme je le fus, par les officiers du génie Henry
et de l'artillerie Alix, dont le zèle et le talent
égalent le civisme.

En m'envoyant ses instructions, le général en
chef me prescrivit de ne négliger aucun moyen
d'avoir des intelligences à la cour, chez les ministres, dans la ville, afin d'être parfaitement au
courant des projets et des déterminations que
prendrait le gouvernement sarde.

Le général en chef ajoutait : « Ne serait-il
» pas possible, au premier mouvement de nos
» troupes, de gagner le confesseur du roi et de
» l'engager à déterminer son pénitent à abdi-
» quer; ce seul acte de sa majesté opérerait la
» révolution, et vous sentez combien il est essen-
» tiel, dans la position où nous nous trouvons,
» que l'expédition projetée ne rencontre point
» d'obstacles et soit promptement terminée; il
» faudrait que l'acte d'abdication portât ordre
» aux Piémontais et à l'armée de se tenir tran-
» quilles, et d'obéir au gouvernement provisoire;
» sans cela il ne ferait qu'inviter le peuple à la
» révolte. Donnez toute votre attention à ce pro-
» jet, conférez-en avec l'ambassadeur, le citoyen
» Eymar. »

Le premier objet, celui d'obtenir des rensei-
emens, me fut facile à atteindre; en arrivant
l'urin, je m'étais tenu caché pendant deux jours,
crètement et uniquement occupé à sonder
sprit public, à me ménager des intelligences et
me rapprocher de quelques patriotes d'autant
us disposés à nous seconder, que, persécutés si
lieusement et si long-temps, ils brûlaient de
rvir quiconque leur ferait entrevoir qu'il était
ssible que l'heure de la liberté sonnât bientôt
ez les Piémontais.

Je travaillai dès lors par eux, et notamment
ar un individu tenant à la cour même, à me
iénager un accès jusqu'auprès du roi; de pre-
iières ouvertures lui furent faites, elles furent
soiument infructueuses, quant au grand but.
es résultats se bornèrent à obtenir d'exactes
otions sur les moyens définitifs adoptés par le
i, tant dans Turin qu'au dehors.

Je rendis plus hostile encore l'attitude prise
ans la citadelle; le front qui regarde la ville fut
érissé de bouches à feu, et l'effroi commença à
 manifester parmi les habitans. La cour cepen-
ant était encore calme, ne prévoyant peut-être
as dans toute leur étendue les dangers qu'elle
ourait; elle paraissait résolue à attendre les évé-
emens.

Le 13, le général en chef me marqua que le

moment était enfin venu ; qu'il allait agir et que je fisse entrer dans la citadelle tous les Français qui étaient en ville, l'ambassadeur Eymar et celui de la Cisalpine ; il était aussi d'un grand intérêt d'y introduire une foule d'objets qui manquaient à l'approvisionnement de la place. Il n'y existait point assez de provisions de bouche, ni tous les projectiles nécessaires pour écraser et incendier Turin, si l'armée se trouvait contrainte de s'en emparer de vive force.

Avec autant d'adresse que de zèle, le chef de brigade Alix trompa jusqu'au dernier moment la défiance piémontaise ; de la poudre, des artifices, des boulets furent versés de l'arsenal et introduits dans la citadelle, alors même que la retraite de l'ambassadeur et celle des Français annonçaient formellement que les hostilités étaient sur le point de commencer.

Dans la nuit du 15, en exécution des ordres du général en chef, je donnai celui d'attaquer Chirasso ; je fis partir de la citadelle une colonne, destinée à emporter cette place.

Elle sortit si secrètement qu'on ignora également en ville et dans la citadelle sa direction et sa marche. Chirasso fut enlevé avec habileté, la garnison fut faite prisonnière ; ses armes données à des conscrits qui se trouvaient sur ce point, ntribuèrent à l'opération. Ces conscrits débutèent par un succès.

Nombre de Français et de patriotes piémonis étaient encore dans Turin. Il était instant assurer leur liberté et leur existence au moment une explosion dont les résultats pouvaient ur être funestes, étant sous la main de minis-es vraiment perfides, et qui se montraient d'auot plus cruels, qu'ils étaient plus complétement joués.

L'intérêt dont il pourrait être pour le roi de rrespondre avec le général en chef, fut le pré-xte d'une lettre que j'adressai au gouverneur de irin; j'insinuai que les mesures que je prenais aient toutes de précautions; j'insinuai que si, r suite des circonstances, on attentait à la liberté in seul patriote français ou piémontais, j'in-ndierais à l'instant la ville et n'y laisserais s pierre sur pierre. Cette lettre fut portée par djudant-général Clausel, et remplit complé-ment mon objet. Une proclamation du gour-rnement sarde en fut la suite. Il tranquillisa habitans, et assura le peuple que les Français aient les plus fidèles alliés, qu'on ne devait n craindre de leur part.

Cette proclamation s'affichait et se répandait moment où la cour recevait les nouvelles de prise de Novarre, de Suze, de Chirasso, d'Alexandrie, et du désarmement de nombre de ses troupes.

Il était impossible de donner subitement à l'esprit du peuple une direction entièrement opposée à celle qui venait d'être imprimée en faveur des Français. L'opinion publique incertaine commença à pencher de notre côté. Les troupes s'étonnèrent, et les mesures de la cour devinrent timides, embarrassées et conséquemment infructueuses.

Le lendemain le gouvernement fit publier une autre proclamation en sens contraire. Elle fut signée par le ministre Priocca. C'est celle dont j'exigeai que le désaveu fût joint à l'acte d'abdication.

Le 16, le roi écrivit au général Joubert, qui était encore à Milan, une lettre dilatoire ; elle me fut apportée par un aide-de-camp du roi, afin que je la fisse passer, ainsi que j'avais promis de le faire, dans ma lettre au gouverneur, écrite le matin.

Cette lettre me fut envoyée ouverte ; je la lus sur l'invitation qu'on m'en fit, et je saisis l'occasion, pour faire assurer au roi qu'il était absolument inutile de recourir à des voies temporisatrices ; que je ne demandais pas mieux que de faire passer la lettre, mais que je devais faire connaître tous les dangers auxquels s'exposait le roi ; qu'il était trop tard pour prendre des mesures, et qu'il n'y avait pas un moment à perdre pour qu'il adoptât un

and parti propre à garantir sa personne et sa
mille. Ceci fut rapporté au roi, et la lettre en-
yée au général en chef.

Le moment était venu de faire jouer à la fois
us les ressorts secrets que j'avais préparés; je
mis en mouvement, et bientôt un envoyé
roi m'arriva; c'était un homme à gagner. Il
fut, d'autres personnes le furent également;
ais la grande difficulté était que les proposi-
ns émanassent du roi, qu'il devinât ce qu'on
ulait, que sa volonté seule le lui fît faire, et que
n d'écrit ne vînt de moi, afin que dans tous
cas je pusse être désavoué. Cette conduite était
utant plus nécessaire, que la guerre n'était
int déclarée au roi de Sardaigne, qu'on ignorait
parti que prendraient le Directoire et le Corps-
islatif, et qu'il fallait agir de telle manière
e le roi, paraissant volontaire, ne pût pas
rmer l'Europe contre la république et faire
mpre le congrès de Rastadt. Je me bornai donc
edoubler l'effroi de l'envoyé, et je le fis sortir
la citadelle. Une demi-heure après on me le
pêcha de nouveau. Je le renvoyai encore, en
son de la demande qu'il me fit de mettre par
it les conditions que j'exigeais. Toutefois
sinuai ce qu'elles pourraient être, mais je
fendis au député de revenir, ajoutant que c'é-
t au roi à se tirer de la position où il s'était
s; que la république ne lui demandait rien,

que son seul intérêt devait l'éclairer ; que, quant à moi, je serais certainement blâmé de celui que je pourrais lui porter.

Cependant mes autres agens cachés agissaient de tous côtés ; diverses lettres avaient été remises ; les membres de la famille royale et d'autres familles puissantes avaient parlé. L'envoyé me revint, porteur cette fois d'ouvertures par écrit ; je les rejetai bien loin ; elles ne remplissaient point entièrement mes vues ; puis j'annonçai l'arrivée des colonnes (dont cependant je n'avais aucune nouvelle). Je donnai connaissance de la proclamation du général en chef, du 15, en déclarant que le moment de la vengeance était venu, qu'il n'était aucune ressource pour le roi, que tous les moyens d'évasion lui étaient interdits, que Turin était cerné de toutes parts, qu'enfin il était à peu près impossible que j'entendisse à rien maintenant. Un quart d'heure après l'envoyé reparut. Le conseil du roi et toute sa famille étaient en permanence depuis le matin ; les individus puissans qui m'y servaient l'avaient emporté. Les propositions qu'on m'envoyait touchaient le but ; on m'expédiait seulement un officier pour traiter, je chargeai mon adjudant-général Clausel de terminer cette importante négociation ; je lui donnai ordre d'exiger avant tout, et comme préalable indispensable, que toutes les troupes qui avaient été introduites dans la ville, depuis un mois, en sortissent à l'instant, et que la garnison fût réduite au *minimum* de ce qu'elle est dans les temps de paix la plus profonde.

En présence de Clausel, le roi signa l'ordre et le fit porter aux divers corps. Huit bataillons, dont plusieurs arrivaient à marche forcée, sortirent de la ville et retournèrent aux points d'où ils avaient été tirés, pour venir défendre Turin. Après huit heures de continuelles allées et venues du palais à la citadelle, et après de vifs débats, Clausel amena enfin le roi à signer tous les articles que je voulais. Ainsi que je l'avais exigé, ils furent consentis par le duc d'Aost connu par sa haine pour nous, et capable de se mettre à la tête d'un parti. Le ministre Priocca, que je demandais pour otage et comme un garant authentique du désaveu du roi, de la proclamation qu'il avait fait répandre en son nom, me fut envoyé à la citadelle. Je dépêchai alors Clausel vers le général en chef pour lui porter l'abdication; il le trouva à trois mille de Verceil, les colonnes étaient à près de douze lieues de Turin quand le roi se détermina à abdiquer; cet acte que j'avais dicté fut agréé à l'instant par le général en chef, il remplissait entièrement ses vues. De suite, il se rendit à la citadelle, où il arriva à une heure du matin. Il signa le traité que l'adjudant-général Clausel reporta au château pour l'échanger, et aussi pour régler ce qui était relatif au départ du roi, qui fut décidé pour neuf heures du soir.

Pendant que ceci se passait, et que Turin flottait dans l'incertitude et l'attente, je sortis de la citadelle à la tête d'une colonne de grenadiers et de chasseurs à cheval, à l'effet de m'emparer de l'arsenal. J'ordonnai aux troupes piémontaises, comme j'eusse ordonné à des soldats français, d'évacuer à l'instant tous les postes et de rentrer dans leurs quartiers; j'avais fait traduire en italien et imprimer dans Turin même, par les soins hardis du capitaine du génie Henry, l'ordre du 16, qui déclarait les troupes piémontaises partie intégrante de l'armée républicaine. Cet ordre avait été distribué abondamment; les troupes étaient ébranlées, mon assurance les détermina, elles rentrèrent dans leurs quartiers, où je les consignai. Je m'emparai aussi de l'arsenal, où je me mis en état de défense. Peu de temps après, j'occupai de la même manière la porte Suzine, dont je pris possession avec une autre colonne. De là, presque seul, accompagné seulement du capitaine Henry et de quelques chasseurs à cheval, je me rendis, en traversant toute la ville et suivi d'une foule immense, à la porte du Pô, confiée aux volontaires de Turin, espèce de garde monarchique. J'annonçai, au nom du général en chef, que je confiais cette porte de la ville aux braves volontaires de Turin, qu'ils seraient aussi

hargés du maintien de la tranquillité dans l'in-
érieur, que je comptais sur leur attachement
)our les Français, qui n'étaient pas faits pour être
eurs ennemis. Cette marque de confiance pro-
luisit le plus heureux effet; elle circula de bou-
:he en bouche, gagna les volontaires, et ce fut
u milieu des cris de *vivent les Français! vive la
iberté!* que je retournai à la citadelle rendre
:ompte au général en chef de l'état des choses.
Cependant le peuple commençait à se livrer ou-
'ertement à la joie, les espérances de paix et
l'union succédaient aux plus vives alarmes, les
)atriotes exprimaient avec autant d'enthousiasme
[ue d'énergie leurs élans vers la liberté, com-
)rimés si long-temps; ils achevèrent de se déve-
opper lors de la publication de l'acte d'abdica-
ion que j'avais exigé que le roi fît publier et
ifficher dans la soirée. De toutes parts alors les
:ocardes nationales furent arborées, les arbres de
a liberté s'élevèrent. Le peuple se répandit dans
es rues, et manifesta la plus vive satisfaction. Ces
nouvemens populaires furent aussi pacifiques
[u'unanimes; aucun désordre n'eut lieu, et un
:omplet changement s'opéra dans le gouverne-
nent sans en apporter aucun dans les relations
:ommerciales, dans les transactions ordinaires
le la société, et sans qu'aucune goutte de sang
:ût été versée.

Cependant il importait que les troupes fussent

confirmées dans les heureuses dispositions prépa-
rées par l'ordre du général en chef, en date du
16. Diverses mesures furent prises à cet effet; la
plus décisive fut celle de faire ordonner, par le roi
lui-même aux divers corps qui étaient à Turin, de
prendre la cocarde et de prêter le serment de
fidélité à la république française. Je le détermi-
nai avant son départ à envoyer vers eux à cet effet les officiers de la couronne qui l'entouraient;
ils s'acquittèrent loyalement de cette mission.

Dès le lendemain du départ du roi, tous les
corps qui étaient dans Turin, même ceux de sa
maison, m'apportèrent le serment de fidélité à
la république, et prirent la cocarde nationale.

D'après l'ordre du général en chef, je fis rassembler les volontaires de Turin le 21, et leur
ordonnai de prendre le nom de garde nationale;
je fis en outre recevoir un nouveau chef. L'allé-
gresse des volontaires fut unanime, et me rappela
les beaux jours de notre révolution.

Le 22, le gouvernement provisoire fut installé,
et cette cérémonie se passa de la manière la plus
satisfaisante pour les amis de la liberté.

Aujourd'hui j'expédie, dans les provinces, des
proclamations relatives aux événemens, à l'armée
piémontaise, à l'établissement du gouvernement
provisoire, et enfin l'acte d'abdication du roi. Des
gardes-du-corps ont ambitionné d'être porteurs
de cette dépêche, et l'esprit du militaire piémon-

ais est tellement francisé, que j'ai dû regarder
omme également sûr et politique de les charger
le cette mission, pour laquelle ils m'ont voté des
emercîmens.

Turin, le 23 frimaire an VII.

GROUCHY.

AFFAIRES D'HELVÉTIE.

Le général BRUNE, commandant en chef l'armée française en Helvétie, au Directoire exécutif.

Au quartier-général de Berne, le 1er. germinal
an VI de la république (21 mars 1798).

CITOYENS DIRECTEURS,

J'ai reçu le 28 votre dépêche du 24 ventôse,
dans laquelle vous ordonnez une prompte vérification du trésor de Berne. J'avais pris, dès mon
arrivée, toutes les mesures qui tendent à assurer
à la république de justes indemnités : ces mesures
ont été parfaitement exécutées. La vérification
se termine aujourd'hui. Je me conformerai à vos
instructions sur l'emploi des sommes, et vous en
aurez un compte exact.

J'ai pris des renseignemens sur les diverses
créances des Bernois, je me suis procuré un grand

4.

nombre de titres ; je vous les enverrai par le prochain courrier. Quelques personnes m'ont assuré
que les créances sur l'Angleterre pouvaient être
négociées en les déguisant, mais les moyens
qu'elles proposent ne démontrent pas la sûreté
de l'opération.

Comme vous avez pu le voir dans ma dernière
dépêche, tout ce que vous m'ordonnez dans votre
lettre du 26 était fait. Les scellés sont sur les archives. J'ai invité les trois résidens Mengaud, Mangourit et Desportes à venir ici pour se concerter
sur les mesures les plus propres à servir promptement les intérêts de la république : ils pourront
faire ou ordonner tous les dépouillemens qu'ils
croiront nécessaires.

L'organisation de la Suisse en trois républiques
était publiée et en partie exécutée quand j'ai
reçu votre dépêche, qui rend faveur à la première
idée d'établir une seule république helvétique, une
et indivisible. Je vous ai donné les motifs qui
m'ont déterminé, motifs appuyés sur des instructions formelles. Vous penserez, citoyens directeurs, que ce n'est pas à moi à opérer aujour-
d'hui une réunion intégrale que j'ai dû empêcher,
et que votre volonté, à cet égard, ne devant recevoir aucune publicité, je n'en pourrais tirer
aucune excuse. Sans doute on répand que la
France a des vues d'ambition, qu'elle médite
l'envahissement d'une partie et même de la tota-

é de l'Helvétie ; mais ces bruits couraient dès
tre arrivée ; la masse du peuple et les bons es-
its n'y croient point ; l'oligarchie, qui les a se
és, est devenue odieuse, et ils ne trouvent
ère aujourd'hui d'échos que parmi les hommes
rticulièrement liés à M. Ochs.

J'ai vu ce citoyen avant-hier. Il est arrivé de
le, président de l'assemblée nationale de ce
nton. Il m'a apporté sa constitution corrigée;
m'a dit qu'il vous avait soumis les corrections,
qu'il attendait que vous les eussiez approuvées.
attendant, il va son train, il parcourt la
isse, il voudrait que tout recommençât à Lau-
ne et à Payerne. Je ne lui ai point dissimulé
n'avais pas alors reçu votre lettre) que je ne re-
ndrais pas sur les démarches éclatantes que
vais faites ; mais en même temps je lui ai donné
spérance que si vos intentions venaient à se rap-
ocher de son dessein, il serait très-facile d'opé-
l'union de la *Rhodanie* et de l'*Helvétie* (1),
elque temps après que ces deux républiques
raient leur corps législatif et leur directoire
stitués. Effectivement, tout consisterait alors à
re transférer un corps législatif dans l'autre, et
léterminer un directoire à se diminuer de trois
mme l'autre se diminuerait de deux membres.

---

1) La Suisse avait été divisée, par ordre du Directoire,
trois républiques, la *Rhodanie*, l'*Helvétie* et la *Tellgurie*.

Cette fusion serait d'autant plus facile, que la première constitution et la constitution corrigée sont à peu près les mêmes, au moyen des modifications que j'ai insérées dans les règlemens, et que mon successeur ou les négociateurs que vous chargerez de ce soin pourront faire naître des circonstances qui permettront, presque sans efforts, et certainement sans troubles, l'union des deux républiques.

Le citoyen Ochs m'a paru satisfait de cette espérance, et, pour la lui assurer davantage, j'ai inséré, dans ma lettre au canton de Bâle, dont je vous envoie copie, des expressions qui aident à ce moyen, sans ôter la faculté de maintenir l'ordre actuel des choses, si telle était votre dernière volonté.

La situation d'incertitude où je me trouve m'a empêché de rien adresser aux petits cantons qui sont bien disposés à faire tout ce que vous voudrez, pourvu qu'on les abandonne à leurs démocraties telles quelles. Il serait trop long de vous entretenir des motifs qui m'ont porté à altérer le projet de constitution dans les règlemens que j'ai publiés. Je vous en envoie cinq exemplaires de chacun. Je donne à la *Rhodanie* l'institution des jurés, des municipalités et la communauté des dépenses; j'affaiblis le pouvoir trop grand des préfets nationaux. Dans le nouveau projet de M. Ochs, l'*Helvétie* avait des commissaires de

ntons nommés par le directoire sur des listes
candidats. J'ai supprimé ces candidats, ainsi que
ne des conditions pour être élu membre du
rectoire, etc. L'exclusion des membres de l'oli-
rchie bernoise est prononcée dans le règlement
ii regarde spécialement le canton de Berne; j'a-
is publié ce règlement, ne sachant pas encore si
pourrais obtenir les constitutions corrigées de
lle, et ayant besoin de détruire le gouvernement
rovisoire; l'arrivée des exemplaires de la consti-
tion m'a déterminé à faire le règlement général
our l'Helvétie. Les oligarchies de Soleure, de Zu-
ch et de Fribourg y sont frappées d'exclusion.
Une circonstance qui peut nous faire juger du
le de M. Ochs à *réchauffer ses unitaires*, c'est
i'il distribue partout une lettre imprimée du
inistre des relations extérieures, dans laquelle
citoyen Talleyrand le félicite en termes géné-
ux sur l'indivisibilité helvétique. La lettre est
aduite en allemand.
M. Ochs, dans sa constitution, désigne Arau pour
pitale de l'Helvétie : vous voulez Lucerne, comme
l'avait établi dans son premier projet. Lucerne,
ar les dispositions de ses habitans, comme par
force militaire de sa situation, n'est guère
ropre à remplir vos vues, même dans le cas
une réunion entière. La révolution s'y est opé-
e lentement, difficilement, quoiqu'avec moins
e résistance qu'à Zurich. Cette dernière ville s'est

enfin rendue malgré la ténacité de son aristocratie. Je n'ai point employé les armes pour la réduire. Les contributions qu'elle devra donner, ainsi que Lucerne, seront plus considérables, en ce que l'on évitera le gaspillage toujours inséparable d'une expédition militaire; et d'ailleurs, quelque prompte qu'eût été cette expédition, elle aurait toujours retardé le moment où les troupes deviennent disponibles.

Comme je vous l'ai dit, citoyens directeurs, je n'ai reçu que le 28 votre dépêche du 24; ainsi, le mouvement que vous m'ordonnez pour le 28 n'a pu commencer que le 29. Je dirigerai les troupes sur Lyon progressivement; elles ont manifesté la plus grande joie en apprenant qu'elles seraient sous les ordres du général Bonaparte. Le 8 germinal, après avoir donné vos instructions et tous les renseignemens que j'ai sur la Suisse au général Schauenburg, je partirai pour Milan.

Je ne perds pas un instant pour remplir vos vues, et je désire que vous en soyez aussi convaincus que de mon profond respect.

BRUNE.

P. S. L'arbre de la liberté se plante dans toutes les communes; j'ai déjà assisté ici à deux plantations, et les spectateurs nombreux m'ont paru animés d'enthousiasme. Je reçois chaque jour une foule de députés de divers cantons, qui viennent remercier la république française. Si j'avais établi des bureaux, j'aurais pu vous envoyer des adhésions par monceaux, et mon système s'en trouverait peut-être mieux établi.

L'aventure de l'officier de hussards que je vous ai envoyé, immédiatement après le chef de brigade Suchet, me paraît assez extraordinaire. Je n'imagine guère comment il a pu se laisser paisiblement dépouiller. La lettre que je lui ai remise a pu vous paraître peu importante, mais elle contient des observations qui naissaient fortement des embarras au milieu desquels j'étais placé. Quant au choix du courrier, à peine m'est-il personnel : tous ses camarades le recommandaient comme le meilleur coureur connu. Voilà tout ce qui m'a déterminé. Ce jeune officier appartient à une compagnie de hussards qui était sous les ordres du général Pouget. Je dois profiter de cette occasion pour vous dire que le général Pouget a concouru avec un zèle digne d'éloges à l'expédition helvétique ; placé à Lausanne, il a contenu l'aristocratie dans le pays de Vaud, il a battu des rebelles vaudois près d'Yverdun, et leur a pris deux pièces de canon : les Bernois, placés à Sepey, ont été défaits par les troupes à ses ordres. Je vous demande pour lui des marques de votre satisfaction. Le chef de brigade réformé, Pierre Châsel, s'est distingué par une audace peu commune dans cette dernière affaire : le détachement qu'il conduisait a franchi des montagnes épouvantables, forcé plusieurs postes et enlevé deux drapeaux.

Le citoyen Desportes, résidant à Genève, me demande des troupes pour occuper cette république, dont il m'assure que la réunion à la France va être décidée. Comme vous ne m'avez rien écrit qui puisse à cet égard me faire connaître vos intentions, j'attends vos ordres.

Salut et respect.

BRUNE.

Berne, le 1er. germinal au soir (21 mars).

BRUNE, commandant en chef de l'armée française en Helvétie, au Directoire exécutif.

CITOYENS DIRECTEURS,

La résolution que j'avais prise, et dont je vous ai fait part dans la lettre de ce matin, n'est plus tenable. Notre dernier plan était sans doute connu de M. Ochs, car il s'autorise de votre volonté et presque de votre nom, pour brusquer le retour à *l'unité.* En cédant à ses sarcasmes, on croit déférer au directoire exécutif de la république française, et cette conduite produit presque l'unanimité.

M. Ochs a déployé près de moi une finesse qui

approche de la fausseté. Après avoir applaudi à toutes les raisons que j'avais pour retarder de quelques jours l'exécution de notre plan, il ne m'a pas eu plus tôt quitté, qu'il a mis une sorte d'ardeur impétueuse à précipiter l'*union*, et à m'ôter le mérite de l'amener moi-même. Il voyage en *président de la Suisse* plutôt qu'en président du canton de Bâle. Il fait pendre à sa voiture deux drapeaux, l'un vert, l'autre rouge-blanc-noir. Une escorte nombreuse l'accompagne. Pour finir sur son compte, je dirai qu'il m'a fait une histoire presque scandaleuse de la génération de son projet constitutionnel.

Salut et fraternité,

BRUNE.

LIBERTÉ. ÉGALITÉ.

RÉPUBLIQUE FRANÇAISE.

Au quartier-général de Berne, le 5 germinal (25 mars), an VI de la république une et indivisible.

Le général BRUNE, *commandant en chef l'armée française en Helvétie.*

AU DIRECTOIRE EXÉCUTIF.

CITOYENS DIRECTEURS,

L'ouvrage de la liberté de la Suisse s'avance, et j'aurai avant de partir la satisfaction de le voir assez avancé pour que les ennemis du système représentatif aient perdu toute espérance de succès. Berne a nommé ses électeurs et ses officiers municipaux. Les assemblées primaires ont eu lieu sans troubles. Vous m'ordonnez, dans votre dernière dépêche, de porter les derniers coups à l'oligarchie bernoise, et d'empêcher le gouvernement provisoire de publier le projet de constitution auquel plusieurs de ses membres travaillent. Vous avez vu dans ma dernière lettre que tout cela était fait. L'exclusion est prononcée; je vous ai envoyé des copies des divers arrêtés que j'ai cru devoir prendre. Je vous envoie aujourd'hui une lettre explicative que j'ai écrite à la commune de Berne, et par laquelle j'étends l'exclusion aux familles mêmes des employés oligarques.

Une difficulté s'élève sur ce sujet par rapport à Zurich. Il est notoire que, dans le conseil de cette ville, dix à douze membres ont formé, sous les fureurs de l'aristocratie, un parti d'opposition qui a résisté aux plus grandes tempêtes politiques. Le courage de ces citoyens mérite récompense, et les Zurikois la demandent. L'assemblée nationale de Zurich m'a envoyé des députés pour me témoigner le désir que le peuple eut la faculté de placer, parmi ceux qu'il doit honorer de sa confiance, les hommes qui ont su la mériter par ces généreux sacrifices.

Vous verrez quelles précautions propose l'assemblée de Zurich pour que l'exception n'entraîne aucun abus ; je ne sais guère comment une mesure générale, quelque rigoureuse qu'elle soit, pourrait résister à de si puissantes considérations. D'ailleurs, les hommes pour lesquels Zurich réclame une telle faveur ont protesté contre la pétition, et déclaré qu'ils renonçaient, pour le temps prescrit, à tous emplois publics. Ce nouveau genre de courage rend les opposans de Zurich encore plus recommandables, et j'ai cru devoir accéder à la demande de l'assemblée nationale.

L'aristocratie fribourgeoise ne mérite pas une exemption aussi étendue ; cependant, du ci-devant conseil, les citoyens Montenach et Vonderweide me paraissent en être dignes. Tous deux jouissent de l'estime des amis de la liberté, et je dois à ce dernier des renseignemens utiles, donnés bien antérieurement à la prise de Fribourg.

Des réclamations se sont aussi élevées pour quelques membres des conseils de Soleure ; mais comme le général Schauenburg sait exclusivement tout ce qui se passe dans ce canton, sous les rapports politiques, militaires et financiers, il fera à cet égard tout ce que lui dictera sa prudence.

Quant à Berne, il peut se trouver dans les ci-devant conseils quelques patriotes. Je suis fâché de ne pas les connaître; et pense que pour cette partie de la Suisse l'exclusion doit rester pleine et entière.

Comme je pars le 8 de ce mois pour me rendre en Italie, conformément à vos ordres, je ne crois pas devoir m'occuper des aristocrates de Lucerne et Schaffouse, qui ne doivent guère inspirer d'intérêt, puisque aucune voix ne s'élève en leur faveur.

Les petits cantons peuvent s'alarmer des bruits que l'on fait courir malgré mes protestations, sur la nécessité qui leur serait imposée de se réunir au reste de l'Helvétie et d'abandonner la démocratie pour sa représentation. « Je connais » assez vos intentions, citoyens directeurs, pour » être persuadé que ces petites peuplades, fort » pauvres et fort honnêtes, ne seront point in- » quiétées. La franchise et même la fierté de leurs » déclarations prouvent que vous pouvez comp- » ter sur leur attachement et leur fidélité aux » traités. »

Le résident Mangourit, qui est arrivé ici avant-hier, m'apprend que le Valais répugne beaucoup à faire partie de l'Helvétie, et que même il consentirait avec peine à s'unir à une république dont il ne serait pas la totalité. Cette disposition, dans le cas où la persuasion ne pourrait la vaincre, ne produirait pour nous aucun désavantage, en ce que par le département du Mont-Blanc nous n'avons que le Valais à traverser pour établir notre passage en Italie. L'isolement de ce pays ne pourrait donc, en tout cas, être une grande faute politique.

En général, l'état politique de toute l'Helvétie est satisfaisant : une hiérarchie constitutionnelle d'autorités s'y établit, et il suffira d'une surveillance ordinaire pour que les intérêts de la France ne reçoivent aucun préjudice.

Je dois vous dire, citoyens directeurs, que des copies des lettres et des instructions que vous m'adressez circulent dans ce pays, et notamment à Bâle et à Lausanne. « Le citoyen Laharpe, j'en » suis certain, a écrit de Paris, du palais directo- » rial, de la salle des drapeaux, que vous alliez » décider, ou que vous aviez décidé l'unité de » toute l'Helvétie, et que, quelques mesures que » prissent les généraux et ministres français en » opposition avec cette dernière mesure, on ne » doit nullement s'y arrêter. Vous imaginez, ci- » toyens directeurs, combien ces communica- » tions, presque étrangères, peuvent apporter » de désagrémens dans l'exécution de vos or- » dres.

» Je vous envoie tous les titres de créances » que j'ai pu me procurer : ils sont très-considéra- » bles, et portent non-seulement sur l'Angleterre, » mais sur d'autres puissances, telles que l'Autriche,

» le Danemarck et plusieurs états d'Allemagne.
» Tous ces titres forment un dépôt que je fais
» conduire à Paris, et que le capitaine Guillemet,
» mon aide-de-camp, est chargé de surveiller et
» de remettre à Paris entre les mains de qui vous
» préposerez. J'envoie en même temps l'ancien
» trésorier ou directeur de la monnaie de Berne,
» actuellement commissaire des guerres général
» du canton : il se nomme Jenner ; il pourra
» vous donner tous les renseignemens, soit sur
» les créances et les moyens de les réaliser, soit
» sur le numéraire qui existait à la monnaie ou
» dans le trésor. Vous verrez, par l'état dont je
» vous envoie copie et dont il vous remettra l'o-
» riginal, ainsi que par les procès-verbaux, que
» les sommes trouvées dans le trésor cadrent à
» peu près avec les registres. J'ai pensé que
» vous me sauriez gré de toutes ces précau-
» tions. »

Quant aux sommes dont j'ai disposé pour le besoin des troupes, elles s'élèvent à neuf cent mille
livres prises en deux fois ; savoir, cinq cent mille
livres la première fois, et quatre cent mille livres
l'autre ; « je vous adresse l'état du payeur de la
» division d'Italie, pièce qui constate l'extraction
» et l'emploi de ces sommes, qui laissent les trou-
» pes payées jusqu'au 15 germinal présent mois,
» comme vous l'avez désiré. »

Il restera dans le trésor de quoi subvenir aux

besoins des troupes que commande le général Schauenburg, jusqu'à ce que les contributions, qui peuvent être abondantes et dont vous réglerez le montant, arrivent pour fournir à ces besoins plus long-temps, si cela était nécessaire. Le surplus du trésor sera transporté à Mayence; j'en laisserai l'ordre à mon successeur.

Je vous envoie aussi une nomenclature des créances du canton de Fribourg, tant sur les habitans du pays que sur l'étranger et sur la France.

Vous recevrez en même temps l'état des bouches à feu prises sur l'ennemi : il consiste en deux cent quatre-vingt-treize pièces de canon de divers calibres, trente-huit obusiers, trente-deux mortiers. Le général Schauenburg est chargé de l'évacuation de ces pièces sur Huningue et Carouge : cent soixante-trois sont déjà évacuées.

Salut et respect.

BRUNE.

———•◆•———

Note sur ce qu'a coûté à la ville et canton de Berne l'invasion de 1798.

A l'entrée de l'armée française, il fut enlevé :

Du trésor.	7,000,000 fr.
De la Monnaie, en lingots, etc.	3,700,000
En contributions.	4,000,000
Pour rachat des titres.	2,000,000
857,000 quintaux de blé, à 20 fr.	17,140,000
6000 chars de vin, à 240 fr.	1,440,000
Objets pris dans les arsenaux pour.	7,000,000
Total.	42,280,000

non compris la valeur considérable en effets et numéraire perdus par les particuliers dans ces troubles.

État de ce qu'a coûté au canton de Berne la révolution de 1802.

Par suite de cette révolution, Berne a perdu tous les biens d'état et de la ville situés dans les cantons de Vaud et de l'Argovie, dont la valeur n'est pas déterminée. De plus :

En créances sur l'intérieur remises au canton de Vaud et annulées.	1,800,000 fr.
En créances remises au canton de l'Argovie.	2,357,000
En créances sur l'étranger vendues par le gouvernement helvétique pour ses besoins.	6,000,000
En fonds du département des salines.	3,800,000
Total.	13,957,000

Au quartier-général à Zurich, 3o brumaire, an VII.

Le général en chef au citoyen Scherer, *ministre de la guerre (pour lui seul).*

Citoyen ministre,

Ainsi que j'ai eu l'honneur de vous le mander, je me suis rendu le 27 de ce mois à Lucerne, dans la vue principale de seconder, autant que possible, la demande que vous m'annonciez avoir été faite, par le Directoire français au gouvernement helvétique, de six demi-brigades formant un total de dix-huit mille hommes.

Mon premier soin a été de voir successivement les cinq directeurs, à l'exception des sieurs Ochs et Oberlin, dans lesquels je n'ai remarqué aucune altération de sentimens. Les citoyens Glayre, Laharpe et Legrand ne m'ont pas témoigné cet accueil franc et ouvert que j'en avais reçu lors de mon dernier voyage. Le directeur Glayre surtout m'a fait un tableau pathétique du fardeau qui pesait sur la Suisse par le séjour des troupes françaises. Il y a joint les plaintes les plus amères sur les excès résultés du passage des troupes destinées à l'armée d'Italie. Enfin, il a mis tant de sensibilité dans ses reproches, que j'ai cru devoir les modérer en y opposant le tableau des services essentiels rendus par l'armée française à la cause de la liberté, des sacrifices, du sang même qu'elle a versé pour le maintien de la tranquillité intérieure de l'Helvétie, et des nombreuses obligations que les patriotes devaient reconnaître. Cette juste comparaison a paru faire sur lui quelque impression, et il a éludé une réponse directe, en m'observant que ses plaintes n'avaient pas pour objet l'armée que je commandais, qu'il rendait justice à sa discipline.

J'ai vu ensuite le citoyen Perrochel, notre ministre plénipotentiaire. Il m'a paru très-satisfait de la réception qu'on lui avait faite; il m'a dit qu'il espérait que la levée des dix-huit mille hommes serait adoptée sans difficulté par le directoire, et qu'on lui avait promis une réponse pour le lendemain.

Curieux de savoir quelles en seraient les dispositions particulières, j'allai voir de nouveau les directeurs Oberlin et Ochs; ils me dirent qu'ils prévoyaient que cette réponse ne serait pas entièrement satisfaisante, et que le citoyen Glayre était chargé de sa rédaction.

Le 28 au matin j'ai obtenu une audience particulière du directoire. Après lui avoir fait part des objets propres à lui donner des preuves de déférence et d'amitié, j'ai traité l'objet principal. J'ai d'abord fait sentir au directoire qu'ayant les mêmes intérêts à défendre, les mêmes ennemis à combattre, les alliés de la république française

devaient mettre dans leurs démarches un dévouement égal au sien: Profitant ensuite des communications particulières que vous m'aviez faites,
j'ai observé qu'il était de l'intérêt du gouvernement helvétique surtout, de ne pas laisser échapper une occasion de réparer d'anciennes pertes,
et de tirer un parti avantageux de la population;
que le Directoire français, sachant apprécier la
valeur distinguée des troupes suisses, leur assure-
rait une existence solide et durable. Je tâchai
aussi de réfuter les divers griefs allégués contre
l'armée française, et de détruire les conséquences
défavorables qu'on semblait tirer de la prétendue
générosité des Autrichiens stationnés dans le
pays grison.

Le président Laharpe me répondit que le directoire helvétique connaissait toute l'étendue des
obligations que lui imposait le traité d'alliance, que
j'avais pu m'en convaincre par la manière dont
il avait répondu aux diverses ouvertures que je
lui avais faites relativement à une levée de troupes, qu'il s'en était occupé essentiellement dans
plusieurs séances, enfin que le ministre plénipotentiaire français recevrait dans le jour même
une réponse définitive.

Le citoyen Begos entretint les espérances de ce
dernier; il lui dit, en l'accompagnant au sénat,
que tout allait bien, que le directoire et les deux
conseils étaient dans les meilleures dispositions.

Cependant notre ambassadeur reçut dans l'après-midi la réponse du directoire ; elle renfermait plusieurs articles conditionnels. Les principaux étaient, que *les dix-huit mille hommes seraient exclusivement employés à la défense des frontières, et ne sortiraient pas de l'Helvétie ; que la république française pourvoirait à leur subsistance, solde, habillement, armement et équipement ; que cette solde serait payée d'avance chaque mois, et versée entre les mains d'un payeur helvétique, à raison de trente mille francs par bataillon ; enfin, l'un de ces articles est relatif au prix d'enrôlement que le directoire demande pour la levée proposée.* Je n'eus pas de peine à faire sentir au citoyen Perrochel que ces prétentions étaient peu raisonnables, que quelques-unes, celles relatives à la demande d'armement, par exemple, étaient injustes. Je lui observai que les arsenaux de la Suisse étaient loin d'être ruinés comme l'assurait le directoire ; qu'à la vérité l'armée avait usé du droit de conquête en puisant des munitions et des objets d'armement et d'équipement dans les arsenaux de Fribourg, Berne et Soleure ; mais que ceux de Lucerne, Zurich, Bâle, Saint-Gall, ainsi que ceux de beaucoup d'autres villes moins considérables, étaient restés intacts ; que je pouvais assurer que dans la Suisse en général il existait plus de cent mille fusils, tant dans les arsenaux qu'entre les mains des particuliers. Enfin, je mis l'ambassadeur à portée de se convaincre que la réponse du directoire helvétique n'était, en dernière analyse, qu'un refus pallié, ou du moins qu'elle était dilatoire. Après ces réflexions nous convînmes qu'il reverrait le ministre des relations extérieures, qu'il lui ferait des objections bien motivées, et qu'enfin il l'engagerait à prier le directoire de se rassembler de nouveau pour délibérer sur le même objet et se relâcher de ses prétentions. Cette démarche parut beaucoup embarrasser le ministre Begos; il s'excusa sur ce qu'il n'avait eu aucune part dans la réponse du directoire, et sur ce qu'elle était particulièrement l'ouvrage du directeur Glayre. Au surplus, il promit qu'il ferait son possible pour rassembler le directoire le soir même. De mon côté je vis encore les directeurs Oberlin et Ochs; ils répondirent à l'étonnement que je leur témoignai d'avoir eu une réponse aussi peu conciliatrice, qu'elle était contraire à leur opinion particulière. Le citoyen Ochs, sur la demande que je lui fis de ce qui avait pu changer les bonnes dispositions annoncées le matin par le citoyen Begos, me dit confidentiellement qu'il l'attribuait à une lettre qu'avait reçue le ministre du citoyen Haller, qui est maintenant à Paris (le même qui a été avec Bonaparte); Haller, en prévenant Begos de la demande que ferait le Directoire au gouvernement helvétique d'une levée de dix-huit mille hommes, doit lui avoir insinué *qu'il ne fallait pas se presser pour son exécution.*

Les directeurs Oberlin et Ochs m'ont remercié d'avoir engagé l'ambassadeur à ne pas envoyer de suite la réponse du directoire à Paris, mais à faire une nouvelle tentative. Ils m'ont assuré qu'ils n'oublieraient rien pour qu'elle ne fût pas infructueuse, et pour procurer les changemens désirés.

Plusieurs membres du corps législatif sont venus me voir pendant mon séjour à Lucerne, et notamment le citoyen Luthy, homme d'un patriotisme aussi éclairé que sûr. Il était du nombre de ceux qui furent incarcérés à Soleure, et qui n'ont dû la liberté, et peut-être même la vie, qu'à notre entrée rapide dans cette ville. Ils m'ont fait part des bonnes dispositions des deux conseils, lesquels, disent-ils, s'attendaient depuis long-temps à un message relatif à une levée. Ils m'ont promis que lorsqu'il aurait lieu, ils l'appuieraient avec toute l'énergie dont ils sont capables. Le citoyen Luthy m'a dit que le directeur Glayre laissait entrevoir, dans bien des occasions, son éloignement pour les Français, et des principes contraires à la révolution, que les ex-directeurs Bay, de Berne, et le citoyen Pfiffer, de Lucerne, étaient journellement chez lui.

Je communiquai ces détails à l'ambassadeur

t je convins avec lui que, sans pousser plus loin
les démarches, je retournerais à Zurich, et que
mon départ subit pour cette ville lui fournirait
occasion de témoigner au directoire la peine que
avais ressentie en le voyant si éloigné des vues
e notre gouvernement.

Le citoyen Perrochel me communiquera la ré-
onse définitive qu'il attend; aussitôt que je l'aurai
eçue, je vous la ferai connaître.

Je crois devoir vous prévenir, citoyen ministre,
ue d'après divers renseignemens que j'ai re-
ueillis sur le citoyen Jenner, ministre plénipo-
entiaire helvétique à Paris, il est bon d'être en
arde contre les différens rapports qu'il pourrait
ire. Il partage les opinions peu favorables que
e vous ai ci-dessus développées. Il passe aux
eux de tous pour un intrigant. Sa haine pour les
rançais n'est pas équivoque; elle a été un des
itres qui lui ont procuré la mission qu'il remplit.

    Salut et considération.

SCHAUENBURG.

ASSASSINAT DES MINISTRES PLÉNIPOTEN-TIAIRES DE FRANCE A RASTADT. (1)

Vienne, le 25 frimaire an 14, à 11 heures du soir.

M. le baron de ***, ministre plénipotentiaire de l'électeur de Bavière est venu passer la soirée avec moi. Notre conversation s'est dirigée naturellement sur les hommes qui ont exercé successivement une influence plus ou moins grande dans les affaires d'Allemagne. L'archiduc Charles et M. de Thugut se trouvaient en première ligne ; l'examen des principes politiques de ce dernier nous a conduits à parler de l'assassinat des ministres français à Rastadt, dont j'affirmais que l'opinion publique accusait M. de Thugut et déchargeait le prince Charles.

M. de **** manifestait le même sentiment. Je n'avais que des conjectures à l'appui de mon sentiment, il m'a offert des preuves d'autant plus convaincantes, que ce qu'il sait il l'a entendu, et que ce qu'il a entendu sortait de la bouche de M. de Lerbach. Voici ce qu'il m'a raconté :

Quelques jours avant l'assassinat, M. de Lerbach, commissaire impérial à l'armée du prince

---

(1) Note extraite du portefeuille du général baron de ***, agent de S. A. le prince de ***, au quartier-général.

Charles, était venu à Munich pour y faire les
arrangemens relatifs au passage des troupes autrichiennes dans les états de Bavière. Il logeait dans
une auberge qu'habitait également M. de ***.
Les deux appartemens étaient séparés par une
porte très-grande et très-mince. M. de Lerbach
sortait le jour pour ses affaires et passait régulièrement ses soirées dans sa chambre, avec
M. Hoppé, que nous avons vu à Paris secrétaire
de M. de Cobentzel.

M. de ***, qui était attaché à la mission du
commandeur Salabert, ministre de l'électeur à
Francfort, avait été envoyé à Munich avec des
dépêches relatives aux négociations qui se sui-
vaient à Rastadt. Il était accompagné de M. ***,
qui est encore en ce moment employé auprès de
M. de Mongelas, et qui était alors attaché à la
chancellerie des affaires étrangères à Munich. Il
aperçut un jour que, dans la conversation de
M. de Lerbach et de M. Hoppé, il était question des
intérêts des princes d'Allemagne. Il fit transporter
les bougies dans une chambre voisine, d'où elles
éclairaient légèrement la sienne, sans que la lueur
dût pénétrer par la porte de communication, et
faire connaître que cette chambre était habitée.
Il écouta dans un profond silence, et prit, ainsi que
M. ***, note de tout ce qu'il entendait; après chaque conversation, ils réunissaient l'un et l'autre
leurs notes, en formaient un seul récit qu'ils si-

gnaient et qu'ils remettaient chaque jour aux affaires étrangères.

La première conversation lui fournit les notions suivantes.

M. de Lerbach s'était rendu auprès du prince Charles, et lui avait représenté qu'il pouvait être de la plus haute importance pour la monarchie autrichienne de connaître les liaisons des princes de l'empire avec la France; que de nombreuses communications avaient été faites à cet égard aux plénipotentiaires, et qu'il n'y avait aucun doute sur ce point, mais que cette certitude était insuffisante; que la maison d'Autriche, pour justifier la conduite qu'elle serait dans le cas de tenir envers les princes infidèles de l'empire germanique, avait besoin de preuves, et que ces preuves existaient en grand nombre dans les papiers des ministres français; que, dans la circonstance où se trouvait l'Europe, et d'après la conduite personnelle de ces ministres, il n'y avait aucun ménagement à garder; que le but d'ailleurs était tellement important que la politique et la raison d'état ne pourraient désavouer les moyens qu'on prendrait, de quelque nature qu'ils fussent. M. de Lerbach demanda, en conséquence de tous ces motifs, que le prince Charles lui fournît les moyens de faire arrêter les plénipotentiaires, sur la route de Seltz, au moment où ils se retireraient, après la rupture imminente des négocia-

tions, afin de se saisir de leurs papiers. Le prince
Charles opposa une répugnance qui ne fut vain-
cue que par la communication des instructions
de M. de Thugut. Il se rendit à une réquisition formelle, et mit à la disposition de M. de Lerbach,
le colonel Barbaczy, des hussards de Széolers, et
un nommé Bourchart, qui prendraient et sui-
vraient les instructions du commissaire impérial.

M. de Lerbach recommanda non-seulement à
ces hommes de s'emparer des papiers, mais en
même temps de bien *houspiller* Jean de Bry et
Bonnier, à l'égard desquels il avait des vengean-
ces à exercer pour la grossièreté de l'un et l'inso-
ence de l'autre ; il recommanda également M. le
baron d'Albini, que dans sa conversation il trai-
ait à peu près de la même manière que les ministres français, s'il tombait sous leur main.

Dans la soirée du lendemain, la conversation
roula sur les mêmes objets. M. de Lerbach témoi-
gna une vive impatience d'avoir des nouvelles de
l'événement qui devait déjà s'être passé ; il se
rassurait par la haute opinion qu'il avait de l'intelligence de Bourchart et de Barbaczy et de la
brutalité des *Szeclers*. Il témoignait cependant
quelques inquiétudes sur ce qu'il appelait la faiblesse du prince Charles, qu'il craignait de n'avoir
pas entièrement convaincu de l'équité de la mesure.

La conversation du jour suivant commença
comme celle de la veille. Elle fut interrompue

par un courrier qui apporta à M. de Lerbach la
nouvelle du résultat tragique de l'expédition qu'il
avait ordonnée. La joie du double succès que sa
vengeance et sa politique avaient obtenu, était
empoisonnée par l'horrible assassinat qu'il avait
dû prévoir, et dont il était devenu coupable. Le
remords et la haine lui arrachaient les expressions
les plus contradictoires. « Les malheureux! di-
» sait-il, ils ont été tués..... Ce scélérat de Bon-
» nier a bien mérité son sort.....; mais ce pauvre
» Roberjot..... Si du moins on n'avait pas laissé
» échapper Jean de Bry. »

Cette déposition de M. de Lerbach contre lui-
même, fixée à la hâte et dans l'instant même
sur le papier, comme il a été dit ci-dessus, doit
se trouver en Bavière dans les archives de l'état.

PREMIER PROJET DE LA DÉCLARATION DE SAINT-OUEN (1).

Louis, par la grâce de Dieu, roi de France et
de Navarre, à tous nos féaux et fidèles sujets salut.

Rappelé par l'amour de notre peuple au trône
de nos pères, instruit par l'expérience, éclairé
par les malheurs de la nation généreuse que nous

---

(1) Copié sur l'original. Les mots imprimés en italique
se trouvent rayés à la plume.

ommes appelés à gouverner, jaloux de sa propérité plus que de notre pouvoir, *pénétré de la écessité de conserver autour de nous ce séat* (1), *aux lumières duquel nous reconnaissons levoir en partie notre retour dans notre royaune*, et résolu *enfin* de faire pour la tranquillité ublique tout ce qui ne portera pas atteinte *aux lroits de notre maison, ainsi qu*'à la dignité de lotre couronne; avons déclaré et déclarons ce ui suit :

La monarchie, dont nous sommes le chef souerain, aura une constitution, gage mutuel et acré de la confiance des Français en leur roi et de lotre amour pour eux. Nous maintiendrons le ouvernement représentatif, tel qu'il existe auourd'hui, divisé en deux corps; savoir : le sénat t la chambre composée des députés des départenens. L'impôt sera librement consenti, la liberté publique et individuelle assurée; la liberté le la presse respectée, sauf les précautions nécesaires à la tranquillité publique. La religion caholique, apostolique et romaine, professée par a majorité des Français, sera la religion de 'état, sans toutefois qu'il soit mis la plus légère

____

(1) La suppression du sénat, comme on le voit, ne ut pas l'œuvre de Louis XVIII, mais bien de son conseil. l n'y a au surplus rien là qui doive nous surprendre, leux qui avaient livré la France aux Cosaques, ne deaient pas être bien soucieux de la garantir contre l'émiration.

entrave à la liberté des cultes. Les propriétés seront inviolables et sacrées; la vente des biens nationaux restera irrévocable, les ministres responsables pourront être accusés et poursuivis par une des chambres qui composent le gouvernement et jugés par l'autre; les juges seront inamovibles, le pouvoir judiciaire indépendant : la jutice étant le plus précieux des biens que nous nous empresserons de rendre à nos fidèles sujets.

La dette publique sera garantie, les pensions, grades, honneurs militaires conservés, ainsi que l'ancienne et nouvelle noblesse; la légion-d'honneur, dont nous déterminerons la décoration, sera maintenue. Tout Français sera admissible aux emplois civils et militaires : enfin, nul individu ne pourra être inquiété pour ses opinions et ses votes.

Tels sont les principes sur lesquels sera établie la Charte que nous jurerons et ferons jurer d'observer dès qu'elle aura été consentie (1) par les corps représentatifs et acceptée par le peuple français.

Fait en notre château de Compiègne, le ... avril de l'an de grace mil huit cent quatorze, et de notre règne le . . . . (2).

____

(1) Il n'était pas encore question de l'octroyer. Louis XVIII avait besoin pour cela d'avoir reçu les inspirations de son conseil.

(2) Toujours même incertitude. Louis XVIII ignorait encore s'il avait ou n'avait pas régné dix-neuf ans. Il fallait que M. de Talleyrand lui apprît ce qu'il en était.

CHANCES DE LA MAISON DE BOURBON.

Lettre de M. le chevalier de ****, *agent diplomatique, à M. le baron* ***.

Paris, 15 novembre 1829.

Vous voulez, Monseigneur, savoir quels partisans la maison de Bourbon conserve encore parmi nous. Je ne saurais le dire : mais à défaut d'amis, je puis vous signaler ses ennemis. C'est une autre manière d'arriver au but.

Je place au premier rang les libéraux. Vous êtes fatigués de l'importance qu'on donne à ce parti. Vous désirez savoir de quels élémens il se compose. Un royaliste pur ne serait pas embarrassé de vous répondre. Quant à moi, j'y mettrai plus de réserve ; je conviendrai même de mon embarras, car comment définir ce qui varie sans cesse, comment saisir une physionomie qui change d'une heure à l'autre ? Un préfet est révoqué : il se déchaîne aussitôt contre l'obéissance passive, le voilà libéral. En revanche, ce fougueux tribun, qui fait une guerre si vive au pouvoir, obtient enfin la transaction qu'il poursuit : amis et doctrines sont oubliés, le parti compte un adepte de moins. Il faut cependant en convenir : ce n'est pas cette partie flottante qui constitue le libéralisme, il compte mieux que cela. Le fond du parti se compose en effet de ce qui reste des constituans de 1789 et de leurs adhérens, des législateurs, des conventionnels, et enfin des jacobins, qui ont décimé les uns et les autres. A cette masse des hommes d'un autre âge, il faut joindre ceux que les circonstances nouvelles ont amenés sur la scène ; je veux parler des idéologues et des doctrinaires. Les premiers, j'entends les membres des assemblées constituante et législative, ne sont devenus ennemis de la maison de Bourbon que depuis qu'ils ont reconnu qu'il n'y avait aucun rapport entre leurs doctrines politiques et les siennes. Quant aux jacobins, si, en 1814, ils se sont laissé imposer les Bourbons, c'est qu'ils se flattaient que les princes de cette famille, éprouvés par de longs malheurs, seraient trop heureux de rentrer en France aux conditions qu'on voudrait leur dicter. Depuis qu'ils se sont convaincus par l'expérience que non-seulement cette famille ne transigera pas avec leurs principes, mais que toutes ses actions, tous ses sentimens leur sont diamétralement opposés, il n'y a plus de pacte possible. Ils sont devenus les ennemis irréconciliables des Bourbons, et les protestations d'amour et d'attachement à la famille régnante que les libéraux prodiguent sans cesse, ne sont pas plus sincères que les protestations de respect et d'attachement aux institutions libérales que les Bourbons n'hésitent pas à leur tour de prodiguer. Du reste, ils ne se trompent pas plus les uns que les autres, tous savent fort bien à quoi s'en tenir sur ces vaines paroles. Cet échange de mensonges cependant n'est pas sans avantages pour les libéraux. Il leur facilite le moyen de propager leurs principes, de les inoculer à la population, et les lois favorables à la liberté de la presse qu'ils sont parvenus à obtenir les secondent merveilleusement.

Les doctrinaires sont inoffensifs ; ils voudraient rester neutres, parce que l'inertie et je ne sais quelle métaphysique discoureuse forment le fond de leur caractère. Si cependant il arrivait qu'ils fussent contraints d'agir, comme ils ne voudraient pas se compromettre avec les partisans de la révolution dont ils se rapprochent quant aux principes, et ne diffèrent que quant aux moyens d'exécution, ils seraient bien moins portés à défendre la maison régnante qu'à prendre parti contre elle.

Au parti libéral il faut rattacher encore les partisans de Napoléon, que l'on peut subdiviser en trois classes : les consulaires, les impériaux, les napoléonistes. La première de ces classes comprend les hommes qui se sont ralliés au général Bonaparte pour abattre le Directoire et régulariser la révolution ; la deuxième, ceux qui ont abondé franchement dans les idées monarchiques, et se sont réunis pour mettre une barrière aux progrès de la démocratie; la troisième, et c'est la plus nombreuse, se compose de tous les hommes dévoués à la gloire de Napoléon, ce qui comprend non-seulement tout ce qui a porté les armes, mais aussi la population des campagnes presque entière, pour qui tant d'immortels travaux sont encore l'objet d'un véritable culte. Les deux premières classes de cette subdivision se sont rapprochées assez franchement des Bourbons tant qu'elles ont cru qu'ils voulaient régner avec les idées nouvelles; mais, depuis qu'elles se sont vues déçues dans leur attente, elles se sont ralliées au parti qui travaille à leur expulsion.

Les napoléonistes laissent faire les jacobins, ils les secondent même. Ils les regardent comme les hommes les plus propres à faire table rase, et se flattent que le jour où la maison de Bourbon sera renversée, ils sauront bien éconduire leurs auxiliaires, et rester maîtres de la place.

A tous ces ennemis de la maison de Bourbon, il faut encore joindre et l'aristocratie financière qui, pour compenser par une popularité flatteuse les avantages de la naissance qu'elle n'a pas, combattra sans cesse l'aristocratie politique; et enfin les écrivains des journaux, qui sans doute ne sont que l'organe des différens partis auxquels ils appartiennent, mais qui cependant forment entre eux une nouvelle espèce d'aristocratie qui professe un patriotisme trop productif pour jamais y renoncer.

Quant aux appuis que la maison de Bourbon devrait trouver dans les prêtres et dans les soldats; les uns sont impuissans, elle a su s'aliéner les autres. Les prêtres, en effet, ne sont rien en France; ils ne sont pas assez riches, et n'ont aucune place dans ce qui constitue l'état; quant à leur influence morale, il y a long-temps qu'elle est à peu près nulle. Le peu de considération qu'ils conservent encore n'est que le résultat des préférences dont ils sont l'objet de la part de la maison de Bourbon; si celle-ci disparaissait, la puissance sacerdotale disparaîtrait avec elle.

L'armée est pleine de dégoûts; dès le lendemain de son arrivée au régiment, le soldat compte les jours qu'il doit y passer. Les officiers qui voient marcher avant les chefs de compagnie l'aumônier du régiment, les sous-officiers que l'on force d'aller à la messe, s'habituent, par la lecture des feuilles publiques, à raisonner les fautes d'un gouvernement qui semble les regarder en quelque sorte plutôt comme les soutiens de l'église que comme les soutiens de l'état.

Au milieu de tout cela, quelles chances restent donc à la maison de Bourbon de se maintenir sur le trône? Il est facile de voir qu'elles sont peu nombreuses. Les sentimens qu'elle n'a cessé de manifester depuis son retour les ont bien restreintes ; et non-seulement elle ne peut plus en imposer, mais les préventions sont telles, que, si les princes de cette famille se faisaient jacobins, on n'aurait l'air de les croire que pour mieux s'en défaire. Au surplus ils ne pensent pas à semblable chose.

Avec le ministère actuel, qui est celui de leur confiance et de leur intimité, il n'y a pas de doute qu'ils vont faire un grand effort pour ressaisir l'autorité absolue, et par conséquent qu'ils vont compromettre leurs plus graves intérêts. Les libéraux, de leur côté, vont faire jouer tous les ressorts de leurs intrigues; et comme l'irritation sera réciproquement très-grande, ceux-ci auront beau jeu pour soulever l'indignation publique contre les mesures que leur résistance aura mis les ministres dans la nécessité de déployer, telles que la répression de la presse, la modification de la loi d'élection, etc.

Néanmoins le ministère peut réussir, si la résolution du roi se soutient; mais c'est là précisément ce qui inquiète ses plus zélés partisans. L'un d'eux disait hier : « C'est une espèce de lièvre, et nous » nous attendons à le voir abandonner le minis- » tère actuel, comme il a abandonné le précé- » dent. Le plus difficile de la tâche, c'est de com- » battre ses répugnances et de lui donner de la » constance dans ses résolutions. Il est à la merci » de ses aumôniers de quartier : l'un fait changer » ce qu'a fait l'autre, et ce qu'il y a de plus déplo- » rable, c'est que quand ce sera au duc d'Angou-

» lême à monter sur le trône, il aura atteint
» l'âge où, comme ses aïeux, il sera à la merci
» des prêtres. » Ainsi il ne faudrait pas s'étonner de
voir Charles X reculer une seconde fois devant
l'exécution de ses projets, et prendre un ministère dans la gauche pour désarmer les mécontens;
mais dans ce cas on lui imposerait le sacrifice du
peu d'autorité qui lui reste, pour se garantir de tout
retour vers la droite. Et ce parti même n'amé-
liorerait pas sa position; car, admettons qu'il par-
vînt à trouver dans la gauche des hommes à la fois
populaires et dévoués à ses intérêts, ces hommes
seraient bientôt placés dans l'alternative de sacrifier
les intérêts du roi à leur popularité, et par conséquent perdraient sa confiance, ou bien de sacrifier
leur popularité aux intérêts du roi, et alors ils perdraient la majorité dans les chambres. Ce ministère
aurait infailliblement le sort de celui de Roy et
Martignac. Suspect comme lui, il serait obligé de
se retirer comme lui. Il est bon à cette occasion de
rappeler les observations que faisait un jour M. Roy
à propos d'une audience à Saint-Cloud : « Nous ne
» pouvons, disait-il, nous considérer comme les
» ministres d'un monarque qui ne nous reçoit pas,
» ou nous reçoit comme des ennemis; nous avons
» plus de peine à combattre ses opinions qu'à
» faire marcher l'administration toute entière,
» et quelquefois nous revenons de Saint-Cloud,
» où nous avons passé trois heures pour le voir

» cinq minutes; on nous croit dans son cabinet,
» nous sommes dans son antichambre. »

On peut juger, par tout ce que nous venons de
dire, quelles chances favorables restent à la maison de Bourbon, si une fois les hostilités s'enga-
gent entre elle et ses ennemis. Or, il est à remarquer qu'elle-même est dans la nécessité absolue
de les engager, parce que ses nombreux ennemis
marchent sans cesse et emploient le temps qu'elle
perd à prendre position contre elle. Il n'est pas
inutile de consigner ici une conversation qui
a eu lieu, il y a quelques jours, entre le président
du conseil et M. ****. M. de Polignac comptait au
nombre de ses moyens la frayeur qu'inspire en
France le retour de la révolution. L'homme de
l'empire ne partageait pas sa manière de voir, et
lui répondit par les observations qui suivent :
« La révolution, j'en conviens, est flagrante,
» parce que vous n'avez rien fait depuis quinze ans
» pour la contenir, et que vous attaquez sans cesse
» tous les intérêts qu'elle a consacrés. Mais vous
» voulez gouverner par l'aristocratie; vous n'y
» parviendrez pas. Vous comptez sur l'effroi que
» quelques saturnales ont laissé dans les esprits;
» vous faites un épouvantail de la terreur. Ne vous
» abusez pas, une révolution comme la dernière est
» impossible, un mouvement quel qu'il soit, de
» quelque point qu'il parte, ne peut avoir la même
» marche ni amener les mêmes bouleversemens.

» Reportez-vous aux temps : les premières résistan-
» ces n'éclatèrent qu'en 92 avec la guerre étran-
» gère. Celle-ci fit éclater la guerre civile, qui
» elle-même amena la terreur.

» La révolution de 89 avait été celle des choses,
» elle avait anéanti les restes de la féodalité, le
» pouvoir des prêtres, le despotisme de l'aristo-
» cratie, etc. La terreur fit la révolution des per-
» sonnes : on tua tout ce qui faisait peur, tout ce
» qui voulait discuter, parce qu'on n'avait pas le
» temps de discuter. Et cependant tout cela était
» fini en 1799, lorsque le général Bonaparte sai-
» sit le pouvoir ; c'est-à-dire que les scènes révo-
» lutionnaires et tout ce qui en avait été les con-
» séquences n'avaient duré que sept à huit ans.
» Aujourd'hui une révolution a beaucoup moins à
» faire. La noblesse est en partie détruite, ou du
» moins l'égalité des partages a presque anéanti son
» influence. Le clergé est trop pauvre pour devenir
» le sujet d'une spoliation ; l'égalité des droits ci-
» vils est reconnue ; l'uniformité des lois est éta-
» blie, et puis enfin, ce qui n'existait pas avant la
» révolution, les feuilles publiques, en pénétrant
» partout, ont répandu jusqu'au fond des campa-
» gnes une sorte d'instruction politique, qui, tout
» en apprenant au peuple quels sont ses droits,
» lui montre en même temps tout le danger qu'il
» y aurait à en abuser. Tout ce que la violence
» pouvait naturellement avoir pour objet est con-

» sommé. Il ne reste plus à faire que la révolution
» des personnes ; et , de bonne foi, croyez-vous que
» de quelque manière qu'on s'y prenne , on em-
» ploie sept ans à la consommer ? et qu'une telle
» révolution puisse amener la guerre civile ? Il
» est plus probable, au contraire, qu'une révolu-
» tion nouvelle s'opérerait avec plus de calme que
» ne s'est fait votre retour, parce qu'elle ne serait
» pas assez maladroite pour afficher des prétentions
» et des principes capables de faire naître des in-
» quiétudes générales. Enfin, l'on peut dire avec
» certitude que , s'il n'y a pas de guerre étran-
» gère, la révolution se réduira à l'expulsion de
» la maison de Bourbon et au déplacement de
» quelques douzaines de familles. »

Que conclure de tout ceci ? Qu'il n'y a aucune
position pour la famille des Bourbons dans les
différens partis qui agitent la France ; là où elle
ne trouvera pas des hostilités, elle rencontrera
tout au moins de l'indifférence et de l'inertie.

PETITE DIPLOMATIE DU REPRÉSENTANT DE LA JEUNE FRANCE.

AN 1797.

Bénéfices faits sur les fonds français et étrangers pendant les négociations de Lille. . . . . 1,500,000 fr.

Reçu du Portugal. 1,200,000

—— de l'Autriche pour les articles secrets de Campo-Formio. 1,000,000

—— de la Prusse pour communication de ces articles et promesse d'empêcher qu'ils soient exécutés. 1,000,000

—— de l'électeur de Bavière pour le même objet. 500,000

—— des prétendans aux indemnités de l'empire dans les six 1ers. mois du congrès de Radstadt. 1,800,000

—— de Naples pour la continuation de la neutralité. 500,000

—— du roi de Sardaigne pour la continuation de la neutralité. . . . 300,000

—— du grand-duc de Toscane, pour faire respecter la neutralité de ses états. 500,000

—— du pape, pour la ratification du traité de neutralité conclu avec la république française. 150,000

—— de la république cisalpine, pour lui obtenir une nouvelle constitution. 1,000,000

—— de la république batave, pour
ajourner la nouvelle constitution. 1,200,000

—— de la république ligurienne, pour
améliorer sa vieille constitution. . 200,000

Part des prises faites sur les neutres par
les corsaires français. 2,000,000

Présent du prince de la Paix. 1,000,000

———— du grand - visir. 600,000

———— des villes anséatiques. 500,000

AN 1798.

Reçu des nouveaux prétendans aux indemnités germaniques. 900,000

Bénéfices sur les fonds français et étrangers. 1,000,000

Reçu des villes impériales de Nurem-
berg, Francfort et Augsbourg. . 500,000

Part des dépouilles de la Sicile. 1,600,000

———————————— de Rome. 1,000,000

Reçu du ministre du roi de Naples,
chevalier Acton. 600,000

—— du ministre du roi de Prusse,
comte de Haugwitz. 500,000

—— du ministre de l'empereur, prince
Colloredo. 750,000

—— du directoire cisalpin. 1,000,000

———————————— batave. 1,300,000

———————————— ligurien. 150,000

———————————— helvétique. 200,000

Part des prises faites sur les neutres
et conduites dans les ports fran-
çais. 1,400,000

An 1799.

Reçu du margrave de Bade, pour re-
nouvellement de son traité de
neutralité avec la république française. 500,000
—— du landgrave de Hesse, pour *id*. 650,000
—— des villes anséatiques. 600,000
—— de l'ambassadeur d'Espagne, chevalier d'Azzara. 750,000
—— des cabinets de Madrid et de Lis-
bonne , pour disloquer l'armée qui
devait envahir le Portugal, sous
le commandement d'Augereau. . 1,200,000
Part des dépouilles du Piémont. . . . 800,000
——————————— de Naples. 1,400,000
—— des prises faites sur les neutres,
et conduites dans les ports français. 850,000
—— des prises faites sur les neutres,
et conduites dans les ports espa-
gnols. 450,000
Présent du général Bonaparte au retour d'Égypte. 600,000
Présent du directoire batave. 1,000,000

An 1800.

Spéculations sur les fonds français et
étrangers. 8,000,000
Reçu de l'Autriche, pour divers armistices. 1,200,000
—— de la Prusse, pour obtenir que
ces armistices ne fussent pas pro-

longés sans de nouveaux sacrifices
de territoire. 1,000,000

—— de l'Espagne pour obtenir l'érec-
tion de la Toscane en royaume
au profit de l'infant de Parme. . 2,200,000

—— du Danemarck, pour obtenir un
traité de subsides. 500,000

—— de divers princes allemands pour
traités séparés de neutralité. . . . 1,500,000

—— du ministre bavarois, Montgelas. 500,000

—— des nouveaux ministres de la république cisalpine. 600,000

—— du ministre russe, comte Rostop-
chin. 750,000

—— de divers négocians grecs et al-
gériens, pour fournitures à faire à
l'armée d'Orient. 400,000

—— de Pie VII, pour son exaltation
et la paix faite avec la république. 600,000

—— de quelques Napolitains et autres
patriotes Italiens, pour rentrer
dans leur patrie et leurs biens. . 200,000

—— de divers états Barbaresques,
pour obtenir la paix de la république. 600,000

—— des Etats-Unis d'Amérique, pour
la paix conclue avec la république. 500,000

(La suite à la prochaine livraison.)

SITUATION POLITIQUE DE LA VILLE DE LYON

EN 1814,

Tiré des papiers du duc de C........

Pour se faire une juste idée de l'esprit public dans cette ville, il faut se reporter à l'époque de la restauration, et connaître toutes les circonstances qui influèrent alors sur l'opinion, en suivant leurs effets jusqu'au moment actuel.

Au mois de mars dernier, lorsque les armées étrangères s'approchèrent de Lyon, les chefs de l'armée française et les magistrats de la ville s'entendirent pour sauver et conserver à la France cette importante cité. Les citoyens furent éclairés sur leurs véritables intérêts. On fit valoir à leurs yeux les avantages d'un gouvernement juste et paternel ; et bientôt, avant même que les événemens de Paris fussent connus, les *Bourbons* furent proclamés ; mais l'armée autrichienne vit cette restauration avec déplaisir ; elle aurait voulu la régence ; elle ne fut donc ni plus sage ni moins exigeante : les habitans des campagnes eurent beaucoup à souffrir ; et ceux de la ville, écrasés de logemens militaires, ne jouirent pas sur-le-champ des avantages que leur promettait le retour du souverain légitime. Ainsi donc c'est à la seule présence des troupes autrichiennes qu'il faut attribuer le peu de progrès que fit alors l'opinion publique.

Mais lorsque la restauration fut consolidée par des moyens aussi sages qu'éclairés, lorsque la Charte constitutionnelle eût assuré les droits de tous, toute réaction paraissant impossible, les citoyens se rallièrent de bonne foi aux Bourbons.

Alors même se forma dans le quartier de Bel-lecour une coterie de mécontens, qui désapprouva tout ce qui se faisait; elle aurait voulu la contre-révolution avec tous ses abus; elle feignit de ne pas croire à la liberté du roi et aux idées libérales qu'il professe. Cette coterie déclame hautement contre toutes les institutions que S. M. a créées ou maintenues; elle calomnie tous les hommes qui ont servi la France sous l'ancien gouverne-ment, et auxquels on doit cependant la restaura-tion. Elle voudrait tout renverser, faire oublier tous les services, et surtout être exclusivement employée par le gouvernement actuel. Qu'en est-il résulté? La crainte d'une réaction. Les mé-contens d'un autre genre en profitent pour semer l'inquiétude et la méfiance, et créer des élémens de troubles et de désordres. Aussi toutes les classes de la société, les négocians, les manufacturiers, les propriétaires, se réunissent pour offrir une opposition aux plans et aux projets de la coterie qui veut le roi exclusivement pour elle, tandis que tous les citoyens, très-dévoués aux Bourbons, veulent le roi pour tout le monde.

C'est ce parti qui a déclaré une guerre ouverte au préfet; et c'est par conséquent à ce parti que le maire a voulu se rallier.

Ce parti, au surplus, par ses exagérations, par ses actes de démence, s'est affaibli en même temps qu'il s'est déconsidéré; il est aujourd'hui réduit à peu près à rien. La généralité des habitans rend plus que jamais justice à M. de Bondy, qui, dans tous les temps, a bien mérité de ses administrés, qui s'est fait un devoir d'adoucir les mesures rigoureuses du dernier gouvernement, et qui, dans les dernières circonstances, a donné des preuves éclatantes de son dévouement au roi et de sa sollicitude pour le département qui lui est confié.

Toutes ces passions, toutes ces exagérations rendent l'administration plus difficile. Aux yeux des gens sensés, le maire n'est plus qu'un homme de parti. Aux yeux même de ce parti, auquel il s'est offert, il est sans moyens et d'une nullité absolue; il est donc sans influence.

M. d'Albon fut appelé en 1813 à la mairie de Lyon par M. de Montalivet, alors ministre de l'intérieur. Sa nomination fut l'effet des intrigues de sa femme et de sa belle-mère. Jamais homme ne fut moins propre à une place administrative quelconque. Dans les circonstances difficiles où la ville de Lyon s'est trouvée, il n'a su rien concevoir, rien dire, rien exécuter. Toutes les mesures prises appartiennent à ses adjoints, et spécialement à M. de Sainneville, qui a fait preuve des plus grands talens. Quant à M. d'Albon, il est absolument nul; il est aujourd'hui abandonné de tout le monde, de son parti, de ses coopérateurs; tout languit, tout souffre dans la ville.

La mairie de Lyon demande, aujourd'hui surtout, un homme d'un grand caractère, qui sache allier à beaucoup de fermeté une modération constante, qui, étranger à tous les partis, sache les fondre et rallier toutes les opinions aux intérêts du roi. Le maire actuel est tellement déconsidéré qu'il ne peut rien ni pour le service du roi, ni pour le bien de la ville.

Quant au commerce de Lyon, il est d'une telle importance qu'il faut tout faire pour lui. Monsieur l'a promis au nom du roi. Cette assurance a été fort agréable; les négocians en espèrent le plus heureux résultat. En ce moment, la fabrique des étoffes de soie a quelque activité, la chapellerie travaille; mais il est d'autres branches d'industrie qui languissent, d'autres qui n'existent plus. La chambre de commerce a remis un mémoire; il est à désirer qu'il soit pris en considération.

Lyon, sous les rois de France, par ses institutions particulières, par le régime de son administration, formait un état dans l'état. Ces
institutions, ce régime municipal offraient aux
citoyens la carrière qu'ils avaient à parcourir.
Elle suffisait à leur ambition. Aidé des faveurs de
la fortune, le négociant débutait par l'administration des hôpitaux. Successivement appelé au
conseil des notables, au tribunal de commerce, il
parvenait à l'échevinage, qui lui conférait une
noblesse honorable. Là se bornaient sa carrière et
son ambition. Il avait acheté une terre; il en
prenait le nom, et sous ce nom il prenait domi-
cile dans le quartier de Bellecour. C'est là à très-
peu près l'origine plus ou moins ancienne de
toutes les familles nobles de Lyon, ou, pour me
servir de l'expression usitée, de la noblesse de
Bellecour. Mais, par une fatalité singulière, cette
noblesse oubliait bientôt son origine et ses idées.
Ses mœurs, ses prétentions étaient constamment
en opposition avec l'esprit du commerce, du sein
duquel elle était sortie; en un mot, il y avait une
division constante entre le quartier de Bellecour
et celui des Terreaux (celui-ci est le quartier du
commerce). Cet esprit d'opposition, de rivalité,
subsiste encore; il a survécu à vingt-cinq ans de
révolution; mais il faut remarquer que le nombre
des familles nobles est singulièrement diminué.
Les unes se sont éteintes, d'autres se sont expa-

triées. L'opinion du quartier de Bellecour ne doit donc plus être comptée ; elle n'est plus celle de la ville ; c'est uniquement dans le commerce qu'il faut chercher à connaître l'esprit public de Lyon ; c'est l'opinion du commerce qu'il faut apprécier ; c'est le commerce qu'il faut essentiellement protéger, qu'il faut honorer et dans l'intérêt de la ville et dans celui de l'état, parce que ce commerce fournit actuellement cinquante millions dans la balance.

Les habitans de Lyon ont un caractère d'indépendance très-prononcé ; c'est l'esprit du commerce. Entièrement occupés de leurs travaux, ils n'ambitionnent pas les places, et ne désirent pas les honneurs ; ils sont attachés à la royauté, et dévoués aux Bourbons : le siége mémorable qu'ils ont soutenu l'a prouvé. Ils sentent tous le prix d'un gouvernement juste, modéré, paternel ; dont la protection soutenue garantit le succès de leurs opérations commerciales ; mais ils sont exigeans, difficiles à gouverner. Il faut que leurs magistrats soient des hommes d'un mérite distingué. Il faut que ces magistrats s'occupent constamment et avec succès des intérêts de la cité et de la prospérité du commerce. Il faut surtout que le premier magistrat de la ville sache se rapprocher tellement de toutes les classes de la société qu'on ne puisse lui reprocher d'en dédaigner aucune. Il ne doit être l'homme d'aucun parti, d'aucune coterie ; juste et impartial, il doit travailler sans cesse à réunir les opinions, à les fondre dans l'intérêt général, et les rattacher au roi. Tel doit être le caractère du maire.

Il est une autre magistrature à recréer, sous quelque titre que ce soit, celle qui doit être chargée de la police ; elle ne peut pas, sans de graves inconvéniens, faire partie des attributions de la mairie.

Et d'abord, le maire veut-il l'exercer lui-même ? Chargé d'une administration immense, il ne peut y consacrer que quelques instans. Il faut qu'il l'abandonne aux employés sous ses ordres, qui la font tant bien que mal rouler dans l'ornière de la routine. Les abus se multiplient, car c'est là surtout que l'œil du maître est nécessaire.

Le maire peut déléguer la police à un de ses adjoints, et c'est ce qu'il a de mieux à faire. Mais cet adjoint a-t-il des talens, obtient-il quelques succès ? Il a bientôt excité la jalousie du maire : c'est ce que l'expérience a démontré. D'ailleurs le zèle, le dévouement de cet adjoint ne sont-ils pas refroidis par la pensée qu'il n'est que le commis du maire, révocable à sa volonté ; par la crainte de voir, à cette volonté, altérer les institutions qu'il aurait créées ; par la pensée qu'à la moindre absence tout va se relâcher, et que rien de ce qu'il a conçu et entrepris ne sera suivi et maintenu. C'est encore là une vérité d'expérience.

Il existe encore un motif plus puissant de détacher la police des attributions de la mairie de
Lyon.

Les trois faubourgs de la Guillotière, de Vaise
et de la Croix-Rousse, forment chacun une commune et une mairie séparée et indépendante de
la ville. Il n'est ni convenable ni possible, à moins
de tout désorganiser, d'attribuer à la mairie de
Lyon la police de ces faubourgs, et néanmoins
cette étendue de juridiction est nécessaire pour
que la police soit bien faite. Il faut même qu'elle
embrasse encore la banlieue, comme elle le faisait avant la révolution, sous le lieutenant-général
de police.

En effet, comment le magistrat peut-il régulariser les marchés et assurer les approvisionne-
mens, si son autorité n'atteint pas ceux qui ap-
provisionnent? Il veut combattre le monopole,
et les achats intermédiaires qu'il prohibe se font
impunément dans les faubourgs.

Vainement il maintient dans la ville l'exécution
des règlemens concernant les ouvriers : ils échap-
pent à son autorité, en passant des ateliers de la
ville dans ceux des faubourgs ; et combien cette
malheureuse facilité n'est-elle pas nuisible dans
une ville toute manufacturière?

Enfin, et c'est là le mal le plus funeste, toutes
les mesures de police sur les passe-ports, sur les
auberges, sur les voitures publiques, en un mot,

tout ce qui constitue la police de sûreté, n'a plus d'action au delà des barrières de la ville ; les vagabonds, les mendians, les malfaiteurs de toute espèce, ont un abri dans les faubourgs, où l'insuffisance des moyens dont les autorités locales peuvent disposer ne permet pas de les surveiller et de les rechercher avec succès.

Tel est l'état de la police à Lyon, surtout depuis la suppression du commissaire général, qui par le fait était spécialement chargé de la police de sûreté. Aujourd'hui la mairie ne la fait avec quelque succès que par extension, et parce que les maires des faubourgs tolèrent qu'elle appelle à ses audiences les commissaires de police de leurs communes, et qu'elle attire à elle tout ce qui tient à cette partie de l'ordre public.

Tout démontre donc la nécessité de faire de la police de la ville, faubourgs et banlieue de Lyon, une magistrature indépendante et séparée de la mairie. Mais il est également essentiel de ne la confier qu'à un magistrat connu de ses concitoyens, investi de leur estime, et ayant tous les droits à leur confiance. Il faut se garder d'y appeler un étranger, qu'ils regarderaient comme l'homme du gouvernement, qu'ils croiraient leur ennemi s'il n'était pas leur ami, et dont leur méfiance contrarierait les opérations les plus utiles, les plus bienfaisantes.

ÉPISODE DE LA VIE DE LOUIS-PHILIPPE Iᵉʳ.

(Par M. Rouzet de Folmont.)

Fatigué de tout ce que les ennemis de son père avaient fait pour le compromettre, Louis-Philippe s'était réfugié aux environs de Hambourg; mais cette ville, trop peuplée d'étrangers et d'émigrés, ne le rassurant pas suffisamment sur les suites des insidieux propos qui pouvaient compromettre la sûreté de sa mère et de ses frères détenus en France, il se décide à s'éloigner, et s'enfonce dans les glaces du Nord pour préserver les siens des brûlantes fureurs des partis.

Il se met en route pour la Scandinavie; il passe par les duchés de Holstein, de Schleswick, se rend à Copenhague, et visite tout ce que cette capitale offre de plus intéressant.

Il se rend de là en Suède, passant le Sund à Elseneur pour visiter Helsimbourg; de là, suivant la rive occidentale, il entre à Gothenbourg; remonte au lac Wener, pour voir les superbes cascades du fleuve de Gothie, et les canaux destinés à en faciliter la navigation.

Il prend ensuite la route de Norwége par Wenersborg, séjourne à Friderichs-Hall, pour y voir a citadelle et la place où Charles XII fut tué en l'assiégeant.

Il se rendit ensuite à Christiana ou Anslo, capitale de la Norwége, où le bon accueil et les félicitations des principaux habitans le retinrent pendant dix jours.

Les villes de ce pays offrant peu d'intérêt, et presque toutes étant sur les côtes, il préféra se rendre à Drontheim, par l'intérieur, pour examiner les vallées de Gulbrandsthal, et les hautes montagnes de Dorrs-Field, qu'on lui avait dit, avec quelque raison, pouvoir être comparées à plusieurs parties de la Suisse.

Il y trouva l'avantage de pouvoir examiner l'exploitation des bois et des mines, seules richesses du pays, et d'acquérir sur les forges et fonderies de fer et de cuivre des notions qu'il n'avait pas.

Il se reposa une semaine à Drontheim, où il reçut le même accueil qu'à Anslo, quoique toujours sous un autre nom que le sien. Le baron de Crog, gouverneur, qui réside dans cette ville, la plus septentrionale de l'Europe fréquentée, se distingua parmi ceux qui prodiguèrent à l'intéressant voyageur des prévenances et des égards.

Le Nord, offrant au fils aîné du duc d'Orléans beaucoup plus d'intérêt et de sujets d'instruction qu'il ne s'y était attendu, il résolut d'aller jusqu'à l'extrémité du continent. Pressé d'y arriver vers l'époque du solstice, il hâta son départ de Drontheim, afin d'être sous le cercle polaire dans la saison où le soleil reste plusieurs jours sous l'horizon dans cette partie du globe.

A cinquante lieues au nord de Drontheim il n'est plus possible de voyager à cheval. Le pays, aride et tout-à-fait désert, n'est habité que par quelques hordes de Lapons errans; les voyageurs sont obligés de se servir de chaloupes, et de longer une côte de rochers nus, dépourvus de tous végétaux. On y trouve à peine, à de très-grandes distances, quelques huttes qui servent d'asile aux pêcheurs norwégiens et lapons.

L'ennui et les difficultés de ce long voyage furent compensés par la singularité que présentent cette contrée et ses habitans. Le fils aîné du duc d'Orléans y jouit du spectacle de la pêche de la morue, aussi abondante que celle de Terre-Neuve. Il y vit un peuple vivant uniquement de la pêche, et cependant dans une certaine aisance.

Pendant près de quatre mois le voyageur jouit d'un jour non interrompu, ce qui facilita beaucoup ses courses. Il visita les îles de Loffouren, célèbres par leurs pêcheries, et par le tourbillon, dit le Maëlstrom, tant redouté par les navigateurs. Cette marche le conduisit à environ trois degrés au delà du cercle polaire, et par conséquent à moins de vingt degrés du pôle.

Satisfait des curiosités naturelles et des vestiges

d'antiquité qui l'avaient frappé dans cette contrée, le fils aîné du duc d'Orléans quitta les bords
de la mer vers le 69° degré de latitude, et s'en-
fonça à environ vingt-trois lieues dans l'intérieur
du pays, afin de voir les Lapons pasteurs, et de
juger de la végétation dans les contrées les plus
froides, les moins connues de notre continent.

Cette partie du voyage, de plus de trois semaines fut faite à pied, et en campant tous les
jours. Des Lapons avec leurs rennes transpor-
taient le petit équipage et les provisions qu'il ne
fallait pas négliger, dans un pays où l'on ne
trouve pour toute nourriture que du lait et de
la viande de renne.

L'intéressant voyageur s'étant proposé d'aller
jusqu'au cap Nord, à environ dix-huit degrés du
pôle, après trois semaines de voyage par terre,
rejoignit les côtes, et reprit les chaloupes dont
il se servit jusqu'audit cap.

Il y séjourna pendant environ trois semaines ;
et, sans la difficulté de trouver des embarcations,
son projet était de rentrer par la mer Blanche,
Archangel et la Finlande ; mais il se décida pour
la route directe, par terre, vers Torneo, quoique
la plus difficile et réputée même impraticable
dans cette saison. Il partit au commencement de
septembre, d'un petit port nommé Hammersfort,
voyageant, comme à sa première incursion en La-
ponie, à pied et avec des rennes.

Il traversa en quinze jours le désert, qui sépare la mer du Nord du fleuve dit Torneo, sur lequel il s'embarqua dans un batelet et se rendit en dix jours à Torneo, à l'extrémité du golfe de Bothnie, malgré que la navigation de ce fleuve remarquable soit si dangereuse, à cause des rapides et des cascades qui y sont en très-grand nombre.

L'arrivée du jeune prince, faisant servir le malheur à son instruction, étonna avec raison les habitans du lieu où la munificence française avait envoyé Maupertuis et ses collaborateurs pour mesurer entre autres un degré du méridien sous le cercle polaire, opération du même genre que le fils aîné du duc d'Orléans fugitif venait d'examiner à cinq degrés plus près du pôle.

De Tornéo le voyageur descendit à Abo, en suivant la rive occidentale du golfe de Bothnie, d'où il parcourut, dans la Finlande, le théâtre de la dernière guerre entre les Russes et les Suédois.

Son *incognito* n'empêcha pas les chefs militaires et civils d'admirer ses connaissances, son désir de s'instruire, et ses autres qualités qui, autant que sa naissance et ses malheurs, lui attiraient toutes sortes d'égards.

Parmi les personnes qui se firent remarquer en ce genre, on pourrait entr'autres citer le baron de Klingspor, gouverneur de la Finlande et de la Bothnie, et le baron de Fleming.

Pour se rendre d'Abo à Stockolm, on passe l'Archipel des îles d'Oeland., à l'extrémités des golfes de Finlande et de Bothnie ; et le fils aîné du duc d'Orléans ne fut pas arrêté par les dangers de cette traversée.

Arrivé à Stockolm, au mois de novembre, le voyageur, confiant dans les antiques relations de la cour de Suède avec son pays, autant que curieux de connaître cette capitale, s'y arrêta ; mais, huit ou dix jours après son arrivée, il fit donner avis au comte de Sparre, chancelier de Suède, des craintes qu'il avait que son *incognito* ne fût pas conservé. Le comte de Sparre lui ayant répondu de la manière la plus obligeante, le fils aîné du duc d'Orléans l'engagea à faire parvenir au roi et au duc de Sudermanie, alors régent, l'expression de ses sentimens.

Dans cet intervalle, et avant que le chancelier se fût rendu l'organe des vœux du voyageur, le roi et le régent de Suède firent témoigner au fils aîné du duc d'Orléans le plus vif désir de le voir sans compromettre son *incognito*, et ils lui offrirent de participer aux fêtes qu'on préparait alors pour le mariage et la majorité du roi.

Le voyageur, craignant toujours pour les précieux dépôts qui lui restaient en France, demanda qu'il lui fût permis de s'abstenir de paraître dans des cérémonies publiques ; et le roi, ainsi que le régent, se prêtant avec une grâce et une affabilité parfaites aux vœux du sage voyageur, le reçurent plusieurs fois dans les appartemens du régent, n'ayant jamais pour tiers que le premier ministre, le baron de Reutesholm ; ils lui prodiguèrent les offres et les attentions les plus obligeantes ; ils firent donner tous les ordres nécessaires pour que le jeune prince pût voir tout ce qu'il croirait mériter son attention, tant à Stockolm que dans tout le royaume. Ils portèrent la délicatesse jusqu'à faire offrir à la personne qui accompagnait le voyageur l'argent qu'il voudrait accepter, au titre qui lui serait le plus agréable. Mais le prince, trop jaloux d'inspirer au roi et au régent des sentimens flatteurs pour lui, se borna à des remercîmens et à former des vœux de pouvoir un jour exprimer toute sa sensibilité.

En partant de Stockolm, le fils aîné du duc d'Orléans alla visiter les mines de Dalécarlie, province qui servit de retraite à Gustave Wasa, échappé des prisons de Danemarck, et l'on se doute bien que ce fut avec un véritable attendrissement que le voyageur entra dans la ferme qui avait recueilli ce roi sous les habits d'un paysan, et qu'il parcourut les lieux illustrés par ses actions.

Après avoir vu dans les plus grands détails les mines et fonderies de cuivre de Fahlun, celle de fer de Mora, celles d'argent de Sala, et plusieurs autres, le voyageur prit la route du Sud, par Norköping et Calmar, et alla voir le bel arsenal de marine à Carlscron, où les ordres du roi avaient prévenu son arrivée, et enjoint aux gouverneur et commandant de ne rien négliger pour qu'il pût voir en entier ce magnifique établissement.

Le voyageur passa de là à Helsimbourg, sur le Sund, dans la province de Scanie ou Schonen; il y passa le détroit pour se rendre à Copenhague, où il y séjourna encore huit jours.

Il y vit plusieurs fois le comte de Bernstorf, premier ministre, qui admira les qualités et l'instruction du prince, particulièrement sur ce qui concerne le nord de l'Europe. De là il passa à Lubeck.

C'était pendant que cet intéressant jeune homme, loin de tous les intrigans et de toute espèce d'intrigues, se livrait à des fatigues aussi instructives, que des malveillans le supposaient à la tête d'un parti de révolutionnaires pour lui faire reprendre la suite des vues ambitieuses supposées à son père, tandis que d'un autre côté, ses frères, détenus à Marseille, au mépris du traité d'échange des conventionnels, du ministre et des ambassadeurs prisonniers en Autriche, qui leur assurait une entière liberté, se trouvaient exposés aux fureurs de ces mêmes révolutionnaires, au point de les décider à l'évasion, lors de laquelle le duc de Montpensier se cassa une jambe en voulant descendre par une fenêtre.

Cependant, leur respectable mère, pleine de confiance dans les sentimens et la droiture de son fils aîné, avait assez compté sur son cœur et sur ses principes pour assurer au gouvernement qu'il passerait en Amérique, si elle le lui demandait; et le gouvernement étant enfin parvenu à découvrir ce grand conspirateur dans la petite ville de Friderichstadt, duché de Holstein, cet ambitieux, qu'on supposait à la tête d'un parti formidable, reçut au mois d'août 1796, par le ministre de la république, à Bremen, une lettre en ces termes :

« Les événemens qui se sont accumulés sur la
» tête de ta pauvre mère, depuis l'instant où elle
» a eu le malheur d'être privée de la consolation
» de communiquer avec toi, en achevant de rui-
» ner sa santé, l'ont rendue encore plus sensible à
» tout ce qui a rapport aux objets de son af-
» fection.

» Son pays et ses enfans multipliant depuis
» long-temps ses sollicitudes, tu ne te borneras
» pas sans doute à les partager lorsque tu sauras
» que, même dans tes malheurs, tu peux encore
» les servir.

» L'intérêt de ta patrie, celui des tiens, te
» demandent de mettre entre nous la barrière des
» mers. Je suis persuadée que tu n'hésiteras pas
» à leur donner ce témoignage d'attachement,
» surtout lorsque tu sauras que tes frères, déte-
» nus à Marseille, partent pour Philadelphie, où

» le gouvernement leur fournira de quoi exister
» d'une manière convenable.

» Les revers ayant dû rendre encore plus pré-
» coce la maturité de mon fils, il ne refusera pas
» à sa bonne mère la consolation de le savoir
» auprès de ses frères.

» Si l'idée de notre séparation est déchirante
» pour mon cœur, celle de votre réunion en
» adoucira bien l'amertume.

» Que la perspective de soulager les maux de
» ta pauvre mère, de rendre la situation des
» tiens moins pénible, de contribuer à assurer le
» calme à ton pays... que cette perspective exalte
» ta générosité, soutienne ta loyauté!... Tu n'as
» pas sans doute oublié, mon bien-aimé, que la
» tendresse de ta mère n'a pas besoin d'être exci-
» tée par de nouveaux actes de ta part propres
» à la justifier.... Que j'apprenne bientôt que mon
» Léodgard, que mon Antoine ont embrassé leur
» ami; que leur mère reçoit en eux les démon-
» strations et les preuves des sentimens de son
» fils.... Arrive à Philadelphie en même temps
» qu'eux,.... plus tôt, si tu le peux;.... le mi-
» nistre de France, à Hambourg, facilitera ton
» passage;.... qu'il le connaisse du moins.... Ah!
» que ne puis-je aller moi-même presser contre
» le sein trop déchiré de cette si tendre mère,
» celui qui ne lui refusera pas le soulagement
» qu'elle réclame!

» Si cette lettre parvient à mon bien-aimé,
» j'espère qu'il ne différera pas de répondre à sa
» si tendre mère, et de lui procurer enfin la
» consolation de recevoir une fois de ses nouvelles,
» comme, hélas. elle a aussi, pour la première
» fois, la satisfaction de lui en donner des siennes.
» Il voudra bien l'adresser sous le couvert du mi-
» nistre de la police générale de la république, à
» Paris.

» *P. S.* J'aime à croire que depuis environ
» trois mois, malgré l'impossibilité où j'ai tou-
» jours été de t'écrire, et quoique bien indirec-
» tement, tu auras connu l'extrême désir de ta
» mère, de te savoir bien éloigné de tous les in-
» trigans et de toutes les intrigues qu'elle ne sau-
» rait assez te recommander de fuir. »

La date de cette lettre est du 8 prairial l'an IV,
qui correspond au 27 mai 1796. Il y avait déjà
plus de deux mois que le gouvernement français cherchait, par ses agens, à découvrir la
retraite de ce chef de parti, qu'on publiait être
à la tête d'une armée d'ambitieux ; et ce ne fut
encore qu'au mois d'août, après une recherche
d'environ six mois, que le ministre de France à
Bremen lui fit passer, comme on l'a déjà vu,
ladite lettre à Friderichstadt, d'où il écrivit sans
aucun délai, le 15 dudit mois d'août, la lettre
suivante :

« Je reçois avec joie et attendrissement, ma

» chère maman, la lettre que vous m'avez écrite
» de Paris le 8 prairial, et que le ministre de la
» république, près des villes anséatiques, m'a fait
» passer par ordre du Directoire exécutif.

» Conformément à ce que vous m'ordonnez,
» j'adresse cette réponse sous le couvert du mi-
» nistre de la police générale.

» Quand ma tendre mère recevra cette lettre,
» ses ordres seront exécutés, et je serai parti
» pour l'Amérique.

» En accusant au ministre de France, à Bre-
» men, la réception de votre lettre et de celle
» qu'il m'a écrite en me l'envoyant, j'ai cru
» pouvoir lui demander (d'après ce que vous m'a-
» vez mandé et qu'il m'a confirmé) les passe-
» ports nécessaires à la sûreté de ma route, et,
» dès que je les aurai reçus, je m'embarquerai sur
» le premier bâtiment qui partira pour les États-
» Unis.

» Assurément, quand j'aurais de la répu-
» gnance pour le voyage que vous me deman-
» dez d'entreprendre, je n'en mettrais pas moins
» d'empressement à partir; mais c'était celui que
» je désirais toujours plus pouvoir faire; et je ne
» fais à présent qu'accélérer l'exécution d'un pro-
» jet qui était déjà définitivement arrêté. Il y a
» même long-temps que je serais parti si je
» n'eusse été constamment retenu par une suite
» de circonstances également bizarres et mal-

» heureuses. Je n'entreprendrai pas de vous en
» faire le triste et inutile détail. J'espérais que, dans
» peu tous les obstacles qui m'arrêtaient seraient
» aplanis; mais il n'en est point que votre lettre
» ne détruise. Je vais partir sans différer davan-
» tage. Et que ne ferais-je pas après la lettre que
» je viens de recevoir! Je ne crois plus que le
» bonheur soit perdu pour moi sans ressource,
» puisque j'ai encore le moyen d'adoucir les
» maux d'une mère si chérie, dont la position et
» les souffrances m'ont déchiré le cœur depuis si
» long-temps. Je n'ose examiner si je peux con-
» server l'espérance de la revoir jamais. Mais
» serais-je donc toujours privé de la consolation
» de voir de temps en temps quelques lignes de
» son écriture, et de savoir au moins comment
» elle se trouve.

  » Je crois rêver quand je pense que dans peu
» j'embrasserai mes frères, et que je serai réuni à
» eux; car je suis réduit à pouvoir à peine croire,
» ce dont le contraire m'eût paru jadis impos-
» sible. Ce n'est pas cependant que je cherche à
» me plaindre de ma destinée, et je n'ai que trop
» senti combien elle pouvait être plus affreuse;
» et, même à présent, je ne la croirai plus mal-
» heureuse si, après avoir retrouvé mes frères,
» j'apprends que notre mère chérie est aussi bien
» qu'elle peut l'être, et si j'ai pu encore une fois
» servir ma patrie en contribuant à sa tranquil-

» lité et par conséquent à son bonheur. Il n'y a
» pas de sacrifices qui m'aient coûté pour elle,
» et, tant que je vivrai, il n'y en a point que je ne
» sois prêt à lui faire.

» Il m'est impossible, puisque j'écris à ma
» chère maman, de ne pas saisir cette occasion
» de lui dire que depuis long-temps je n'ai plus
» de relation avec madame de Genlis; elle vient
» même de faire publier à Hambourg une lettre
» qui m'est adressée, accompagnée d'un précis
» (*très-inexact*) de sa conduite pendant la ré-
» volution, et dans lequel elle ne respecte pas
» même la mémoire de mon malheureux père.
» Je ne compte certainement pas répondre à la
» lettre qu'elle m'écrit; mais je crois de mon
» devoir de rétablir dans leur intégrité une par-
» tie des faits qu'elle a tronqués. Je ferai impri-
» mer à Hambourg ce petit écrit, et j'aurai soin
» qu'il en soit adressé un exemplaire au ministre
» de la police générale, espérant qu'il voudra bien
» vous le faire remettre.

» Adieu, ma chère maman; rien n'égale la
» joie que j'ai ressentie en revoyant de votre
» écriture, dont j'étais privé depuis si long-temps.
» Puissé-je apprendre bientôt que votre santé
» s'améliore, et le savoir de vous! Soignez bien
» cette santé qui nous est si précieuse; et si ce
» n'est pas pour vous, au moins que ce soit pour
» vos enfans. Adieu; votre fils vous embrasse de

» toute son âme, et croyez qu'il est bien heureux
» de pouvoir encore vous obéir. »

Un mois après, le 15 septembre, le même
écrivit par la même voie à sa mère.

« A bord du vaisseau *América*, dans le port de Hambourg.

» Il y a déjà long-temps, ma chère maman,
» que vos ordres seraient exécutés, et que je se-
» rais parti pour Philadelphie, si un vent d'ouest
» permanent ne nous empêchait pas de sortir de
» l'Elbe. Comme il me sera impossible d'écrire
» au moment où nous mettrons à la voile, je
» laisserai cette lettre à un négociant de Ham-
» bourg, qui voudra bien se charger d'y ajouter
» l'époque du départ de *l'América*. Je suis sur un
» vaisseau américain, doublé en cuivre, et fort
» bien arrangé intérieurement; le capitaine est
» un fort bon homme, et nous sommes bien
» nourris. Soyez sans aucune inquiétude pour
» ma route, ma chère maman; le ministre de
» France m'a délivré les passe-ports que j'avais
» demandés pour moi, il a eu même l'attention
» d'y joindre une lettre pour le ministre de la
» république près les États-Unis. Ainsi, vous pou-
» vez être parfaitement tranquille sous tous les
» rapports. Il me tarde beaucoup d'avoir des nou-
» velles de mes frères, dont je suis privé depuis
» si long-temps. Les gazettes ne nous ayant pas
» annoncé leur départ, je crains qu'il ne soit pas

» encore effectué ; j'en attends la nouvelle avec
» une impatience bien vive.

» Vous trouverez, joint à cette lettre, un exem-
» plaire du petit écrit dont je vous ai parlé dans
» ma première.

» Adieu, ma chère maman ; votre fils vous
» chérit et vous embrasse de toute son âme ; c'est
» aussi de toute son âme qu'il souhaite que le
» voyage qu'il entreprend puisse avoir l'effet que
» vous en attendez, et améliorer enfin la cruelle
» position des siens, qui pèse sur son cœur depuis
» si long-temps. »

Le fils aîné du duc d'Orléans n'avait pas à cette
époque vingt-trois ans. Il sortit de l'Elbe le
24 septembre ; il arriva à Philadelphie en vingt-
sept jours. Il déposa à la légation française des
États-Unis copie du mandat d'arrêt qui l'avait
forcé de quitter l'armée, copie de son passe-port,
des expéditions de ses services ; en un mot, de
tous les actes relatifs à sa conduite politique.
L'expédition des actes a été aussi envoyée au
ministre des relations extérieures, qui doit l'avoir
dans ses bureaux.

Le passage de ses deux frères ne fut pas, à
beaucoup près, aussi heureux. Ils sortirent du
port de Marseille, le 5 novembre, sur le vaisseau
suédois *le Jupiter* ; et ce ne fut que le 6 février
suivant que, ne pouvant arriver jusques à Philadelphie, à cause des glaces de la Delaware, ils

débarquèrent à Marcushook, bourg à vingt milles de la capitale de Pensylvanie, et, le lendemain 7, leur frère les y embrassa.

Pendant les quatre mois que le fils aîné du duc d'Orléans resta à Philadelphie dans l'attente de ses frères, il prit une connaissance exacte du pays, et projeta de leur proposer un cours d'instruction, comme il en avait lui-même fait un dans le nord de l'Europe. Il le crut d'autant plus utile, que son jeune frère, le comte de Beaujolais, renfermé à l'âge de treize ans, lui paraissait encore plus susceptible de s'y livrer.

Les trois frères n'auraient pas hésité à exécuter ce plan, quand les folliculaires de Philadelphie ne leur eussent pas donné le désir de ne point mener une vie sédentaire dans un lieu où, n'ayant point d'occupations assez attachantes, les égards qu'avait pour eux une société opulente et active ne pouvaient servir qu'à leur faire mieux sentir le poids de leur position..... Combien elle était pénible !.... Ils ne recevaient aucun des secours qu'on leur avait promis. Le Directoire, qui devait pourvoir à tout ce qui pouvait adoucir leur malheur, les laissait dans le plus cruel abandon. Néanmoins ils ne perdirent pas courage. Ils entreprirent de voyager, et partirent à cheval, au commencement d'avril, accompagnés d'un seul domestique.

(La suite à une prochaine livraison.)

MOUVEMENT DES ESPRITS EN 1792 ET 1793.

Mayence, le 26 octobre 1792.

Le général Custine, au président de la Convention nationale.

CITOYEN PRÉSIDENT,

Je m'empresse d'exprimer à la Convention nationale le bonheur que j'éprouve à me trouver dans cette cité, qui naguère était un des plus puissans boulevarts du despotisme, qui recevait des lois de cet électeur qui le premier, et avec le plus de fureur, a provoqué toutes les puissances à la guerre. Je vois que le germe de la liberté était chez beaucoup d'individus, où il demande à se développer.

Avant-hier, 24 du courant, s'est ouvert à Mayence un club sous le titre des Amis de la Constitution et de la République française, où vont se développer les principes d'éternelle vérité qui vont réintégrer les peuples dans leurs droits.

Cette utile institution est due aux soins du professeur Boëhmer et du docteur Wintiking, que l'un et l'autre j'ai cru devoir attacher à la cause de la révolution, et à qui je fais un traitement provisoire de 5oo francs par mois, pour les indemniser des grands sacrifices qu'ils ont faits. Ces deux vertueux hommes s'étaient dépouillés de leurs chaires et de leur état, s'étaient condamnés à la proscription pour avoir professé publiquement les principes qui ont rendu la liberté au peuple français.

Ils seront professés, ces principes, dans une salle de ce superbe palais électoral, où se trouvaient réunis, au mois de juillet dernier, l'empereur François, Frédéric Guillaume, le duc de Brunswick, les électeurs et les ci-devans princes français, pour y préparer et y jurer la ruine de la nation française.

Plus de deux cents citoyens mayençais se sont trouvés avant-hier à la première séance. Hier le nombre était plus que doublé ; on va y inviter les habitans des petites villes et des campagnes.

Il va se former de semblables sociétés à Worms et à Spire ; je vais chercher à engager quelques citoyens de Strasbourg, recommandables par leurs vertus, leurs principes, leurs talens oratoires et leurs écrits, à venir prendre part à ces séances.

Je demande à être autorisé à leur assigner des traitemens, ce que je ferai provisoirement, ne pouvant déplacer de leurs demeures des citoyens aussi utiles, sans leur donner des indemnités.

La république française doit des moyens de s'instruire, à ces peuples que les prêtres et la servitude ont tenus dans la plus profonde ignorance, et je pense servir parfaitement la république, suivant son vœu, en ne perdant pas un instant pour répandre la lumière, et faire germer dans les âmes les principes des vérités éternelles. Ce soin a été un des premiers qui m'aient occupé; même au milieu de mes travaux qui ont été occasionés par les soins de l'administration des nouvelles conquêtes de la république.

Je dois encore employer, multiplier mes jours et mes nuits pour suffire à ma correspondance, aux comptes que j'ai à rendre, à mes plans et aux expéditions que j'ai à faire, à l'administration des pays dont j'ai dû provisoirement conserver les autorités, continuer à faire percevoir les revenus de l'électeur au nom et au profit de la nation, jusqu'à l'époque où il plaira au conseil exécutif provisoire de me faire savoir les intentions de la Convention nationale à cet égard.

Ce dont je dois assurer les représentans du peuple, c'est que, dans cinquante jours, la tête du pont de Mayence finie, toutes les puissances conjurées ne raviraient pas aux armes de la république la ville de Mayence.

C'est que sa force est aussi grande que celle de Landau, avec un développement qui donne bien plus de facilité; c'est que les ouvrages avancés de cette place renferment plus de mines que toutes les places réunies de la France n'en renfermaient en 1791.

Cette ville, outre près de 200 pièces de canon, renferme plus de 400,000 boulets, et de la poudre dans la même proportion.

De toutes parts les princes et états de l'empire s'empressent à reconnaître la république française; ceux éloignés de moi de plus de vingt-cinq lieues demandent des sauvegardes.

J'ai reçu une députation pour le même objet de la chambre impériale de Wetzlar, de la princesse de Neuwied, qui m'assure qu'elle n'a jamais participé à la protection que son mari accordait aux émigrés. L'ordre qu'observent les troupes, leur haute valeur ont inspiré une terreur mêlée de respect jusque dans le milieu de l'empire. Les états de l'électorat de Trèves et la ville de Coblentz m'ont envoyé des députés; et si, comme je n'en doute pas, le pouvoir exécutif provisoire adopte les propositions que je fais, j'espère que la fin de cette campagne verra tous les despotes de l'Europe demander paix et protection à la république française.

Mais, citoyen président, quoique mon zèle soit extrême, mes forces et celles d'aucun homme ne pourraient suffire à tant d'occupations multipliées; beaucoup de choses restent imparfaites.

D'ailleurs, dans une république, les droits des représentans du peuple sont de faire surveiller la conduite d'un général d'armée, qui par des conquêtes acquerrait un trop grand poids..

Je désire que ce soit sur moi que porte le premier exemple. Je demande des commissaires qui jugent mes actions, qui administrent un immense et riche pays dont il faut déplacer un grand nombre d'administrateurs qui, attachés à l'ancien gouvernement, seront sans cesse occupés sans doute à fausser l'esprit public, et qui profiteraient de mon absence pour effacer les impressions que j'aurais pu faire germer.

Dans le nombre de ces commissaires, il serait désirable de trouver les citoyens Rhüll et Rewbel, députés des départemens des Haut et Bas-Rhin : leur réputation et leurs noms connus dans ce pays leur donnent les plus grandes facilités et la plus grande influence, et dans les opérations comme administrateurs, et dans leurs fonctions pour propager la liberté dans ces climats.

Le citoyen français général d'armée,

CUSTINE.

Deux-Ponts, 1er. novembre 179*.

F. Desportes, *ministre de France à Deux-Ponts,
au général Custine.*

Mon brave Custine,

Je reçois à l'instant votre lettre, datée de Francfort le 28 octobre, et j'y réponds *currente calamo*, tant je suis pressé de vous témoigner ma joie des dispositions dans lesquelles je vous trouve. Et moi aussi je veux la continuation de la guerre; car nous sommes perdus si nous ne tenons point encore sous les drapeaux de la liberté, au moins pendant une seconde campagne, toutes ces têtes ardentes, tous ces cœurs brûlans, qu'un patriotisme si chaud pourrait égarer au milieu de nous, si la constitution qu'on nous prépare ne posait pas déjà sur des bases inébranlables avant que la victoire nous les ramène.

En vous exposant ainsi mon opinion, que j'ai mille fois détaillée au ministre des affaires étrangères, vous voyez bien que le congrès pacificateur de Deux-Ponts, *que je suppose*, n'est qu'un leurre où viendront se prendre les princes timorés de l'Allemagne, qui par-là prouveront à l'Europe leur crainte ou leur faiblesse. Au surplus, toute la France abonde dans votre sens, mon cher général : on veut la guerre, parce que nous sommes circonscrits de tyrans grands ou petits, que nous

devons mettre aux mains avec leurs peuples pour
être tranquilles chez nous. Nous avons, grâce à
vous, l'espoir d'obtenir bientôt cette tranquillité;
mais je vais vous donner les moyens, *autant qu'il
est en moi*, d'y coopérer d'une manière encore
plus prompte. Vous y verrez une preuve de ma
sincère amitié pour vous; elle est fondée, non
pas sur notre connaissance, car je n'ai point encore eu le bonheur de vous voir, mais sur les
services que vous avez rendus à ma patrie, et
ce titre-là vous donne des droits sur tous les
cœurs.

Vous l'ignorez, brave Custine : sachez donc que
j'ai déjà écrit à M. Lebrun, qui a en moi une
confiance sans bornes. Je lui mande qu'il doit
avoir déjà fait choix d'un ministre pour suivre
auprès du roi de Prusse les négociations si heureusement entamées par Dumouriez, et, en le
priant de m'annoncer le nom de ce ministre
pour que je corresponde sur-le-champ avec lui,
je lui fais entrevoir que j'ai toujours compté devoir entreprendre cette correspondance avec votre fils. Aujourd'hui que je sais vos intentions à
cet égard, je vais les appuyer vivement, sans vous
y faire entrer pour la moindre chose, et j'ai tout
lieu de croire que je réussirai, parce qu'il est
certain que le service de la chose publique ne
pourra que gagner par la concurrence du père
et du fils à bien mériter de la patrie. Je me dé-

pêche de vous brouiller cette lettre pour écrire sur-le-champ au ministre, et pour tirer Keller-mann par *des moyens doux* de son espèce de léthargie. Vous me faites trembler quand vous m'annoncez la faiblesse de votre armée. J'écrivais l'autre jour au citoyen Lebrun que *vous étiez un diable*. Je n'en démords point, mais il ne faut pas que nous vous forcions par notre abandon de *défriser le cheveu*. Il importe trop à mes projets que vous restiez dans votre position brillante; je vais vous faire confidence pour confidence; mon plan, qui sera sans doute agréé par le ministre, trouvera en vous son exécuteur.

J'ai proposé au pouvoir exécutif de vous faci-liter les moyens de poursuivre vos conquêtes pour mieux opérer l'anéantissement que je *médite des trois électorats ecclésiastiques*. Mon dessein est de les faire séculariser à la suite de nos victoires, et de les faire partager, s'il y a lieu, entre tous les membres de l'empire *qui sont très-partageans de leur naturel*, sauf à payer par cet abandon les indemnités que nous devons pour les droits féodaux supprimés en Alsace et en Lorraine, et à arrondir d'une manière juste et légale, autant qu'invariable, nos limites sur les frontières de l'empire. Ce moyen, qui sera avidement adopté par les maisons d'Autriche et de Brandebourg, même par l'électeur d'Hanovre, jettera la pomme de discorde au milieu des cercles, et pourra contribuer avec vos armes à la dissolution du corps germanique que nos nouveaux principes ne nous permettent pas de laisser subsister.

Quant à l'Autriche, je vous réponds bien qu'elle n'aura de paix avec le peuple français que quand elle sera dans la boue, et je vous prédis que le terme de ses grandeurs n'est pas loin.

Je dois écrire à Hertzberg et à Schulembourg dans le sens qui vous a dicté vos lettres : il nous faut à Berlin un ministre vigilant, actif, infatigable, et dont la dextérité égale le patriotisme. Nous l'aurons ce ministre, brave Custine, et vous pourrez plus qu'un autre correspondre en toute sûreté avec lui.

Je vais hâter l'accomplissement de tous vos désirs auprès du ministre des affaires étrangères et de Kellermann ; tout leur rit comme à vous. Tous les cabinets tremblent au nom du citoyen Lebrun. Kellermann n'a pas un ennemi en présence. Nous n'entendons pas plus parler d'Autrichiens que s'il n'en existait pas : avec du courage, de la persévérance et de l'union, nous conquerrons tout l'univers à la liberté.

Adieu, mon brave Custine, je vous embrasse comme je vous aime.

Le ministre, etc.

DESPORTES.

P. S. Votre dépêche pour Londres est partie en

toute sûreté. Les Hongrois viennent, dit-on, de promettre soixante-douze mille hommes à l'empereur ; n'en croyez rien.

———

Au quartier-général à Sarrebruck, le 17 août 1793.

Aux représentans près l'armée de la Moselle,
le général de division Aboville.

Citoyens représentans,

La suspension de mon emploi ne peut m'humilier, parce qu'elle n'a pu avoir pour motif aucun reproche qui me soit personnel : elle n'a pu être que l'effet des reproches justement mérités par la classe dans laquelle le hasard m'a fait naître ; le plus grand nombre a abandonné la patrie ; le reste, entaché de ses vieux préjugés, s'est efforcé d'opérer une contre-révolution ; pour mieux y parvenir, plusieurs se sont couverts du masque du patriotisme, quelques-uns ont été démasqués ; mais il est naturel de croire qu'il en reste qui ne le sont pas. On ne peut donc qu'approuver la méfiance générale de la nation contre tous les ci-devant nobles indistinctement, et regarder comme une mesure de sûreté la demande tant renouvelée de leur ôter tous les emplois de confiance, et particulièrement ceux qu'ils ont dans les armées. La Convention ne peut se refuser à ce vœu justement prononcé du peuple, sans craindre d'exposer à sa fureur cette partie du peuple devenue suspecte à l'autre, dans laquelle il reste sans doute quelques coupables; mais dont le plus grand nombre est composé d'hommes innocens et même vertueux. D'un autre côté, la Convention peut-elle prononcer un décret contre une classe qui n'existe plus? peut-elle, sans se montrer inconséquente, reconnaître une ligne de démarcation qu'elle a effacée? Dans cette alternative, elle ne peut ôter les emplois aux ci-devant nobles *qu'individuellement* et *successivement*.

Quoique je sois une des premières victimes de cette mesure de sûreté publique, je ne puis me refuser à en reconnaître la sagesse et la nécessité, et je pense qu'on ne peut l'entraver sans porter atteinte au bien général; c'est pourquoi je vous prie, citoyens représentans, de ne faire aucune démarche tendant à retarder à mon égard l'exécution de ce plan salutaire. Je me soumets à mon sort, et cède sans murmurer une place où, devenu suspect, il ne me serait pas possible de rendre les mêmes services qu'un successeur qui aura la confiance.

Puissé-je, après cinquante années réelles de service, sans compter quatorze campagnes, douze siéges, dont un où j'ai commandé l'artillerie, deux défenses de place, une bataille et plusieurs affaires; puissé-je encore, à la fin de ma carrière et dans un état obscur, être de quelque utilité à la république ! Si les infirmités de la vieillesse m'en ôtent les moyens, je me bornerai, comme le vieux Bélisaire, à faire des vœux pour la prospérité de ma patrie, et je continuerai jusqu'au dernier soupir à apprendre à mes enfans à l'aimer et à la servir.

F. M. Aboville.

P. S. Cette lettre, citoyens représentans, était écrite lorsque votre réquisitoire pour continuer provisoirement mes fonctions jusqu'à ce qu'il ait été pourvu à mon remplacement, m'est parvenu. Je me fais un devoir de m'y conformer, ayant à cœur d'être utile tant que je pourrai à la république. Lorsqu'on jugera que je ne pourrai plus l'être, je m'intéresserai encore à ce qu'elle soit servie par ceux qui en seront les plus capables; et, comme je dois être remplacé sans doute par un officier qui aura passé par tous les grades, je crois servir la république en indiquant pour mon successeur *le citoyen Fabre*, quatrième commandant de l'école des élèves de l'artillerie à Châlons, et présentement détaché pour la fabrication des boulets incendiaires. Je ne connais pas dans le corps d'officier plus capable de remplir les premières places de l'artillerie de la république.

F. M. Aboville.

LE DIRECTOIRE ET LA TURQUIE.

Au général en chef de l'armée d'Italie.

Mantoue, 16 germinal an VII de la République française une et indivisible.

CITOYEN GÉNÉRAL,

En attendant que les événemens de la guerre répondent entièrement à votre zèle et à vos talens, je prends la liberté de vous adresser un aperçu de la nature de ma mission. Déjà j'ai eu l'honneur de vous remettre une note sur le projet de réunir les patriotes vénitiens réfugiés, ce qui remplirait le double but de les tenir à votre disposition et sous vos yeux, ainsi que de les préparer à l'objet principal qui fait le contenu du petit mémoire que je vous adresse. D'ailleurs ce serait le moyen de les empêcher de se livrer à l'esprit d'intrigue, comme je suis instruit que c'est déjà le cas, ce qui pourrait nuire aux vues d'utilité dont ils sont susceptibles pour la révolution de leur patrie et pays voisins,

Si mes idées vous paraissent mériter quelque

attention, j'attendrai vos ordres, sans lesquels je
ne puis rien entreprendre.

Salut et fraternité,

J. MENGAUD.

De nouveaux ennemis vont se présenter bientôt
aux braves de l'armée d'Italie; nouvelle mois-
son de lauriers à cueillir. A peine arrivées aux
frontières orientales du territoire vénitien, sur le
corps des ilotes impériaux, les phalanges répu-
blicaines auront à combattre, à ajouter aux victimes de la vengeance nationale les stupides et
féroces esclaves du sultan. Guidés par des chefs
accoutumés à enchaîner la victoire, les vainqueurs
de la coalition de l'Europe conjurée contre la liberté, disperseront avec autant de succès que de
gloire la ligue monstrueuse enfantée dans les
boudoirs du sérail par l'or et les intrigues du cabinet de Saint-James. Oui, bientôt les campagnes de la Turquie, arrosées du sang des satellites
du despotisme qui les dessèche, reproduiront le
germe de cet arbre chéri, dont les rameaux tuté-
laires s'étendant au loin ramèneront à leur antique splendeur ces contrées jadis heureuses, que
la tyrannie asiatique croit retenir plus long-temps
dans l'infamie de la servitude, tandis que ses habitans n'attendent que des libérateurs, pour

montrer à l'univers que les Thémistocle, les Aristide, etc., ont laissé des descendans.

Chargé par le gouvernement de revoir et d'examiner encore des régions, que déjà plus d'une fois j'ai parcourues, surtout à l'époque du couronnement de Paul Ier., je devais percer jusqu'à Passawan-Oglow, lui remettre une dépêche, lui faire connaître les dispositions du Directoire, et ce qu'il pouvait espérer d'une combinaison de moyens contre l'ennemi commun. Entre autres services à lui offrir, j'étais autorisé à appeler auprès de lui ceux des militaires non employés qui auraient été disposés à saisir cette occasion de sortir de l'inaction.

La reprise des hostilités contre l'empereur, et l'arrangement conclu entre ce Pacha et la Porte, sans rien changer à la nature de ma mission, ont cependant nécessité des mesures différentes de celles auxquelles je m'étais arrêté à mon départ de Paris.

La principale de ces mesures serait la réunion des patriotes vénitiens exilés de chez eux, pour en faire le noyau d'un corps, sur la dénomination, la composition, l'organisation et l'emploi duquel je me permettrai de soumettre mes idées, si elles me sont demandées (1).

______

(1) C'est peut-être ici le cas d'observer que, capitaine de cavalerie avant la révolution, employé à l'état-major,

Cette première opération me paraît propre à atteindre le triple but, d'abord d'établir une révolution prompte, complète et solide dans les états vénitiens, ensuite de la propager dans les pays adjacens, et enfin de connaître les véritables dispositions de Passawan, ainsi que le parti que l'on en pourrait tirer. A cet égard, voici quelques courtes observations (1).

Passawan-Oglow, beglierbey ou pacha à deux queues du gouvernement de Widdin, vient d'être fait séraskier ou pacha à trois queues, dernier degré pour parvenir au vizirat, ambition qu'il

et ayant fait la guerre, je ne suis pas absolument étranger à une partie que l'on m'a engagé à quitter pour faire mon cours de droit public, et entrer dans la carrière politique,

(1) Je sais bien que ce ne sera pas dans les provinces du nord de l'empire turc qu'il sera possible d'opérer la révolution de la manière que je l'ai faite en Suisse. Mais dans les parties méridionales, c'est une tentative qui n'offre pas de grands obstacles ; et il ne faut rien négliger pour empêcher la Russie de faire, ainsi qu'elle s'en occupe, une révolution à sa manière parmi les Grecs, au moyen de laquelle ces peuples ne seraient arrachés au joug de la Porte que pour tomber sous celui de la Russie, au grand avantage de cet empire déjà trop puissant, et dont le gouvernement manifeste une ambition sans bornes. Au reste, mes moyens sont prêts, et Discowich, à qui, suivant l'intention du général en chef, j'ai mandé de se rendre ici, pourra certifier l'effet que je suis à même d'opérer dans la Dalmatie, sa patrie, ainsi que dans la Bosnie, etc.

concentre dans ce moment, sans que le divan
soit dupe de sa dissimulation. C'est pour atteindre à cette première charge de l'empire ottoman
que Passawan, dont on ne peut contester les talens, a pris les armes, et s'est soutenu pendant
plusieurs années avec un tel avantage, que, par
son traité, il a obligé le grand-seigneur à lui
laisser son armée; cette même armée qui, composée de soldats intrépides, surtout de Grecs,
immola tant de milliers de Turcs, défit tous les
généraux du sultan, et avec laquelle il allait enfin
réaliser la menace de marcher sur Constantinople, lorsque l'imbécile Sélim signa la dissolution de ses états, par le firman qui, en proscrivant son antique et naturelle alliée, appelle à son
secours, attire dans son sein, le plus perfide et le
plus invétéré de ses ennemis (2).

Passawan est trop instruit pour ne pas craindre
le sort que le gouvernement le plus faible, par
cela seul qu'il n'est que despotique, a toujours
réservé à ceux de ses officiers rebelles, avec qui
les circonstances l'ont forcé de composer. Les annales turques, en ce genre, n'offrent que des
exemples semblables, d'officiers armés contre la

____

(2) Il est certain que c'est à l'approche des Russes, du
côté de la Servie et de la Valachie, que la Porte doit l'espèce de soumission de Passawan, ou plutôt l'espèce de
trève conclue avec lui.

Porte par ses injustices, désarmés par son adresse, et enfin livrés par sa perfidie au fatal cordon, ou au glaive des eunuques. Il doit donc attendre que l'approche des Français et de leurs alliés le mette à même de reprendre sa première attitude, de profiter de la décadence, de la dernière heure du Croissant, pour se faire un apanage quelconque, ou, comme plusieurs se plaisent à le croire, pour *aller établir un directoire à Constantinople.*

Quoi qu'il en soit de cet homme entreprenant et plein de caractère, notre politique est de nous en servir pour tendre au renversement d'un gouvernement atroce, ennemi de tout ce qui est civilisé ; dont les maximes barbares s'opposent en tout et partout au bonheur des peuples ; qui établit un nouveau système de guerre contre nous, en livrant ses dépouilles à ses ennemis, qui sont ceux de la France, au moment même où les triomphes de la république contenaient l'ambition trop dévorante des cours de Londres, de Pétersbourg et de Vienne, qui, si l'on n'y prend garde, profiteront habilement de nos démêlés avec le Turc, pour se mettre à sa place.

Augmenter les embarras des puissances armées contre nous ; leur susciter des ennemis de tous genres ; allumer chez elles la guerre civile ; leur porter enfin tous les maux qu'elles nous veulent : telle doit être notre conduite envers les nations aveuglées, dont les chefs foulent aux pieds tous les principes, sauf ensuite à faire tourner ces moyens au profit de la liberté. Et si Passawan, aussi adroit dans ses calculs politiques qu'il a été heureux dans ses travaux militaires, obtient de nos efforts et des siens le détrônement de Sélim III, il est de notre intérêt et de notre gloire de soutenir un homme dont l'élévation établirait, sur les ruines du despotisme oriental, un ordre de choses plus conforme à celui que la révolution française prépare à l'univers entier; un homme qui, redevable de sa fortune à la république, en deviendrait l'allié fidèle, et serait d'abord un instrument redoutable contre les projets dangereux des trois puissances qui ont entraîné la Porte dans leur nouvelle coalition.

Si, au contraire, Passawan, dupe des fausses caresses du divan, et travaillé par la perfide activité du cabinet de Saint-James, oublie ses intérêts et sa gloire; alors notre affaire sera de le combattre, de faire un appel à ses propres soldats, qui ne marchèrent sous ses drapeaux que par haine pour l'esclavage, de lui susciter des concurrens mieux avisés. Les pachas de Belgrade, de Scutari, etc., et les Grecs, enfin, qui composent la majeure partie de son armée, n'attendent peut-être que le moment où le voisinage des Français leur assurera de nombreux partisans pour les aider à soutenir la résistance contre la tyrannie du grand-seigneur et de ses ministres.

LES ÉMIGRÉS ET LES AUTRICHIENS EN 1796.

Conspiration du Brisgaw.

Paris, 14 floréal an IV (3 mai 1796).

LE DIRECTOIRE AU GÉNÉRAL MOREAU,

Le Directoire exécutif est informé, citoyen général, qu'il se prépare une insurrection dans le Margraviat et le Brisgaw ; il en connaît les chefs, et il a chargé le ministre des relations extérieures d'entretenir avec eux des intelligences par l'entremise du citoyen Poteratz, chargé à Bâle de cette mission. Cette circonstance présente tous les caractères d'une occasion grande et favorable d'introduire la liberté en Allemagne, et de faire une diversion puissante en faveur des armes de la république sur le Rhin. Ce parti patriote compte pouvoir rassembler vingt mille hommes dans le Margraviat et dix dans la forêt Noire, avec armes, subsistances, et tout ce qu'exige l'entretien d'un corps d'armée. Le plan d'opérations adopté par le Directoire pour l'armée que vous commandez, est très-propre à seconder l'explosion insurrectionnelle, et à donner aux dispositions des pa-

-triotes toute la consistance qu'ils doivent attendre de nous.

Le général Laborde, qui commande sur le Haut-Rhin, doit recevoir de vous à ce sujet des instructions confidentielles, être autorisé à se concerter avec le citoyen Poteratz. Celui-ci annonce la certitude de rendre facile le passage du Rhin, à la faveur du mouvement qui éclatera de l'autre côté du fleuve, ainsi que l'enlèvement des batteries et des retranchemens que les ennemis y ont élevés, et qui se trouvent faiblement gardés.

Vous vous pénétrerez facilement, citoyen général, de cet important objet; son exécution réclame, comme celle de toutes les entreprises importantes, le secret, la vigueur et la célérité. Le Directoire, dont vous avez la juste confiance, se repose sur vous de la sagesse et de l'activité de vos mesures pour remplir ses intentions.

Carnot, président.

Paris, 30 floréal an IV (19 mai 1796).

Le Directoire au général Moreau.

Le Directoire exécutif vous fait passer, citoyen général, copie de trois lettres relatives aux mouvemens insurrectionnels qui se préparent sur la rive droite du Rhin, et auxquels elles semblent donner un nouveau degré de certitude. L'intention qu'il vous a témoignée d'en seconder les effets n'a point varié, il y attache un grand intérêt, mais il n'en est pas moins convaincu de la nécessité d'user de prudence dans cette occasion délicate, et de ne pas nous exposer à de fausses démarches, ni à d'imprudentes mesures. Écrivez dans ce sens au général Laborde, qui doit être chargé immédiatement des opérations protectrices de l'insurrection en Brisgaw, lorsqu'elle aura lieu, et tâchez de recueillir les renseignemens les plus précis pour fixer d'une manière plus positive l'opinion du Directoire sur les rapports qui lui sont faits à cet égard.

Si, comme le Directoire l'espère, l'armée de Rhin et Moselle ouvre la campagne par le passage du Rhin sur la droite, cette circonstance favorisera puissamment l'exécution du plan insurrectionnel dont il est ici question, et c'est dans le cas seulement où son explosion devrait s'opérer avant cette époque, et annoncerait ce caractère de force, d'audace et de moyens nécessaires au succès, que vous ordonnerez au général Laborde de faire les dispositions convenables, et d'agir simultanément.

CARNOT, président.

LETTRES INCLUSES DANS LA DÉPÊCHE.

Bâle, le 29 floréal an IV (18 mai 1796).

Au ministre des relations extérieures.

CITOYEN MINISTRE,

Je profite du passage par Bâle d'un courrier extraordinaire de la république de Venise pour vous écrire deux mots, quoique je vous aie déjà écrit hier au soir. J'ai employé la plus grande partie de la journée avec le général Laborde, à reconnaître les deux rives du Rhin près de Huningue. Décidément ce point est celui où nous pouvons sûrement effectuer notre passage, *au moyen de nos conspirateurs*; notre résolution est déterminée à cet égard : aussitôt que nous aurons les troupes à notre disposition, l'exécution s'ensuivra, et je vous réponds du succès si le Directoire me donne les premiers moyens.

En effleurant un peu le territoire de Bâle, nous épargnerons la vie à beaucoup de soldats. Je prendrai donc secrètement cela sur moi; je ne vous demanderai point vos ordres, vous me blâmerez si l'on se plaint de moi, et les affaires iront leur train. Par grâce, citoyen ministre, ne me laissez pas perdre un temps précieux, et envoyez-moi ce qui suit :

1°. Les pouvoirs du Directoire que je vous ai demandés, et qui me sont nécessaires pour que l'on obéisse à mes réquisitions;

2°. Quelque argent pour commencer et satisfaire aux premiers frais;

3°. Ceci est un point absolument indispensable. Avertissez-moi du jour où l'armistice doit cesser, car je voudrais bien que, s'il cesse à minuit, à minuit et une minute nous commencions à travailler les Autrichiens.

Adieu, citoyen ministre, je vous réponds que nous ferons de belle et bonne besogne, et que l'Allemagne et la maison d'Autriche se souviendront de nous, sous deux rapports très-différens, mais bien utiles à l'honneur et à la prospérité de la république française.

F. POTERATZ.

Bâle, 29 floréal an IV (18 mai 1796).

CITOYEN MINISTRE,

Depuis cinq à six jours nous n'avons été occupés que du grand objet. Nous sommes prêts quand vous voudrez et quand voudra le général Moreau. Les proclamations sont faites, les règlemens, les instructions le sont aussi : je vous les enverrais si j'avais pu les copier; mais tout cela est fort long, et d'une telle nature que je ne puis les faire copier par personne. Nous trouverons, si nous arrivons avant le 12 du prochain, douze cent mille francs dans les coffres, dans le petit pays de Mulheim et de Lerach. C'est le fils du receveur général qui est notre premier commissionnaire, et un homme aussi sûr qu'Ellais, qui nous a donné l'état. Le mouvement insurrectionnel est si bien organisé qu'il me paraît infaillible; mais il ne faut rien laisser refroidir, ni rien laisser apercevoir; nous n'avons donné à l'insurrection que soixante lieues carrées d'étendue; le reste viendra vite. Si nous avions autant d'argent que Wickam, quelle besogne nous leur ferions.

Salut et respect,

BASSAL.

————————

CITOYEN MINISTRE,

Depuis mon retour de Berne, je n'ai cessé de m'occuper de l'exécution du plan pour lequel vous m'avez adressé les pouvoirs; et je vous réponds qu'il ne dépendra pas de moi de remplir complétement l'attente du Directoire. Je vous prie de vouloir bien en assurer le citoyen Carnot.

Le général Laborde m'a communiqué la lettre qu'il a reçue; elle lui fait connaître l'opération projetée, dès lors j'ai cru devoir m'expliquer franchement avec lui, sur le contenu de la lettre adressée au roi de Vérone, dont je vous ai rendu compte, et qui avait d'abord élevé en moi de violens soupçons contre ce général. J'ai été satisfait de cette explication, et je pense qu'il en résultera pour lui l'avantage d'examiner, avec beaucoup plus d'attention, les personnes extrêmement suspectes qui l'environnent, et de prendre garde à lui.

J'ai déjà fait un voyage avec ce général pour examiner le cours du Rhin, depuis Neufbrisack jusqu'ici, afin de choisir un passage et de connaître en même temps quel est le *ton* qui règne parmi les soldats. Je crois que nous nous déterminerons pour le passage à Huningue, parce que les habitans insurgés, qui seront guidés et secondés par nous, seront en forces suffisantes pour détruire tout à la fois les postes autrichiens, égorger les hommes et enclouer leurs canons. Quant aux troupes que j'ai vues, je suis parfaitement content de l'esprit qui règne parmi elles ; malgré les privations qu'elles éprouvent encore, en peu de jours il sera facile de les bien disposer. Je compare leur situation morale à un canon tout chargé ; je ne doute pas qu'avec un peu d'adresse il ne soit aussi facile d'y mettre le feu.

Aujourd'hui j'ai dîné avec nos conspirateurs du Margraviat. Je suis très-satisfait du compte

qu'ils m'ont rendu et du zèle ardent qu'ils manifestent. J'ai été ensuite visiter avec un adjudantgénéral, que je compte donner aux paysans pour
les conduire, dans le premier moment de l'insurrection, la rive droite du Rhin et les batteries
des ennemis vis-à-vis Huningue. Demain j'ai
un rendez-vous avec le général Laborde pour reconnaître le lieu où nous pourrons établir notre
pont, et faire préparer les cartouches et les
pierres à fusil dont les habitans manquent : d'ici
à quelques jours nous les leur ferons passer.

Nous attendons le général Moreau pour arrêter définitivement les dispositions et le jour de
l'attaque. Je voudrais que cela fût prompt, car
il y a de l'argent dans les caisses du margrave,
et je crains qu'il n'en sorte. Si le général Moreau peut nous compléter vingt-cinq à trente
mille hommes, je ne vois pas de bornes à nos
succès. Assurez le Directoire de cette vérité, et
dites-lui bien de ma part que, s'il me laisse le
maître d'agir à ma volonté, jamais je ne l'ennuierai par des détails, ni ne le fatiguerai par des demandes de vivres ou d'argent. J'aperçois déjà
qu'à compter du jour de notre passage, si je ne
suis pas contrarié dans mes mesures, l'armée sera
payée et nourrie par nos amis et remontée par
nos ennemis. Il y a des domaines ecclésiastiques
qui rembourseront les premiers de leurs avances.
Nos mesures sont déjà prises pour l'organisation

d'une administration provisoire. Tandis que je m'occupe des moyens d'exécution, Bassal travaille aux projets de règlemens, et son zèle ne le cède point au mien. Nous avons déjà rassemblé une partie des documens nécessaires. Aussitôt que nous aurons reçu les troupes et les autres objets qu'il nous faut, nous commencerons à agir, et certes je vous assure que nous agirons d'une manière si rude, que nos ennemis s'en souviendront long-temps : si notre début est heureux, comme je l'espère, et comme nous devons l'attendre de la justesse de nos calculs, tout ce qu'il y aura d'Autrichiens depuis Fribourg en Brisgaw et le Vieux Brisack jusques à Constance, sera exterminé, en même temps que leurs canons et leurs magasins seront pris. Ensuite, selon le parti que prendra le général Wurmser, nous nous mettrons en mesure, ou de pénétrer en Souabe par la vallée de Kench, et d'y arriver avant lui s'il se retire, ou de tourmenter à l'excès la gauche de son armée, tandis que notre république nouvelle se formera à son aise, et que nous révolutionnerons, dans le grand genre, la partie de l'Allemagne que nous aurons occupée.

Je vous prie, citoyen ministre, de ne pas oublier que je vous ai demandé, par ma dernière lettre, de me faire donner par le Directoire qualité suffisante pour que l'on obéisse à mes réquisitions, et pour mettre à ma disposition quelques fonds dont je ne puis me passer dans ce moment; vous sentez que je dois en dépenser beaucoup, tant pour les voyages des hommes que j'emploie, que pour faire les préparatifs nécessaires pour entrer en action. Une fois arrivé, et établi de l'autre côté du Rhin, si j'ai l'autorité suffisante pour imprimer le mouvement et diriger selon mes desseins cette superbe opération, je ne vous demanderai plus rien, en sorte que si vous entendez parler de nous, ce ne sera que pour entendre le récit de nos succès qui, nos opérations étant une fois commencées, seront rapides, en dépit des efforts des malveillans qui inondent cette contrée.

Par le premier courrier, vous recevrez la première carte de Suisse qu'on a pu trouver : il y manque une feuille pour compléter la collection; cette feuille doit arriver demain. Je vous enverrai en même temps un plus grand détail sur les intrigues de nos ennemis : le siége principal de tous leurs complots est en Suisse. Prenez bien garde à Lyon et au Midi; j'attends des renseignemens précieux sur toute cette suite d'horreurs : j'ai gagné un intime ami de Wickam. Je tirerai de tout cela un grand parti, du moins je l'espère.

La seconde lettre que vous aviez fait remettre au canton a produit un effet admirable; toute la Suisse tremble; tenez ferme, et surtout profitez de ce premier moment d'effroi pour exiger l'éloignement de la frontière de tous les prêtres déportés, et de tous les émigrés, sans aucune exception ; fixez un terme de huit jours au plus, et vous obtiendrez tout, je vous en réponds.

Adieu, citoyen ministre, recevez avec votre bonté ordinaire l'assurance de mon attachement fraternel et respectueux.

POTERATZ.

P. S. Permettez-moi de vous offrir un bon conseil : tandis que toute l'Italie est en alarmes, pourquoi ne feriez-vous pas signifier officiellement à toutes les puissances neutres et alliées, sans exception, que celles qui recevront dans leurs ports, non-seulement les *vaisseaux des Anglais*, mais encore ceux de telle nation que ce puisse être, venant des ports de l'Angleterre, seront traités en ennemis. Par ce moyen, vous forcez les escadres de cette nation scélérate de sortir de la Méditerranée, où il ne lui restera plus d'asile pour réparer ses vaisseaux. En attaquant son commerce, vous viendrez bientôt à bout de la soumettre.

Bâle, le 4 juin 1796.

J'ai trouvé les meilleures dispositions possibles (1). Douze individus, que j'ai mis dans ma

____

(1) Parmi le corps des émigrés.

confidence et dont je suis sûr, se sont tous accordés pour les résultats : j'ai été même obligé de suspendre leur activité, dans la crainte de quelqu'indiscrétion, tant était vive la joie qu'ont témoignée plusieurs de ceux à qui on a laissé entrevoir la possibilité de rentrer (1).

On peut raisonnablement compter sur les quatre cinquièmes de l'armée; j'en excepte la cavalerie, dont je n'ai point encore eu de réponse; j'y ai envoyé trois officiers, qui la rencontreront probablement en route.

Tous se sont accordés sur un point que voici : c'est que malgré la confiance qu'ils veulent bien avoir en moi, un fait de cette nature était d'une telle conséquence, qu'il ne devait point être traité légèrement, et que ce pas une fois fait, n'y ayant pas de portes de derrière, ils désiraient avoir leurs sûretés; en conséquence, ils ont décidé que je devais me concerter avec vous, pour que vous me procurassiez la facilité de me rendre à Paris, pour y conférer moi-même avec les membres du Directoire, et en rapporter une espèce de capitulation signée et authentique. Ils m'ont ajouté : une fois sûrs de ne point être désavoués, ou peut-être sacrifiés, nous suivrons les ordres du Directoire; comme si nous étions déjà membres de son armée, et nous marcherons sur Vienne, s'il le faut.

____

(1) En France.

*Rapport de *** (employé au service secret des armées).*

16 juin 1796.

Un émigré, officier de l'armée de Condé, qui est en relation étroite avec le comité insurrecteur établi à Bâle, m'a fait des confidences qui paraissent le comble de l'extravagance humaine. Il a voulu me persuader qu'il existait un projet de fonder en Allemagne une république plus démocratique que celle de 1793, qui aurait pour centre la Forêt-Noire.

Les jacobins montagnards vont, selon lui, émigrer de tous les points de la France; et Drouet à la tête d'un essaim d'anarchistes et de niveleurs, se propose de passer le Rhin pour aller établir en Allemagne une nouvelle colonie gauloise.

Il a ajouté que cette idée aussi neuve que bizarre, lui a surtout paru vraiment théâtrale, lorsqu'il a entendu dire à M. le marquis de Poteratz, agent secret de Paris, que les émigrés de l'armée de Condé sont les instrumens dont la Providence, impénétrable dans ses décrets, se servira pour faire lever les peuples d'Allemagne en masse, exterminer les Autrichiens, créer et consolider en Souabe la nouvelle république nulle et invisible.

Afin que ce rêve ressemble entièrement à l'Apocalypse, l'officier émigré m'a assuré que le cardinal de Rohan a confié à un de ses amis que ce mystère, plus incompréhensible que celui de la sainte Trinité, doit, à ce qu'on prétend, reposer sur un traité d'amitié et de bonne intelligence entre le dernier roi des jacobins et le jeune Égalité d'une part, et le roi de Vérone et Condé de l'autre part.

D'après un des articles de cette coalition délirante, il doit être convenu que, comme les extrêmes se touchent, il y aura paix, amitié et bonne intelligence entre les Babouviers, montagnards, anarchistes et autres partisans de la défunte constitution de 1793 et les royalistes de toutes les couleurs. Il y aura un conseil d'administration mixte, etc., etc.

L'officier émigré a ajouté que quelques membres non réélus à la Convention sont déjà désignés pour entrer dans ce nouveau gouvernement, et que quelques terroristes, conducteurs de la ci-devant armée révolutionnaire, tels que *Mairan de Belfort*, *le gazetier Cotta de Strasbourg*, *Topineau Lebrun et Agathe Sergent de Paris*, *George List*, allemand, *Herrenberger*, ci-devant maire de Schelestadt, et actuellement espion de *Wickam*, *le docteur Linck de Heidelberg*, *le professeur Hilscher* de Leipzig, *Mathias Mieg de Bâle*, *Jaegerschmid et Hoyer* du margraviat de Baden, de même qu'un particulier de Neubourg, sont déjà patentés en qualité de commissaires civils et évacuateurs.

Les émigrés titrés et décorés qui se rendent

deux fois par semaine au comité insurrecteur, présidé par M. le marquis de Poteratz, ont dit qu'on avait nommé de leur côté les membres de la nouvelle administration. M. de La Tour, agent secret de Wickam, y aura voix et séance; Conti, aide de camp de Condé, a été, entre autres, le 5 juin, enfermé pendant presque toute la nuit avec M. le marquis de Poteratz, au n°. 8, à l'hôtel des Trois-Rois à Bâle. A la suite de cet entretien, M. le marquis de Poteratz s'est rendu secrètement au quartier-général de Condé, où il a passé vingt-quatre heures.

L'officier émigré m'a confié à son dernier passage à Rheinfelden, qu'il étudie depuis six semaines l'allure de tout le monde, qu'il avait aussi eu à ce sujet des entretiens avec son camarade Gauthier, ci-devant prévôt de la maréchaussée à Tours, affidé de M. le marquis de Poteratz, sans qu'il puisse jusqu'ici se faire une juste idée de ce tripot infernal : tout ce qu'il y a vu de plus clair, c'est que cela ressemble beaucoup au dénoûment de *Figaro*, où l'on ne sait trop qui l'on trompe.

Les émigrés s'étaient imaginé pendant long-temps que ce n'était que de la jactance et de la forfanterie de la part de M. le marquis sans-culotte, lorsqu'il disait en pleine conférence que les ministres français lui accordaient la confiance la plus illimitée, et qu'il était muni de toutes les instructions et pouvoirs désirables pour travailler en grand à la fondation de la nouvelle république ; qu'il traiterait en vertu d'une autorisation formelle avec les émigrés en masse, ou séparément avec Condé et tous les ci-devant princes. Les émigrés ne savent cependant plus que penser depuis que M. le marquis de Poteratz a mis, sur le bureau, des dépêches ministérielles, des arrêtés, et surtout un plein-pouvoir dont l'écriture est de sa main, mais qui est signé par tous les membres du Directoire. Si ces pièces ne sont pas apocryphes, elles annoncent qu'il jouit d'un crédit dont il n'y a pas d'exemple depuis la révolution.

Quoique les émigrés ne puissent guère se refuser aux témoignages de leurs yeux, ils trouvent cependant que M. le marquis est si peu propre à une entreprise de ce genre, qu'ils sont intimement persuadés que les ministres français le mystifient, et que, dans le fond, il n'est chargé de rien. Leur réserve n'est pas dénuée de fondemens, car pour conduire un plan quelconque en pays étranger à une heureuse fin, il faut d'abord :

1°. Un grand secret.

Or il est notoire que M. le marquis de Poteratz est un bavard impitoyable, qui laisse entrer ses domestiques lorsqu'il parle aux émigrés et à ce qu'il appelle les conspirateurs d'Allemagne ; il n'y a pas jusqu'aux garçons de cuisine de l'auberge qui ne fassent une gorge chaude de cette fabrique de conspiration, dont les ramifications sont connues dans toute l'auberge des Trois-Rois à Bâle, depuis la cave jusqu'au grenier. Au reste, c'est à qui mieux mieux ; car après que ces prétendus conspirateurs allemands, de même que les émigrés, ont fait leurs farces et escamoté les louis de M. le marquis, ils passent, avant de retourner en Allemagne, chez M. de Begelmann, ministre impérial à Bâle, où l'on tient un protocole exact de de tous les faits et gestes du comité insurrecteur.

2°. Connaître la langue du pays.

M. le marquis étant obligé de se servir d'un tiers pour faire parler à une partie de MM. les conspirateurs allemands, il ne peut pas y avoir de confiance, ni cet abandon si nécessaire lorsqu'il est question de se former un parti. Il faut, avant tout, connaître l'esprit des cultivateurs allemands, s'identifier à leur manière d'être, et parler non-seulement la langue du pays en général, mais encore leur jargon.

3°. Il faut enfin des agens qui aient la confiance des Allemands, et qui connaissent les ressorts révolutionnaires de l'Allemagne.

Comment peut-on présumer que des gens de la campagne, simples à la vérité, mais cependant doués d'un gros bon sens, puissent jamais s'accoutumer à voir des républicains bien sincèrement attachés au gouvernement actuel et à la constitution de 1795, dans les personnes d'un ex-curé (1) et d'un marquis. Cette prévention populaire est un obstacle invincible à la confiance illimitée qu'il faudrait établir, surtout dans la forêt Noire et en Souabe.

Les riches propriétaires de l'Allemagne ont été à portée de se convaincre que M. le marquis et son associé avaient fait de la révolution du cercle de Souabe une spéculation particulière; qu'ils avaient déjà promis aux bandits dont ils sont entourés des places de commissaires évacuateurs, qu'ils ne songeaient qu'à dévaliser les propriétaires, et s'occupaient fort peu des moyens de les rendre libres. Voilà l'opinion publique qui existe en Allemagne, de manière que les indiscrétions de l'ex-curé et du marquis sans-culotte, leurs alentours terroristes et niveleurs, ont non-seulement beaucoup nui à la révolution qui se prépare en Souabe, mais l'ont encore reculée de plus de six mois.

La discipline sévère que les troupes sous les ordres du général Kleber ont observée en avançant sur la Lahn, et celle de l'armée d'Italie dans le Milanais et dans le Bergamasque, ont redonné de la confiance à nos partisans en Allemagne. Du moment où le directoire sera parvenu à vaincre ses ennemis à Paris, on pourra compter que les Allemands, qui sont en place et qui jouissent

____

(1) Bassal avait été curé à Versailles.

d'une fortune solide et d'une grande considération dans leur pays, se mettront en avant pour y favoriser de toutes leurs forces les principes d'une révolution sagement graduée et adaptée aux circonstances actuelles, dans lesquelles se trouvent les différens peuples de l'empire germanique.

—∞—

Bâle, le 23 juin 1796.

L'ambassadeur français en Suisse au ministre des relations extérieures.

Citoyen ministre,

Le général Delaborde avait été autorisé par le Directoire exécutif à se concerter avec le citoyen Poteratz sur plusieurs points qui pouvaient intéresser la sûreté de cette frontière. Toujours accompagné de son adjudant-général Perrin, ils ont eu, depuis plus de deux mois, des conférences très-fréquentes avec lui, dont le résultat est que le général Delaborde, convaincu par tout ce qu'il a vu et entendu, et par les pièces qu'il a en main, que le citoyen Poteratz trompe le gouvernement et abuse de sa confiance pour favoriser nos ennemis, se décide à envoyer en courrier l'adjudant-général Perrin rendre un compte détaillé, au Directoire exécutif, de ce qui s'est passé.

Le général Delaborde m'a instruit dans ces derniers jours de toutes les découvertes qu'il a faites. J'ai été très-frappé de quelques circonstances.

Une bien importante, c'est l'obstination avec laquelle le citoyen Poteratz n'a cessé de tâcher de persuader aux généraux, et par eux au gouvernement que la force des ennemis entre *Rheinfelden* et *Offenbourg* était très-considérable, et qu'il devenait urgent que le commandant de l'armée de Rhin-et-Moselle envoyât des renforts considérables vers le point de Huningue, d'où il serait résulté que cette armée, affaiblie du côté de Landau, aurait été attaquée par celle de Wurmser. Heureusement que le général Moreau, mieux instruit, n'a jamais donné dans le piége. On a aussi essayé de me le tendre (mon n°. 206 en fait foi), dans la vue, sans doute, que je vous induise en erreur, et de vous faire concevoir des soupçons sur la véracité des rapports du citoyen Bacher.

Mais il ne m'appartient pas d'entrer dans tous les détails de l'affaire dont il s'agit. Le général Delaborde les soumet au directoire exécutif, et son adjudant-général Perrin, qui vous remettra, citoyen ministre, cette lettre les connaît à fond.

Je dois ajouter que les indiscrétions du citoyen Poteratz doivent avoir été très-grandes ; il doit avoir annoncé qu'il avait les pouvoirs les plus étendus du Directoire exécutif pour traiter avec l'armée de Condé. On me l'a mandé de Berne, et puis sa chambre ici était toujours remplie d'émigrés ; s'il n'a pas eu des entrevues avec le ci-devant prince de Condé (ce qui m'a été assuré très-positivement), il n'est pas fâché qu'on le croie ; de sorte que l'opinion publique, étonnée et frappée de toutes ces circonstances, ne sait comment se fixer entre la marche que je tiens, fondée sur les instructions que j'ai, et celle du citoyen Potératz, qui paraît avoir des ordres différens ; car il est impossible que le public voie en lui un simple particulier. Depuis assez long-temps, le général Delaborde est venu conférer avec lui dans son auberge ; il n'a cessé de monter sur les toits pour annoncer qu'il était l'homme du gouvernement français ; il m'a requis plus d'une fois, au nom du gouvernement, de faire des choses que mes devoirs ne me permettaient pas de faire. C'est encore au nom du gouvernement qu'il a écrit des notes aux chefs de l'état de Bâle, pour leur demander des choses qui ne pouvaient être sollicitées que par l'agent accrédité de la république.

Il ne peut être indifférent au Directoire exécutif qu'un homme qui se vante d'avoir sa confiance exclusive, se vante en même temps d'avoir de lui des pleins-pouvoirs pour négocier avec l'armée de Condé. Mon devoir, dans cette circonstance, m'oblige, citoyen ministre, de me hâter de l'en instruire par vous.

· Salut et fraternité.

BARTHÉLEMY.

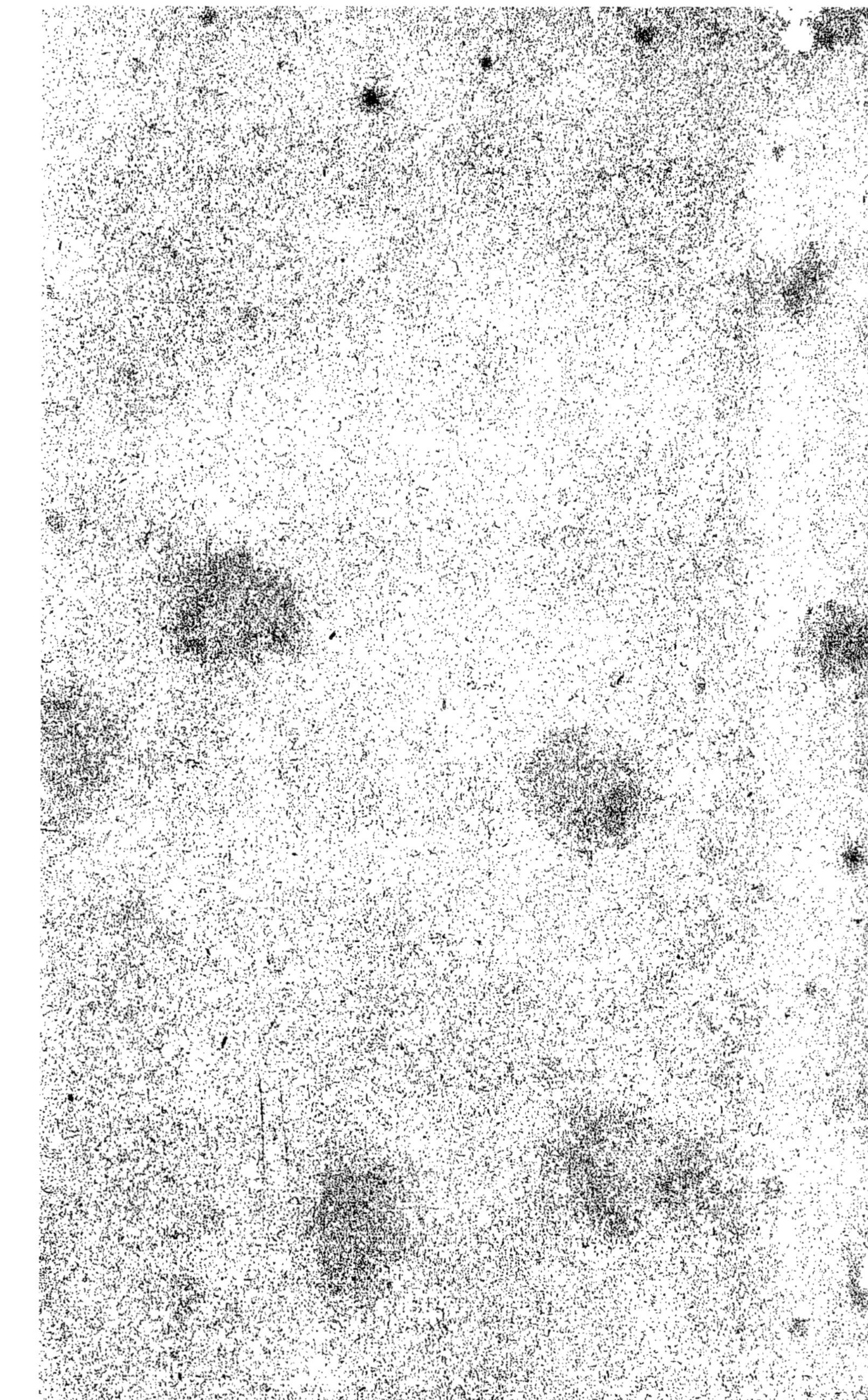

www.ingramcontent.com/pod-product-compliance
Ingram Content Group UK Ltd.
Pitfield, Milton Keynes, MK11 3LW, UK
UKHW022224120726
13694UKWH00002B/685

UNIVERSITÉ DE PARIS. — FACULTÉ DE DROIT

LA NOTION

DE LA

COMPLICITÉ

(ÉTUDE CRITIQUE)

THÈSE POUR LE DOCTORAT

PAR

Jacques THIBIERGE

AVOCAT A LA COUR D'APPEL

PARIS

LIBRAIRIE NOUVELLE DE DROIT ET DE JURISPRUDENCE

ARTHUR ROUSSEAU,

ÉDITEUR

14, RUE SCUFFLOT ET RUE TOULLIER, 13

1898

THÈSE

POUR LE DOCTORAT

LA NOTION

DE LA

COMPLICITÉ

(ÉTUDE CRITIQUE)

THÈSE POUR LE DOCTORAT

L'ACTE PUBLIC SUR LES MATIÈRES CI-APRÈS

Sera soutenu le mardi 25 janvier 1898, à 2 heures 1/2

PAR

JACQUES THIBIERGE

AVOCAT A LA COUR D'APPEL

Président : M. LE POITTEVIN.

Suffragants : { MM. PLANIOL, *professeur.*
SALEILLES, *agrégé.*

PARIS

LIBRAIRIE NOUVELLE DE DROIT ET DE JURISPRUDENCE

ARTHUR ROUSSEAU,

ÉDITEUR

14, RUE SOUFFLOT ET RUE TOULLIER, 13

—

1898

A MES PARENTS

A MON FRÈRE

LA NOTION DE LA COMPLICITÉ

ÉTUDE CRITIQUE

INTRODUCTION

Le droit pénal fait actuellement l'objet d'études nombreuses. Ces recherches n'ont pas seulement pour but de prévoir et de punir les nouvelles formes du crime, car la pratique des faits démontre que le crime se modifie, suivant les pays et surtout suivant les civilisations, mais encore elles examinent d'après les méthodes récentes les doctrines traditionnelles, et l'on peut affirmer que l'ensemble du droit pénal est ou sera ainsi revisé.

Si chaque pays possède une législation criminelle spéciale, il n'en est pas moins vrai qu'il est nécessaire de ne pas s'isoler des autres nations et de profiter des progrès qu'elles ont réalisés, comme de connaître les erreurs qu'elles ont commises. Le problème pénal, c'est-à-dire la lutte contre le crime, est le même dans tous les pays, et la facilité des communications tend à l'unifier davantage. C'est ainsi que dans toutes les nations européennes — sauf peut-être l'Angleterre — les crimes augmentent d'année en année. En outre bien des théories sont communes à divers codes. Aussi l'étude « internationale » du droit pénal est-elle devenue de plus en plus générale et a-t-elle contribué, pour une très large part, à la diffusion ou à la naissance de doctrines nouvelles.

Parmi celles-ci, les unes ont pour but la peine, d'autres les individus criminels (récidivistes, jeunes malfaiteurs, etc.) ; d'autres prennent comme sujets les notions pénales de culpabilité, de faute. C'est la doctrine nouvelle de la complicité que nous avons l'intention d'examiner et d'opposer à la doctrine antérieure, qu'on appelle la doctrine classique.

Qu'est-ce que la complicité ?

On peut la définir « l'association dans le crime ».

En général, le crime n'est commis que par un seul agent, qui en a conçu l'idée et qui a mis son projet à exécution sans aucun concours étranger. Mais cette hypothèse, la plus fréquente en pratique, peut être modifiée dans un de ses termes, c'est-à-dire qu'au lieu d'un agent unique nous en trouverons plusieurs. Si les rôles qu'ont joué ces agents divers sont sensiblement identiques, on dit qu'ils sont les *co-auteurs* du crime ; mais si, au contraire, la participation des uns est de moindre importance que celle des autres, on dit alors que les premiers sont *complices* des seconds.

Telle est brièvement résumée, la théorie classique. La plupart des législations en vigueur l'ont consacrée

et jusqu'à ces dernières années, on n'avait jamais attaqué ses principes fondamentaux.

Mais, avec les nouvelles études pénales, il n'en a plus
été de même. La complicité a été envisagée sous des
points de vue absolument différents, ou plutôt les défenseurs de la doctrine moderne l'ont supprimée. Cependant il ne faudrait pas croire qu'ils ont tous adopté le
même système ; ceci ne serait rien moins qu'exact, car
à l'ancienne théorie on oppose plusieurs théories nouvelles. Ces dernières n'ont pas eu toutes le même
succès. En fait il n'y en a qu'une seule qui soit véritablement importante : c'est la doctrine que l'Union internationale du droit pénal a répandue dans ses pu-
blications et discutée dans un de ses congrès. On peut
l'appeler la « théorie de la complicité délits distincts »,
car son principe fondamental, c'est de nier qu'il y ait un
seul crime, lorsque plusieurs agents se sont réunis pour
un but criminel. Il faut, disent les défenseurs de cette
doctrine, considérer ce qu'a commis chacun des agents
comme le délit indépendant de cet agent, et le punir
comme s'il était seul auteur du crime.

En face de ces nouveaux principes, qui, à leur simple inspection, se présentent comme absolument incon-
ciliables avec les anciens, il est nécessaire, croyons-nous,
d'examiner les uns et les autres, car la complicité est
une des questions les plus graves du droit criminel.
Nous ferons donc un exposé critique de ces deux sys-

tèmes, et après les avoir ainsi opposés nous verrons quel est celui qui doit l'emporter.

Nous tiendrons compte des progrès accomplis dans la science pénale et nous chercherons s'ils nécessitent d'une manière absolue la suppression ou le maintien de l'une des doctrines.

CHAPITRE PREMIER

LA NOTION DE COMPLICITÉ DANS LE SYSTÈME CLASSIQUE

Section 1. — Théorie de la complicité. — Section II. — § 1. Histoire de cette théorie. — § 2. Législations étrangères.

SECTION 1. — **Théorie de la complicité.**

Le crime ou délit est un fait punissable commis par un agent intelligent.

De cette définition il s'ensuit qu'il y a deux termes dans le crime : le premier, c'est le fait contraire à la loi, c'est-à-dire une modification dans les phénomènes extérieurs, de nature à léser, soit les droits d'une personne, soit ceux de la société considérée comme l'ensemble des citoyens; le second, c'est l'homme, cause du délit, par l'influence duquel le résultat préjudiciable a été atteint; intelligent, avons-nous ajouté, parce que c'est seulement quand il a pleine et entière conscience de ses actes, qu'on peut lui reprocher le fait dont il est l'auteur.

Ces deux termes sont nécessaires ; pour le second ceci est évident; pour le premier on pourrait être tenté de dire qu'avant le fait commis, l'homme est coupable d'une intention mauvaise, mais il faudrait, en supposant qu'il fût possible de la connaître, prouver cette intention et l'on s'exposerait ainsi à un arbitraire dangereux, sinon nuisible.

Ces termes essentiels sont susceptibles de qualités, qui ne modifient en rien leur substance: C'est ainsi qu'au lieu d'avoir affaire à un seul crime, de la part de la même personne, il se présente des cas de « cumul de délits » où l'agent se trouve avoir à répondre de plusieurs délits, dont aucun n'a encore été puni. Nous n'avons pas à étudier cette hypothèse (1).

Inversement, il peut arriver que plusieurs agents se réunissent pour commettre un seul crime. C'est ce qu'on nomme la « complicité » au sens large. Au sens strict, on appelle auteur ou co-auteur celui ou ceux des agents qui ont pris une part importante au délit, complices ceux dont la participation a été moindre.

La modification de l'un des termes a-t-elle influence sur l'autre ?

L'école classique répond négativement : de ce que plusieurs personnes se sont réunies pour commettre un crime il ne résulte pas que celui-ci change de nature. Sans doute on pourra trouver dans la pluralité des agents un motif d'augmentation de la peine (2), mais

(1) Elle est prévue par l'article 365 du Code d'Instruction criminelle.

(2) Voy. les articles 381 et suivants du Code pénal qui punissent comme crimes les vols commis par deux ou plusieurs personnes, lorsqu'il existe en outre d'autres circonstances aggravantes.

le délit sera toujours unique. En effet, l'acte ou les actes matériels ne varient pas : les éléments objectifs du délit sont les mêmes. Supposons par exemple un vol : l'article 379 du Code pénal le définit « la soustraction frauduleuse de la chose d'autrui ». Laissons de côté les mots et considérons le fond de cette définition. L'idée à laquelle elle correspond est celle de l'interruption du rapport qui existe entre une personne qui possède un droit de propriété sur un corps, et ce corps lui-même, objet du droit de propriété. Or ce fondement rationnel ne changera pas si les causes de l'interruption sont multiples ou s'il n'y en a qu'une ; il n'y aura toujours que la soustraction d'un seul et même objet. C'est là ce qui constitue la partie essentielle du crime. Les circonstances qui s'y joignent sont simplement des accidents, peut-être d'une grande importance au point de vue pénal, mais n'ayant aucune influence sur ce qui constitue le principe du délit. — Il en est de même en ce qui concerne la pluralité des agents. Grâce à leur réunion ils pourront accomplir plus facilement l'exécution, obtenir plus vite le résultat qu'ils ont en vue ; ils se diviseront les rôles ; mais la nature essentielle du délit ou des délits qu'ils commettront ne sera pas modifiée. S'ils ont commis un vol, il n'y aura qu'un seul et même délit de vol, dont ils seront tous coupables.

Nous pouvons dire suivant la formule classique que la notion de la complicité c'est « l'unité de délit et la pluralité des agents » (1).

(1) Ortolan, *Eléments de droit pénal*, Paris, 1861, n° 1254.

Mais dire que tous les agents sont coupables du délit ce n'est pas une donnée suffisante, et nous devons la compléter. On ne peut admettre un châtiment frappant tous ceux qui ont pris part au fait, sur la seule vérification de leur acte de participation, et il est nécessaire de pousser l'analyse plus loin.

La participation de plusieurs personnes au même délit comprend deux hypothèses :

Ou bien tous les coparticipants jouent le même rôle. On dit alors qu'ils sont coauteurs. Ils encourent tous la peine établie par la loi pour le crime qu'ils ont commis.

Ou bien les coparticipants jouent des rôles différents. Les uns auront commis les actes nécessaires pour fonder juridiquement le crime. Leurs actions ont été essentielles, et ils ont pris la part principale dans la perpétration de l'acte. Ce sont encore des coauteurs et les règles sont les mêmes que dans l'hypothèse précédente. Les autres auront simplement facilité la besogne des auteurs. Le crime aurait pu avoir lieu sans leur concours. Les premiers étaient causes efficientes du crime, les seconds n'en sont que des causes secondaires. Ce sont les complices.

L'acte du complice, au point de vue pénal, ne peut être envisagé que par rapport à celui de l'auteur. Il n'existe pas par lui-même : c'est une partie du délit de l'auteur et on ne peut l'en détacher. Par suite, le complice ne sera responsable de son acte que parce qu'il a participé au crime d'autrui par cet acte même, et comme, ainsi que nous l'avons vu, le crime reste un et identique, il en résulte que le complice est responsable du crime d'autrui. C'est ce qu'on exprime en disant que le complice emprunte la criminalité du fait principal. Cet emprunt n'a rien d'illogique en soi puisque le crime est, pour partie, l'œuvre du complice.

Tel est donc le principe de la responsabilité pénale du complice. Il en résulte deux conséquences :

a) Le fait du complice doit se rattacher à un fait principal. Si donc il n'y a pas de crime dans le fait de l'auteur, la complicité n'existera pas. Ainsi, pour prendre un exemple classique le complice du suicide ne peut être puni, le fait principal, le suicide, ne l'étant pas (1).

b) Il faut que le complice ait eu l'intention de participer au crime d'un auteur principal. S'il ne veut pas s'associer, s'il n'y a pas entente criminelle, il n'y a pas de complicité.

On exprime souvent ces deux règles en disant que pour qu'il y ait complicité punissable, il faut qu'il y ait dépendance matérielle et intellectuelle, c'est-à-dire, qu'au point de vue objectif, l'acte du complice doit se rattacher au fait de l'auteur principal, et qu'au point

____

(1) Certains Codes comme celui de l'Italie punissent cependant la personne qui a poussé un homme à se suicider. Il en est de même du Code pénal hollandais. On a passé par dessus certaines difficultés surtout pratiques, pour considérer le côté social de l'action. C'est là une question spéciale sur laquelle nous ne pouvons insister.

de vue subjectif, l'intention du complice doit être la même que celle de l'auteur principal.

Nous avons vu pourquoi le complice doit être puni. examinons maintenant comment il doit être puni. Sur cette question deux systèmes partagent les auteurs classiques. Nous allons les exposer successivement.

A. — *Système de l'emprunt absolu de criminalité.* — Ce système peut s'énoncer : le complice emprunte d'une manière absolue, la criminalité du fait principal. La personnalité du complice disparaît ; elle est comme absorbée dans celle de l'auteur principal. Il en résulte que le complice subira la même peine que l'auteur principal. De même, il supportera toutes les circonstances aggravantes du crime, qu'il les ait connues ou non, et aussi toutes les circonstances aggravantes qui existent en la personne de l'auteur principal. Parmi ces dernières on fait cependant une exception pour celles qui concernent la culpabilité individuelle de l'auteur, comme par exemple la récidive.

Supposons qu'un vol ait lieu dans les conditions de l'article 382 ou des articles suivants, c'est-à-dire avec certaines circonstances aggravantes. Le recéleur, qui est un complice (art. 62), sait que les objets qu'il détient proviennent d'un vol, mais il ignore les circonstances dans lesquelles ce vol a eu lieu : il sera passible cependant de l'aggravation de peine qui en résulte. De même celui qui assiste un domestique ou un aubergiste encourra l'aggravation qui résulte de ces qualités, même si elles lui étaient inconnues (1). Réciproquement, les qualités qui existent en sa personne n'ont en principe aucune influence (2).

En théorie on justifie ce système en disant : il faut ne considérer que le délit et faire abstraction de la personnalité des divers agents. Tous sont coupables du même délit, tous doivent subir la même peine. En agissant autrement, on fait de la complicité une circonstance atténuante, alors que tout le monde reconnaît au contraire le danger qu'elle présente. On arrive à méconnaître ainsi le fait de l'association dans le crime.

D'ailleurs, il est inutile de faire abstraction de la personnalité des agents. Ceux-ci se sont associés en vue d'un même fait : peu importe la diversité de rôles. Ce qui constitue la responsabilité c'est l'objet de la volonté criminelle. Celui-ci étant identique pour tous, la responsabilité doit être la même pour tous.

Cette idée de l'association « à toutes chances » dont l'observation des faits démontre l'exactitude, a été invoquée lors des travaux préparatoires du Code français : « Tous ceux qui ont participé au crime », dit Target dans son rapport, « par provocation ou complicité mé-
« ritent les mêmes peines que les auteurs ou coopéra-
« teurs. Quand les peines seront portées à la plus grande
« rigueur par l'effet des circonstances aggravantes, il
« paraît juste que cet accroissement de sévérité frappe

(1) Cass., 11 mai 1866, D. 68.5.96.
(2) Voy. Cass., 24 mars 1844.

« tous ceux qui ayant favorisé, aidé ou préparé le crime,
« se sont soumis à toutes les chances des événements
« et ont consenti à toutes les suites du crime » (1).

B. — *Système de l'emprunt relatif de criminalité.* —
Ce système déclare que le complice n'emprunte la criminalité du fait principal que sur certains points. La personnalité du complice est entièrement conservée, c'est-à-dire qu'il n'encourt que les charges personnelles qui existent en lui-même. Pour les circonstances aggravantes réelles, il ne les supporte que s'il les a connues. C'est une part importante faite à l'idée moderne de l'individualisation de la peine. Il est injuste en effet d'établir un châtiment unique pour tous, puisque l'on reconnaît qu'ils ont joué des rôles très divers dans la perpétration du même délit. Aussi, dans ce système, le complice subira une peine moindre que l'auteur principal, car elle correspond logiquement à une part moindre prise dans le résultat criminel. L'activité de toutes les personnes associées au délit n'est pas égale. L'égalité est une notion morale qui se rencontre rarement dans le monde réel. Enfin le système de l'emprunt absolu affirme que lorsqu'on s'associe à un crime, on veut accepter d'avance toutes les éventuali-

---

(1) Locré, t. 29, p. 32. Voici à titre de renseignement les autres motifs qui furent donnés lors des travaux préparatoires : « La *faculté* pour les complices d'être punis de la même peine est consolante pour les accusés dont le cœur et la conduite passée n'ont pas encore été infectés par l'habitude du mal, redoutable pour ceux dont la perversité est connue. » Locré, t. 29, p. 271.

tés qui peuvent se produire. Mais le fait de stipuler qu'on ne tiendra qu'un rôle accessoire, qu'on sera un simple complice ne prouve-t-il pas, de la part de celui qui impose cette condition, qu'il refuse précisément cet engagement à toutes chances ?

Quel que soit celui de ces deux systèmes auquel on accorde la préférence, il faut cependant remarquer que la dépendance caractéristique de l'école classique s'arrête toujours au fait criminel. Par suite, et bien qu'en règle générale il y ait indivisibilité dans la procédure puisque il n'y a qu'un délit, il importe peu que l'auteur soit mort ou absent, le complice n'en est pas moins jugé pour ses actes de complicité. Il n'y a pas indivisibilité de poursuite. Allant plus loin, les juges ne sont pas liés vis-à-vis de l'un, par ce qu'ils ont décidé pour l'autre, et la Cour de cassation déclare que l'on peut accorder des circonstances atténuantes à l'auteur principal et ne pas les admettre pour le complice, que l'on peut acquitter l'auteur et condamner le complice. De même si l'auteur principal est excusable ou si le crime ne lui est pas imputable (par exemple au cas de folie) le complice n'en est pas moins punissable.

Il s'agit là, en effet, de criminalité subjective et nous avons vu qu'elle n'était jamais communicable au complice (voy. page 10) (1), même dans le système de l'emprunt absolu.

(1) Voyez pour les circonstances atténuantes, Cass., 23 mars 1843, pour l'acquittement, Cass., 19 juin 1829 ; pour l'absolution, 27 floréal

De cette dépendance il s'ensuit naturellement qu'on ne peut admettre, avec la notion classique, une tentative de complicité. La tentative n'est punissable que s il s'agit d'un crime suspendu par des circonstances indépendantes de la volonté de son auteur (art. 2, C. pén.). Même restreinte aux crimes (au sens strict de l'art. 2, C. pén.) elle est inapplicable dans l'espèce, puisque la complicité ne constitue pas un crime, qu'elle n'est que la participation au crime d'autrui. Au contraire, si le fait de l'auteur principal ne dépasse pas le « commencement d'exécution » et par suite est punissable, la complicité sera également punissable. Ce sont là des conséquences logiques sur lesquelles nous n'avons pas besoin d'insister.

Avant de terminer cette analyse de la notion de complicité en droit classique, nous devons remarquer que les auteurs, et, après eux les Codes, ont énuméré les modes de complicité. C'est ainsi qu'on distingue la complicité par provocation (art. 60, 1°, C. pén.), la complicité par aide et assistance (art. 60, 3°), la complicité par recel etc. Cette énumération est très utile pour préciser et permettre dans chaque cas concret, d'apprécier les différents actes de complicité. Aussi la retrouve-t-on sous une forme très analogue dans la plupart des

an IX, pour le décès de l'auteur, Cass., 24 décembre 1843 ; pour son absence, 13 avril 1829. Ces arrêts, bien qu'un peu anciens, ont continué à présenter la même valeur, la jurisprudence ne s'étant pas modifiée à ce sujet.

législations, mais elle n'a qu'une importance secondaire au point de vue des principes mêmes de la complicité. Quel que soit le caractère de l'acte secondaire, il reste toujours accessoire (1), et malgré la pluralité d'agents et la diversité des concours, la notion fondamentale du droit classique reste l'unité du crime.

SECTION II. — Histoire de la notion de complicité. Législation comparée.

§ 1. — Histoire de la notion de complicité.

On peut dire, sans craindre d'être taxé d'exagération que, jusqu'à une époque relativement récente, on n'a pas connu d'autre notion de la complicité que celle de l'école classique. A différentes reprises, les systèmes d'emprunt de la criminalité ont été tour à tour admis et rejetés, mais la notion qu'ils supposent paraît n'avoir même pas été mise en doute.

En ce qui concerne le droit grec, nous avons fort peu de documents. Grotius (2) cite cependant une ancienne

---

(1) Certaines législations ont fait du recel (qui est regardé en droit français comme un cas de complicité) un délit spécial. Mais en même temps elles suivent pour punir le recéleur des principes qui sont semblables à ceux de la complicité. Ainsi en Belgique dans le Code de 1867, art. 505 et 506, on punit le recéleur de peines variables. En Allemagne, on distingue selon que le recéleur a agi dans son propre intérêt ou non. Au premier cas la peine du recéleur varie suivant la gravité du fait principal ; au second cas il y a une peine fixe.

(2) *De jure belli ac pacis*, t. 2, p. 112.

loi d'Athènes qui punit de la même peine que l'auteur celui qui avait conseillé de commettre un crime.

Le droit romain nous présente un certain nombre de décisions relatives à notre objet, mais elles sont souvent obscures et parfois contradictoires. Malgré tout il semble que le système de l'identité de la peine pour l'auteur et le complice fut en vigueur. Les principes ne sont pas très nets, car les jurisconsultes s'occupaient moins de définir le délit et de l'analyser que de régler les formes du jugement et de la procédure. Nous avons un texte d'Ulpien qui nous dit « *Nihil interest occidat* « *quis an causam mortis præbeat. Mandator cædis pro ho-* « *micida habetur* (Loi 15, Dig. XLVIII, 8) », et cette règle subsiste encore au Bas-Empire (1).

Les lois barbares adoptèrent, au contraire, le principe de l'emprunt relatif de criminalité. La loi salique prévoyait pour les divers agents une composition ou wehrgeld plus ou moins forte ; la loi Ripuaire pose une règle analogue. — « *Actores facti interficiuntur*, dit un « capitulaire de Charlemagne, *adjutores vero eorum sin-* « *guli alter ab altero flagellantur et nares sibi invicem* « *præcidant* (Pertz, *Monu.*, III, p. 133). »

Le droit canonique reprit, en l'exagérant, le système romain c'est-à-dire l'emprunt absolu de criminalité. Ceci s'explique facilement, quand on se rappelle qu'il

---

(1) Voir L. 1. C. *De his qui latrones* (Const. des empereurs Valentinien, Valens et Gratien). L. 9, Cod. *ad. leg. Jul. de vi* (Const. des empereurs Honorius et Théodose). — Institut., IV, 1, § 11 et s.

confond souvent, dans ses décisions, le péché et le délit ; il mesure surtout les peines sur l'intention. « *Consulens*, dit-il, *est vera causa moralis in effectum.* »

Si nous passons au droit féodal, nous voyons que, dans certains cas, le seigneur et ses vassaux étaient solidaires. Plusieurs ordonnances punissent de la même peine les complices et les auteurs principaux (1).

Plus tard, les mêmes principes sont encore observés. L'ordonnance de 1670, titre 16, article 4, prohibe les lettres d'abolition pour les duels et les assassinats « tant aux principaux auteurs qu'à ceux qui les auraient assistés... ». Jousse (2) nous apprend d'ailleurs que la jurisprudence des Parlements, grâce aux règles des décisions arbitraires, avait parfois tempéré cette rigueur, et qu'elle avait introduit les distinctions établies par les lois romaines et les docteurs.

Nous trouvons au XVIII⁰ siècle, Beccaria (3), qui s'éleva contre le principe de l'emprunt absolu de criminalité. Après avoir parlé de la tentative, pour laquelle il préconise l'emploi d'une peine atténuée, il ajoute : « la même gradation dans les peines doit être suivie, mais pour une raison différente à l'égard des complices d'un

---

(1) En ce sens les *Etablissements de St-Louis*, par. 31. Ordonnances du 22 décembre 1477, de mars 1515, de décembre 1559. Jehan Bouteiller dans le *Grand Coutumier*, liv. 1, tit. 29, écrit : Quand plusieurs sont à un délit que les uns font et les autres non, *lesquels sont coupables du délit.*

(2) Tome 1, p. 17. Cfr. Muyart de Vouglans, p. 10.

(3) *Des délits et des peines*, chapitre 36.

crime, dont tous n'ont point été les exécuteurs immédiats. Lorsque plusieurs hommes s'unissent pour affronter un péril commun, plus ce péril sera grand, plus ils chercheront à le rendre égal pour tous, plus il leur deviendra donc difficile de trouver un d'entre eux qui veuille armer son bras pour consommer le crime, quand celui-ci se trouvera courir un danger plus imminent et plus terrible ».

Malgré l'influence de Beccaria, son opinion ne prévalut pas et le Code de 1791 (1) édicta le principe de l'emprunt absolu de criminalité ; comme il ne s'occupait que de la répression des crimes (*stricto sensu*) il en résulta que la complicité de délit ne fut pas punissable.

Lors des travaux préparatoires du Code pénal, la deuxième loi, qui contenait les articles actuels 59 et suivants, ne donna lieu à aucune discussion au Conseil d'État et au Tribunat (2). On se contenta de reproduire le Code de 1791 en le complétant quant à la complicité de délit. Cette législation n'a subi jusqu'ici qu'une seule modification, en ce qui concerne le cas de recel, mais les autres articles restèrent intacts. Nous aurons terminé ce qui concerne le droit pénal français en disant qu'il existe actuellement un projet de Code pénal qui

(1) Voy. C. P. 25 septembre-6 octobre 1891, 2e part., tit. III. Ce Code n'a en vue que les crimes, non les délits. Le décret du 16-22 juillet 1791 sur la police municipale et correctionnelle n'avait rien dit quant à la complicité, mais la jurisprudence appliqua la règle des crimes aux délits, Voyez Merlin, *Réperfoire*, V° Complice.

(2) Locré, t. 29, 2e partie.

adopte également le système de l'emprunt absolu de la criminalité (1).

Cependant les jurisconsultes n'admirent pas en général cette opinion. Ce qu'ils attaquaient surtout, c'était la communicabilité des circonstances aggravantes réelles et personnelles au complice, communicabilité qu'une loi de 1832 sur le recel (2) avait affirmée *a contrario* pour les premières, et que la jurisprudence admettait pour les secondes (3). Ces décisions leur paraissant contraires à la justice, ils se prononçaient généralement en faveur du système de l'emprunt relatif, posant ainsi en principe la diminution de la peine pour le complice (4).

En même temps, il y eut de nombreux travaux sur les modes de complicité (Rossi dans son *Traité de droit pénal* assimila le provocateur à l'auteur), mais ces théories n'affectent en rien la notion de la complicité et leurs auteurs eux-mêmes étaient les premiers à soutenir la distinction fondamentale de l'école classique.

---

(1) Projet de Code pénal de 1893, art. 82. Les complices d'un crime ou d'un délit seront punis de la même peine que les auteurs de ce crime ou de ce délit, sauf dans les cas où la loi en aura disposé autrement.

(2) Voy. art. 63 actuel du Code pénal.

(3) Un des arrêts les plus importants est celui du 12 octobre 1882, S. 84.1.153, qui fournit un argument *a contrario* d'une très grande force. La jurisprudence décide également (15 juin 1860, D. 61.1.147) que peu importe que le complice ait connu ou non l'aggravation.

(4) Chauveau Adolphe et Faustin-Hélie, *Théorie du Code pénal*, I, n° 274 et Rossi, *Traité de droit pénal*, t. 2, 188.

§ 2. — Législation comparée.

Les législations étrangères admettent également cette distinction.

En Angleterre, au cas de félonie, c'est-à-dire pour la plupart des crimes graves, on divise les coparticipants d'un même délit en coopérateurs principaux et accessoires. Les coopérateurs principaux comprennent les agents principaux du premier degré qui exécutent le crime et qui correspondent aux auteurs, et les agents principaux du second degré (principal of the second degree) qui ont aidé et encouragé les premiers : ce sont nos complices. Les coopérateurs accessoires (accessory before the fact) sont les agents qui n'étaient pas présents lors de l'exécution, mais qui ont adhéré au crime, soit avant, soit après le fait. En règle générale, la peine des agents principaux du second degré est la même que celle des agents du premier. Pour les coopérateurs accessoires, la peine est ordinairement moindre. Au cas de treason ou de misdemeanors (1) les provocateurs et complices sont désignés comme auteurs principaux. La législation anglaise, on le voit, emploie en même temps les deux systèmes d'emprunt.

Dans les autres pays d'Europe, on peut dire que c'est

(1) On appelle treason les délits par le « statute of treasons » (de l'année 1351, 25 Ed. III, stat. 5, cap. 2) et misdemeanors les délits qui ne rentrent pas dans les autres classes (*Droit crim. des Etats européens*, Von Liszt).

le système de l'emprunt relatif qui est généralement employé, sauf pour certains modes de la complicité comme la provocation. L'emprunt absolu n'est qu'une exception.

Le Code hollandais de 1881 pose un maximum de peine moins élevé pour le complice que pour l'auteur : il est ordinairement des deux tiers (art. 47, 48 et 49).

En Italie (Code pénal de 1889, art. 63) on distingue l'auteur et le coopérateur immédiat d'une part et les complices de l'autre. Les premiers encourent la peine totale, les seconds la même peine diminuée d'un sixième ou de moitié suivant les cas. Les qualités aggravantes sont personnelles, sauf le cas où elles ont été connues et ont servi au délit. Le coopérateur immédiat est un véritable complice pour lequel on emploie le système de l'emprunt absolu.

Le Code belge de 1867 (art. 66 et 67) inflige au complice la peine immédiatement inférieure à celle qu'il encourrait s'il était auteur. Le recel (art. 505 et 506) est un délit spécial mais dont la peine varie avec la gravité du fait principal. Comme dans le Code hollandais (art. 50) les circonstances aggravantes restent personnelles à celui chez qui elles se trouvent.

Le Code de l'Empire allemand de 1871 (art. 49 et 50) punit le complice d'une peine réduite comme pour la tentative. Cependant l'article 48 décide comme dans la plupart des Codes des autres pays que le complice par provocation subira la même peine que l'auteur principal. Les qualités personnelles restent sur la tête de celui en qui elles se rencontrent.

Ainsi, les principales législations reconnaissent la distinction fondamentale entre l'auteur et le complice. Les seules différences consistent dans les manières diverses d'envisager les modes de complicité, mais la notion classique est seule en vigueur.

(1) Nous bornons ici l'étude des législations étrangères. Nous pourrions encore parler du Code génevois de 1874, du Code pénal du Grand duché de Finlande de 1880, du Code hongrois de 1878, etc., mais les principes étant toujours identiques, cette énumération serait inutile.

CHAPITRE II

THÉORIE DE LA COMPLICITÉ. — DÉLITS DISTINCTS.

SECTION PRÉLIMINAIRE. — Origine de la nouvelle théorie.

Si la notion de la complicité n'avait jamais été attaquée en elle-même, il y eut cependant un point très délicat qui fit l'objet de nombreuses discussions. Il s'agit de déterminer le critérium de la distinction entre l'auteur et le complice. En France cette question fut peu étudiée, et les jurisconsultes paraissent ne pas y attacher une grande importance. Pour eux il faut se fonder sur le côté objectif du crime. Celui qui a pris la part la plus considérable aux actes constitutifs du crime est l'auteur, celui qui a joué un rôle moins important est le complice. Cette distinction inspirée d'ailleurs par le Code pénal a été à peine modifiée dans nos livres de droit. Cependant à une certaine époque, sous l'influence de

Rossi, qui considérait le provocateur comme une cause
du crime, et le punissait comme auteur, on distingua
non plus d'après les actes objectifs, mais d'après la participation principale et la participation secondaire, cette
dernière pouvant ne consister qu'en actes intellectuels.
Pour le reste rien ne fut modifié (1).

Mais en Allemagne la question fut discutée avec beaucoup plus d'ardeur et un grand nombre d'ouvrages, de
monographies sur la complicité, parurent dans le courant de ce siècle. Sans entrer dans les détails nous dirons que les origines de ces discussions sur le critérium
de la complicité remontent dans le droit moderne à
Feuerbach. — Depuis lors, et successivement, nous
pouvons compter trois tendances (2).

a) La tendance objective, la première en date. Les
auteurs recherchent la distinction dans les actes objectifs.

b) La tendance subjective, réaction contre la précédente, où l'on décide que c'est dans le côté intentionnel
qu'il faut rechercher la base de la distinction.

c) La tendance mixte disant que le critérium de la
distinction cherchée doit satisfaire aux deux côtés, matériel et intellectuel, du crime.

Mais ces luttes de doctrines ne donnèrent — et ne
pouvaient donner — aucun résultat pratique positif.

Aussi certains jurisconsultes en arrivèrent-ils à nier

(1) Voir Rossi, *Traité du droit pénal*, t. 2, p. 188 et s.
(2) Mintz, *Lehre von der Beihilfe*. 1892.

la possibilité d'admettre cette distinction. Les uns aboutirent à cette négation malgré eux et contraints par les nécessités de raisonnements trop absolus ; les autres, au contraire, crurent à l'inutilité de pareils recherches et se déclarèrent sceptiques, c'est-à-dire affirmèrent qu'il n'y avait aucune différence entre l'auteur et le complice. L'un des plus célèbres défenseurs de cette nouvelle opinion fut M. von Buri, qui avait commencé par chercher le critérium demandé dans une notion intentionnelle (1). Il admettait l'équivalence de tous les actes objectifs. Au point de vue juridique, dit-il, tous les coparticipants sont auteurs. La dépendance n'existe qu'au point de vue subjectif, mais il ne s'en suit pas de là que la complicité ait un caractère accessoire. Le complice, agit sans doute, dans l'intérêt d'un autre, mais il est « son propre but à lui-même ». De là sa responsabilité, propre, indépendante.

Cette déduction qui devait quelques années plus tard donner lieu à une modification totale de la doctrine classique resta isolée assez longtemps. Cependant bien avant M. von Buri, Henke (2), repoussant également le critérium objectif, disait que la distinction d'auteur et de complice était absolument insignifiante, qu'elle ne fonde qu'une simple différence quantitative et non qua-

(1) M. von Buri a écrit divers ouvrages sur ce sujet : notamment certains articles, dans le *Zeitschrift für die gesammten Strafrechtswissenschaft*. Son œuvre capitale sur ce point est la *Lehre von der Teilnahme*, 1860.

(2) *Handbuch des Criminalrechts*, 1823.

litative. Cette critique, établie par son auteur pour motiver un critérium subjectif, n'eut pas non plus une grande portée. Mais ces essais devaient être repris de nos jours.

En effet, en dépit des efforts continuels des législateurs, des magistrats et des auteurs, la criminalité, en Europe, ne cessait de s'accroître. De là un nouveau mouvement très accentué vers les études criminelles et la création d'un grand nombre de sociétés nationales et internationales.

Parmi ces dernières il nous faut citer l'école anthropologique créée en Italie par le docteur Lombroso (1), école dont la principale tendance consiste à examiner le criminel en lui-même. Bien que postérieure à von Buri, la *nuova scola* n'a en rien subi son influence, et il ne semble pas que ses principaux défenseurs l'aient connu (2). Mais donnant comme lui toute l'importance au côté subjectif du crime, et ne considérant le côté objectif que comme une simple indication, elle permet de supposer la négation de l'unité de délit.

Quelques années plus tard, s'établit en Allemagne une société de jurisconsultes, dont les membres furent d'abord peu nombreux. Cependant les adhésions re

(1) Le livre du docteur Lombroso l'*Uomo delinquente* a été publié en 1876.

(2) Cette affirmation n'est exacte qu'en ce qui concerne les premiers défenseurs de l'école anthropologique, car M. Sighele dans .a *Teoritapositiva de la complicita* (1894) fait une étude particulière de M. von Buri et de M. von Liszt.

cessant pas de se produire, l'extension de ce groupe devint très rapide. En 1889, on le réorganisa sur de nouvelles bases et il prit le nom d'*Union internationale du droit pénal*. Il nous faut remarquer que l'Union ne constitue pas une école proprement dite car, outre que les statuts ne sont pas imposés aux sociétaires, ceux-ci appartiennent à différentes écoles, classique, anthropologique, éclectique etc. Néanmoins elle a proposé des théories qui ne semblent pas concilier les caractères de ces différentes écoles et c'est ainsi qu'en ce qui concerne la complicité, nous verrons que la doctrine nouvelle, que nous appellerons doctrine de l'Union internationale, n'est rien moins qu'une œuvre de conciliation.

Nous allons examiner successivement ces différentes théories dans l'ordre chronologique : nous aurons ainsi trois sections : l'une consacrée à un rapide examen des théories de M. von Buri, précurseur de la doctrine nouvelle, l'autre consacrée aux conclusions de l'école anthropologique, enfin, dans la dernière nous étudierons les règles principales de la doctrine de l'Union internationale.

SECTION I. — Théorie de M. von Buri.

Nous avons dit (page 24) que la doctrine allemande du XIXe siècle, après avoir adopté comme critérium de la distinction entre l'auteur et le complice un élément objectif, avait ensuite abandonné ce point de vue et cherché ce critérium dans le côté subjectif du crime.

L'un des premiers défenseurs de cette théorie, Henke, avait dit que la participation pouvait être parfaite cu imparfaite. La participation était parfaite lorsque tous les co-participants étaient mus par un intérêt semblable : peu importait d'ailleurs que les actes commis par eux fussent ou non essentiellement équivalents : tous étaient auteurs. Ceux qui au contraire n'avaient pas le même intérêt, qui ne connaissaient pas le but cherché, faisaient des actes de participation imparfaite, étaient des complices. Il résultait de cette assertion qu'un simple complice pouvait commettre l'acte essentiel d'un crime ! Nous retrouverons cette conclusion dans M. von Buri (1).

Toutes les forces, dit-il en effet, ne sont pas seulement également nécessaires, mais sont aussi également essentielles pour le résultat. Par suite la distinction doit être cherchée dans le principe subjectif. Or tous ceux qui participent à un crime veulent l'existence du résultat, sinon ils s'abstiendraient de toute participation. La différence entre eux se montre dans le but que chacun poursuit en accomplissant le crime. Si donc l'un des participants veut atteindre son propre but, tandis que l'autre n'a voulu que permettre au premier d'atteindre le but qu'il s'est fixé, la volonté de ce dernier

____

(1) **Voy.** *Zeitschrift* de 1882.

est dépendante de ce but : le complice place son activité, née de sa volonté, à la disposition de l'auteur. Il reconnaît une volonté supérieure à la sienne. Nous arrivons donc à ceci que le même acte peut rendre auteur ou complice, suivant l'intérêt de l'agent au crime. L'action essentielle n'a qu'une signification subjective.

Buri a été ainsi conduit à mêler et à supprimer mutuellement la distinction d'auteurs et complices, et les différents modes de participation. En effet, selon lui on se trouve en face de criminels dont les uns ont agi dans leur propre intérêt et les autres dans l'intérêt des premiers. Il est impossible de considérer la complicité comme produisant des effets juridiques spéciaux. Le dessein matériel du complice seul dépend de celui de l'auteur. Son dessein formel aussi bien que son acte objectif est indépendant. Qu'importe qu'en même temps que lui l'auteur commette aussi un acte punissable ! Cela ne change pas l'activité du complice, « sa volonté ne devient ni pire, ni meilleure ».

Telle est la théorie de M. von Buri, curieuse en ceci que son auteur n'admet pas qu'on puisse mettre en doute la distinction entre l'auteur et le complice. Mais il est forcé par le critérium qu'il a adopté de poser des conclusions absolument opposées à la doctrine classique. Nous l'avons résumée pour montrer le point de départ de la nouvelle doctrine en même temps que pour donner une idée des discussions auxquelles ont abouti les recherches du critérium entre l'auteur et le complice.

SECTION II. — L'école anthropologique.

Au premier abord, il semblerait logique de présenter
actuellement les propositions de la théorie nouvelle,
puisque c'est en Allemagne qu'elles se sont surtout ré-
pandues. Toutefois entre M. von Buri et l'Union internationale se place l'école anthropologique. Outre cette
raison chronologique, il nous faut rappeler que certains
membres de l'Union font partie de cette école. Aussi
croyons-nous préférable de passer en revue les idées
de la *nuova scola* en ce qui concerne la complicité.

L'école nouvelle ne regarde pas le crime comme une
infraction juridique, une défense faite *a priori* par la loi,
comme un fait abstrait mais comme un fait naturel concret. Dès lors il faut étudier le crime, fait naturel, dans
les conditions naturelles où il se produit. Ces conditions
tiennent à l'homme (de là l'étude de l'anthropologie
criminelle, ou à la société (d'où la sociologie criminelle).
Ces deux études permettront de trouver des procédés
de défense sociale applicables (1).

Les études des partisans de ces doctrines peuvent être
divisées en deux classes principales, les études anthropologiques commencées par le docteur Lombroso, qui a
énuméré les anomalies physiques, physiologiques et psy-

(1) Voyez l'*Uomo delinquente* du docteur Lombroso, la *Criminolo-
gie* de M. Garofalo, la *Sociologie criminelle* de M. Enrico Ferri. Les
ouvrages de M. Tarde présentent également des points de ressemblance avec les livres ci-dessus désignés.

chologiques du criminel, et les études sociologiques dont.
le premier représentant a été M. Enrico Ferri, où l'on
recherche les moyens de réprimer le crime. M. Ferri
considère comme tels les substitutifs pénaux, moyens
permettant d'empêcher indirectement le crime.

Laissons de côté le point de vue sociologique de la
nouvelle école et considérons le criminel lui-même. Il
peut être criminel-né : ceci se manifestera par les anomalies ci-dessus mentionnées ; remarquons que parmi
les anomalies psychologiques, la plus importante serait
que le criminel n'a pas de sens moral c'est-à-dire que
s'il sait la différence entre le bien et le mal il ne *sent*
pas cette distinction, il n'a aucune impulsion vers le
bien. Mais le criminel peut aussi être criminel d'occasion, d'accident, *criminaloïde* ; au lieu d'une impulsion
vers le mal, il n'a qu'une simple tendance, tendance qui
l'empêchera de résister quand une occasion de commettre un crime se présentera. Dans l'un et l'autre cas, le
criminel doit être considéré comme un malade, car il
n'est pas libre. Ceci posé, la société ne pouvant tolérer
un pareil état de choses directement contraire à son
existence est forcée de prendre certaines mesures contre
le criminel. Il n'y a pas une responsabilité individuelle
mais il y a une responsabilité sociale : les lois sociales
exigent que le criminel (qui s'insurge contre elles suivant les uns parce que lui-même est un « revenant » (1)

(1) C'est l'opinion de M. Lombroso.

sauvage par suite d'une régression atavique, suivant d'autres c'est un dégénéré (1)) s'adapte à la société, sinon il doit être éliminé relativement ou absolument. Il y a donc lieu de chercher s'il est susceptible de se prêter à cette adaptation.

Il résulte de là qu'on doit faire suivre à chaque criminel un « traitement » différent suivant les symptômes qu'il accuse. Appliquons ceci à la complicité.

Tout d'abord nous devons noter quelques reproches spéciaux à la théorie classique de la complicité. « La théorie de la complicité suivant l'école classique, écrit Ferri, a donné lieu au « byzantinisme » des différentes espèces de complices, nécessaires et non nécessaires; de co-auteurs plus ou moins correspectifs, etc., en arrivant par exemple à la conclusion absurde que la peine pour le mandant d'un crime doit être moindre si le mandataire a lui aussi des motifs personnels pour commettre le crime, ou bien que le mandant doit être impuni si le mandataire n'exécute pas le crime (2) ». D'ailleurs, en jugeant, il faut s'occuper non de l'abstraction appelée le délit, mais de l'être vivant appelé le délinquant, sinon on arrive à des conclusions absurdes. Ainsi la loi punit le complice comme l'auteur principal. On ne comprend pas cette assimilation parce que ces deux individus diffèrent peut-être profondément par leur nature physique et morale, par leurs caractè-

(1) D'après M. Ferri.
(2) La sociologie criminelle.

res, leurs passions, par le danger inégal, dissemblable que leur impunité présentait. Celui qui, pour venger sa famille d'un outrage sanglant paie un sicaire afin d'en tuer l'auteur, est un criminel bien différent du sicaire assoldé qui exécute le meurtre ! Pourquoi les frapper tous deux d'une peine du même genre ? De même, pourquoi le même traitement serait-il dû au voleur de profession et au voleur novice entraîné à la suite du premier ? On insiste encore sur la nécessité du fait principal dans l'école classique. « Il faut rechercher, dit Garofalo, « à propos du mandat, si le criminel a de bonnes rai- « sons pour croire que son agent aurait été un instru- « ment apte à la consommation du crime. L'argent payé, « la parole donnée, l'auteur du mandat a fait pour sa « part tout ce qu'il fallait ! Qu'importe qu'il y ait ou non « exécution ? Comment, l'action ou l'omission d'un autre « homme peut me rendre coupable ou innocent ? Com- « ment, lorsque je n'ai rien à ajouter pour qu'un crime « s'accomplisse, ce que j'ai fait peut être tout ou peut « être rien, selon ce qu'un autre en aura décidé sans « le porter à ma connaissance (1) ? »

Les critiques contre l'école classique se retrouvent chez la plupart des auteurs de la *nuova scola*, mais nous devons noter qu'ils ne s'occupent de la complicité que d'une manière incidente au cours d'ouvrages généraux. Il semble qu'ils aient confié à l'un d'entre eux cette

____

(1) *Op. cit.*

étude particulière. M. Scipio Sighele en effet a, jusqu'ici, pris presque uniquement la complicité pour sujet de ses travaux, principalement dans la « *Teorita positiva de la Complicita* », et aussi dans « la Foule criminelle » et « le Crime à deux ».

M. Sighele, suivant en cela les critiques générales de la nouvelle école, reproche à l'école classique d'avoir considéré la complicité à un point de vue trop exclusivement métaphysique. Les deux systèmes de l'emprunt de criminalité absolu ou relatif contiennent chacun une part de vérité, le premier en reproduisant dans la peine la solidarité qui a existé dans la perpétration du délit, le second en proportionnant la « réaction sociale » au fait du participant. Mais en pratique c'est M. Von Buri qui le dernier a soutenu l'identité nécessaire de la peine.

Quoi qu'il en soit, il faut avouer que le problème cherché par les jurisconsultes classiques, de graduer et d'établir *a priori* la peine entre les participants est difficile. Le nombre et la fausseté des critériums proposés démontrent ceci. Sans doute il y a des auteurs principaux et des auxiliaires, mais on ne peut dire d'avance quelle forme de complicité est principale, quelle forme est secondaire. Toutes ces complications sont inutiles et il vaut mieux procéder avec simplicité. Ces classifications n'aboutissent qu'à créer un monde fictif, mal adapté au monde réel. Rossi lui-même l'a dit : « La loi serait incomplète ou tyrannique si elle descendait au détail ». Ne serait-il pas préférable de laisser dans la loi une certaine latitude ? Le juge seul peut trouver une graduation de la peine qui corresponde au degré de culpabilité.

D'ailleurs, en posant en principe le seul critérium objectif, on oublie le phénomène psychologique. L'ancienne distinction peut parfois répondre à une différence de temibilité. Cela cependant n'a rien de nécessaire. Ces divisions *a priori* ne pourront s'adapter à beaucoup de cas. Au lieu de chercher uniquement la part prise, il est préférable d'étudier le caractère du délinquant. Suivant l'expression de M. Sighele, on ne dira plus « à chacun selon ses œuvres » mais « à chacun selon sa méchanceté ». Il faut pour chaque délinquant graduer, individualiser la peine.

L'auteur italien examine un troisième caractère de la complicité, l'association ; nous ne l'étudierons pas avec lui, car il déduit de l'existence de ce caractère la nécessité de faire de la complicité une circonstance aggravante. Or cela n'altère en rien la notion de la complicité ; même avec la notion classique on pourrait très bien concevoir que l'association de plusieurs criminels fut une cause d'augmentation de peine.

Quelle est donc l'influence de l'école anthropologique dans la conception nouvelle ? Elle peut se résumer en deux chefs.

a) Dans un délit il ne faut pas se préoccuper du délit mais du délinquant ; rechercher quel traitement lui sera applicable, cela signifie qu'il faut plus tenir compte de son caractère que de ses actes ; il y a déjà un élément d'individualisation à outrance, c'est-à-dire que sous prétexte de considérer plus l'homme que le délit, on laisse celui-ci de côté.

b) On abandonne, ou plutôt on n'étudie pas l'unité de délit : M. Sighele paraît n'attacher aucune importance à cette question : il parle de l'auteur, du complice, d'une façon incidente et il semble ne maintenir ces termes classiques que pour la commodité et la clarté du sens. Remarquons-le bien, l'école anthropologique, jusqu'ici du moins, n'a pas été aussi loin que l'Union internationale. Nous ne rencontrons dans ses ouvrages aucune négation formelle de l'unité de délit, mais on dirait plutôt qu'il y a là une idée inutile pour la science pénale. Au contraire tous les défenseurs de la *nuova scola* paraissent admettre la circonstance aggravante dans la complicité, ou au moins dans la complicité préméditée.

Nous retrouverons le premier de ces chefs, l'étude, non plus exclusive mais principale, du délinquant dans la doctrine nouvelle. Au contraire pour le second, la négation est beaucoup plus catégorique dans la théorie de l'Union internationale.

SECTION III. — Théorie de l'Union internationale du droit pénal.

§ 1. — Théorie de M. Von Liszt.

M. von Liszt, professeur à l'université de Halle, est l'un des membres les plus considérables de l'Union internationale du droit pénal, et c'est à lui que l'on doit la discussion et les rapports du Congrès de 1895 en ce qui concerne la complicité. Sa théorie a été exposée par lui à diverses reprises dans des revues allemandes et étrangères, et surtout dans son « Lehrbuch des deutschen Strafrechts (1) ».

Nous avons vu que M. von Buri se plaçant sur le terrain de la causalité, déclare que toutes les actions objectives qui constituent un crime sont équivalentes : les causes et conditions déterminent fatalement et avec la même importance ce crime. M. von Liszt a repris cette idée en ces termes : « celui qui pose une condition pour un résultat est responsable de ce résultat ». Chacune des conditions en effet est égale aux autres. La doctrine classique s'efforce de distinguer la cause de la condition. C'est absolument inutile, déclare M. von Liszt, l'acte d'un homme ne peut jamais être la cause d'un résultat (2).

____

(1) Parmi les journaux périodiques citons le *Bulletin de l'Union internationale du droit pénal*.

(2) On a dit souvent en effet, que l'auteur principal était la cause du crime et que le complice en avait seulement posé une condition.

Il est amené par une suite de circonstances extérieures qu'on ne peut écarter sans modifier le cours des choses. En d'autres termes : « L'acte de l'homme est la cause d'un résultat, dans lequel la cause n'est qu'une des nombreuses conditions nécessaires du résultat (1) ». Ainsi sont abandonnées toutes les distinctions non seulement entre cause et condition, mais encore entre cause efficiente et cause secondaire. Il n'y a plus que des conditions : toute distinction manque de fondements objectifs solides, et l'on est obligé, pour la maintenir, d'édifier une théorie purement subjective, au lieu de connaître ce qui est, c'est-à-dire la parfaite indépendance de ce qu'on appelle à tort les actes d'assistance.

Comme on peut le voir, M. von Liszt arrive à la même conclusion que M. von Buri, mais en même temps il repousse la distinction subjective qu'a établie ce dernier ; sa négation est beaucoup plus absolue.

M. von Liszt est déterministe : il refuse par suite à l'homme la faculté d'être cause première d'un acte. Aussi la construction de la provocation dans l'école classique, qui admet le libre arbitre, lui semble-t-elle en contradiction avec les principes de cette école. « On peut considérer, dit-il, la provocation comme une chose amenant indirectement un résultat, comme une cause grâce à laquelle l'influence de ceux qui agissent n'est qu'un anneau de la chaîne des causes et ces

____

(1) *Lehrbuch des deutschen Strafrechts.*

effets ». La provocation est alors une action médiate (1). Mais on a objecté à cette conception, qui
seule est étudiée scientifiquement et appliquée prati-
quement, qu'elle semble faire de l'auteur matériel un
outil dans les mains du provocateur. C'est contredire la
liberté morale ! Si l'on admet la liberté il faut au contraire, abandonner le provocateur qui est en dehors du
rapport de cause à effet, le laisser impuni ! Personne
n'aurait le courage de poser une telle conclusion, qui est
cependant inévitable et alors on aboutirait à ceci : il
n'y a pas rapport de causalité entre l'action du provocateur et le résultat criminel obtenu par l'action libre
et intentionnelle d'un auteur responsable au point de
vue pénal ; en même temps on considérera ce provocateur comme ayant commis un acte de participation,
comme ayant pris part à l'acte commis par l'auteur matériel : la provocation dépend de l'acte commis ! N'est-
ce pas là une véritable contradiction (1) ?

Il y a un dernier reproche à adresser à l'école classique. Puisque l'on admet que le complice emprunte la
criminalité du fait principal, sa punissabilité devrait
augmenter quand certaines circonstances augmentent
la peine afférente à ce fait, ou quand il existe certains
rapports personnels de la part de l'auteur matériel —
et inversement les circonstances qui se produisent
dans la personne du complice ne devraient pas entrer
en considération. Le droit positif n'a pas consacré cette

(1) *Lehrbuch*, p. 194.

conséquence de la dépendance de la complicité. Chacun supporte les causes d'aggravation qui se produisent en sa personne.

Au congrès de Linz en 1895 (1), M. von Liszt a résumé toute la nouvelle doctrine :

Le droit classique, a-t-il dit, faisait reposer la question de la participation sur des notions subtiles, qui pour la plupart sont dénuées de valeur théorique et inappréciables en fait.

La coopération et la complicité sont deux notions qui, jusqu'à présent n'ont pu être distinguées. Cette séparation amène des difficultés pratiques : elle est inutile, même pour la mesure de la peine. La nouvelle doctrine n'attache aucune importance à ces distinctions, et les considère comme superflues.

En outre, la doctrine classique regarde la participation comme accessoire : celui qui a coopéré à un délit est puni non à raison de son exécution personnelle, mais à raison de sa participation au fait d'autrui ; c'est là une conséquence de l'introduction du libre arbitre dans le droit pénal, ou il est cependant inutile.

Pourtant, on ne peut laisser impuni celui qui s'est servi de la folie d'autrui pour commettre un délit. C'est à cela qu'aboutit la doctrine classique, qui n'ose déclarer que la provocation est toute entière un fait intellectuel. Au contraire si l'on admet cette proposition il n'y a plus

(1) Bulletin de 1895.

de différence entre la provocation et le fait lui-même ou plutôt la provocation n'est qu'un cas particulier de l'action.

Nous arrivons ainsi à une simplification des notions. Il n'y a plus de distinctions sans portée : chacun est responsable de ses actes.

§ 2. — Théorie de M. Foinitsky.

Comme M. von Liszt, M. le professeur Foinitsky est depuis longtemps partisan de la nouvelle doctrine et il l'a exposée dans une étude *Der Strafrechtliche Doktrin der Teilnahme* (1), dont nous allons donner l'analyse.

D'après la doctrine dominante, il n'y a au cas de complicité qu'un seul crime, et par suite une seule faute commune à tous les participants. Cette faute commune suppose non seulement un seul dessein criminel, mais aussi une direction homogène de volonté. La marque extérieure nécessaire de la complicité consiste en une convention préalable. Il y a donc quatre éléments essentiels dans la complicité : une action punissable exécutée intentionnellement par tous les auteurs ou complices, un dessein uniforme, une tendance unique de tous les actes vers un résultat extérieur, enfin une convention antérieure, expresse ou présumée.

Dans ces conditions, on parle d'unité de faute, et de celle-ci découle l'unité de peine (plus ou moins stricte).

(1) *Zeitschrift*, Année 1892, p. 57-87.

Chacun est responsable de tout ce qui a été exécuté.

A la construction de l'école classique, on peut faire deux reproches.

a) La doctrine classique est trop scolastique en ce qu'elle admet des présomptions opposées à la nature des choses, et qui contredisent les principes fondamentaux du droit pénal.

En effet, la condition exigée de l'unité de dessein ne peut avoir lieu. Chacun a pris part à l'exécution commune d'après sa décision de volonté particulière : il y a autant de desseins que de participants. Tous ces desseins peuvent présenter une ressemblance complète, mais jamais l'unité ; sinon on arriverait à une véritable absorption de la volonté de chacun par la volonté générale, c'est-à-dire qu'il n'y aurait plus de liberté. En pratique d'ailleurs, chacun est incité à l'action par divers motifs, et si le motif se distingue du dessein, il n'en est pas moins vrai que le caractère du motif se réfléchit dans la qualité, l'énergie, l'état, la forme du dessein

D'autre part, on ne peut envisager de la même manière toutes les actions qui ont lieu au cas de complicité. Les unes ont pour but la production immédiate du résultat; les autres tendent à se servir de forces étrangères qui produiront aussi ce résultat ; d'autres enfin n'auront en vue que d'aider physiquement ou moralement cette production. Est-il possible en ce cas de parler non seulement d'unité de dessein, mais encore d'identité de faute? Peut-on placer sur le même degré un homme qui veut poignarder son ennemi et l'armurier qui lui a vendu le poignard? Le premier a un dessein de mort, le second un dessein de faire acte, blâmable peut-être, de son métier. Si cet usage du métier ne peut être souffert en soi, il n'en est pas moins vrai qu'il est complètement distinct du meurtre.

La communauté de faute des complices paraît donc une véritable présomption. On l'a adoptée parce qu'il est difficile, presque impossible d'établir un rapport de causalité entre le résultat et l'acte de chacun, considéré isolément. Aussi présume-t-on que chacun avait pris part, et avait voulu prendre part à tous les actes qui ont produit le résultat, et déclare-t-on que le fait ainsi commis a une signification pénale, constitue une seule action punissable ; par suite le désir d'amener ce résultat est un dessein criminel, qui lie tous les coparticipants dans une communauté solidaire criminelle.

Cette construction présente en outre deux défauts. Tout acte de coparticipation n'est pas nécessairement un seul acte criminel. Le jurisconsulte doit en effet chercher, dans un résultat donné, les éléments qui le composent. Or, à un seul résultat extérieur peut correspondre non pas une seule, mais plusieurs fautes. Ainsi un homme est tué par trois individus : le premier avait prémédité son meurtre, le second a agi à la suite d'une pensée soudaine, le dernier ne voulait que faire une blessure légère. Ne sommes nous pas en face de plusieurs crimes, malgré l'unité du résultat extérieur? et

n'y a-t-il pas là des faits visés dans plusieurs dispositions légales distinctes ? Cela aurait lieu d'une manière
beaucoup plus évidente dans certains cas, par exemple
dans l'émission de fausse monnaie.

S'il n'y a pas unité d'action, par là même, la proposition que la faute générale des participants est seulement
fondée par l'exécution générale d'une seule et même
action punissable, cette proposition est inexacte : il y a
là une présomption mal fondée.

Le second défaut de la construction classique consiste
dans la déclaration que chacun a pris part et a voulu
prendre part à tous les actes du résultat : en réalité on
doit se demander en face d'un résultat, s'il eut été possible en l'absence d'un acte donné : si cet acte était inutile, il n'y a pas causalité entre le résultat et lui. La convention, même constatée d'une façon certaine, n'exclut
pas la question sur le rapport de causalité, en ce qui
concerne chacun des coparticipants. Il faut que chacun
ait joué un rôle dans l'exécution.

En tenant si peu compte de la question de causalité,
la doctrine classique affaiblit sa théorie, car la complicité devient une notion beaucoup trop étendue, et comprend ainsi des cas où il est impossible de distinguer ce
qui est criminel, et ce qui ne l'est pas. Les dispositions
de législation deviennent trop compréhensives. Tous
les cas d'influence psychique, d'assistance y seront nécessairement contenus.

b) Le second reproche que l'on peut faire à la doctrine classique est d'être incomplète. Elle ne comprend pas les crimes par imprudence, au moins d'après la plupart de ses partisans. En ce cas,on ne s'occupe que des règles de causalité, sans s'inquiéter des règles de complicité. Il en est de même, quand l'acte d'un des complices ne constitue pas une tentative punissable, comme cela a lieu pour la provocation manquée.

Telles sont les critiques adressées à la doctrine classique de la complicité. Examinons maintenant la partie positive de l'ouvrage de M. Foinitsky.

Il faut prendre un autre point de départ plus conforme à la nature des choses. C'est l'homme, non l'action qui doit subir la peine, et l'homme dans son état psychique de criminalité, lorsque cet état a été manifesté dans certains phénomènes extérieurs. Cette manifestation forme l'acte punissable, qu'on ne peut abstraire par la pensée de l'état psychique personnel. Il n'y a dans une action que la manifestation de l'état d'une seule personne. L'action n'est que la condition extérieure de la peine, condition très fréquente sans contredit et qui constitue une garantie individuelle.

Nous avons vu que dans la violation d'une disposition de la loi, il peut y avoir coexistence de plusieurs actions. Il y a donc divisibilité de la faute. Dans le concours d'actions punissables on peut les envisager isolément. Le lien qui existe entre ces différentes actions est extérieur, sociologique, mais non psychologique ni pénal. Le jurisconsulte doit déterminer la faute individuelle l'activité de chacun constitue quelque chose de spécial, d'indépendant. Le droit criminel est basé en principe sur la responsabilité individuelle, et on abandonne cette notion en parlant de la participation punissable à une faute étrangère. En réalité chacun n'est responsable que pour sa faute. Même lorsque le lien qui unit le coupable à d'autres personnes est très serré, la faute est encore individuelle, spéciale.

C'est véritablement admettre des *quasi-delinquentes* que de punir quelqu'un pour le crime d'autrui. On ne peut être puni que pour la manifestation extérieure d'un état psychique. Nous arrivons ainsi à la conséquence *quot delinquentes, tot delicta*. La faute de chacun est indépendante et existe en soi. Pour juger une personne au cas de concours d'actions, il faudra recourir aux principes généraux de la causalité.

Cette réforme correspondra à l'état actuel de la civilisation. Autrefois les mouvements de masse étaient beaucoup plus fréquents; aujourd'hui la statistique nous montre que la criminalité collective disparaît : les résultats criminels s'individualisent. De plus les moyens scientifiques pour reconnaître les nuances individuelles de la faute se sont considérablement augmentés. Le passage du système de la responsabilité en masse au système de la responsabilité individuelle devient une nécessité urgente.

L'école classique connaît deux classes de complicité, l'instigation et l'assistance pouvant se subdiviser en modes dérivés de ces deux classes ; quant à la faveur, elle est généralement considérée comme un délit spécial.

En ce qui concerne l'instigation, ce sera une forme de faute distincte, qui comprend l'intervention d'un tiers responsable. L'instigateur agit comme l'auteur pour amener le projet à exécution. Il n'y a de distinction possible entre eux que pour les faits isolés. Chacun d'eux peut être considéré d'une manière absolument indépendante, d'après le degré de criminalité manifesté par lui et d'après les règles de causalité. La condition de la punissabilité de l'instigateur peut être subordonnée à l'existence d'un résultat, mais cela n'a rien de nécessaire. Cette règle est déjà admise.

Pour l'assistance, le complice dans l'ancienne théorie, ne se distingue de l'auteur que par le côté quantitatif de son acte vis-à-vis du résultat général. Ce n'est pas une distinction sérieuse. Il faut soumettre le complice à la même règle que l'auteur, car il est aussi un auteur. Pour les complices qui ont agi avant l'arrivée du résultat criminel, et n'ont pris part ni médiatement ni immédiatement à l'acte d'exécution, ils sont, au moins en général, une des causes du résultat, mais on ne peut le leur attribuer dans toute son étendue. Ils n'y ont pris qu'une part, et tout le reste doit leur demeurer étranger. Bien qu'ils aient en vue le résultat, leur dessein tend à la production de leur propre activité ; et c'est là une chose indépendante de l'activité étrangère. Il faudra donc le considérer d'une manière spéciale, et par suite leur peine sera fixée d'après leurs propres actes, et non d'après des actes qui leur sont étrangers.

Quant aux complices qui interviennent après la réalisation du fait, mais qui ont antérieurement promis leur assistance pour cette époque, leurs actes ne sont pas en rapport de causalité avec le résultat. Aussi peut-on dire que ce n'est que par suite d'une véritable tradition que l'école classique les joint à la complicité. Ce sont des délits *sui generis* absolument distincts.

Le législateur pourra ainsi considérer comme délits distincts les accords criminels, les complots et bandes, sans même s'inquiéter des résultats atteints, suivant que l'intérêt général l'exige en déclarant punissable ou la seule formation de telles associations ou l'adhésion à ces sociétés. Dans ces deux cas il y a, sans aucun doute une faute individuelle : la personne est regardée comme coupable du crime d'être membre de la société. Quant au résultat qu'une telle association a permis d'atteindre, chaque membre en sera responsable dans la mesure où il l'a causé, médiatement ou immédiatement. Ce sera au législateur à rechercher en quels cas il devra prohiber ces sociétés.

M. Foinitsky ne s'est pas limité à une simple exposition doctrinale ; il a voulu prouver que la théorie nouvelle était applicable en pratique, et il a fourni la méthode que l'on devrait suivre pour composer les articles du Code.

D'après lui, la suppression des dispositions relatives à

la complicité ne changera pas beaucoup les livres de
loi : sans doute, il faudra étudier les *parties spéciales*, parce qu'il sera impossible de traiter d'une
seule et même façon tous les cas de concours. Cependant, on pourra faire divers groupes, d'après la nature
différente des crimes et les genres de crimes : par exemple, faire des règles pour les actions dont le mobile est
le désir du gain. Mais il n'y a plus lieu de réviser la
responsabilité, comme cela était nécessaire jadis. De
plus, la conception de la divisibilité de la faute est si
voisine du domaine actuel criminel, que les modifications à opérer seront très minimes. Il n'y aura qu'à
transformer certains articles. Au lieu de dire « celui
qui est coupable d'un meurtre intentionnel », ce qui signifie actuellement qu'on vise la production d'un résultat déterminé dans le monde extérieur, la mort, dans
l'espèce, on pourra donner une nouvelle rédaction, sur
une base beaucoup plus large, en accentuant la perfection du moment de la faute intérieure. Ainsi on dira :
« celui qui est coupable de la production d'un dessein
de meurtre... », garantissant par là la divisibilité de la
faute et la responsabilité de l'auteur. Chacun des modes
de volonté des personnes, dont le concours a causé un résultat, trouvera dans la loi l'expression équivalente.
Cette solution correspondra au domaine du droit pénal
actuel, où l'on considère l'acte externe comme produit
par l'acte interne, et où même on emploie les règles de
responsabilité en l'absence de tout résultat extérieur,
comme cela a lieu actuellement au cas de tentative.

§ 3. — Rapports pour le Congrès de Linz (1).

A. Rapport de M. Nicoladoni.

Il est nécessaire de rompre avec la théorie qui considère le droit comme un ensemble d'idées métaphysiques, dont il faut étudier la déduction logique. La psychologie physique ne regarde plus les actes des hommes comme un type donné une fois pour toutes, définissable par des déductions juridiques, mais comme une chose qu'on déterminera d'après le caractère individuel de l'agent, le milieu dans lequel il se meut. Aussi, la science pénale est-elle soumise à l'influence des progrès de la psychologie et des sciences sociales. Le but de la science pénale étant de s'opposer au trouble que causent les actes antisociaux, elle doit s'efforcer d'assurer la sécurité, et un moyen de l'assurer consiste dans la peine, qui intervient quand un droit est violé. Cette peine doit être combinée de telle sorte que les dangers futurs soient, autant que possible, prévenus. On y parvient en imposant une force psychique ou physique au criminel. Il est, par suite, très important de faire une étude psychologique de l'homme.

Aujourd'hui, on considère la volonté criminelle comme le côté psychique du crime, sans chercher la distinction

______

(1) *Bulletin*, année 1895, p. 337. Ces rapports sont placés sous la rubrique générale : *Influence des nouvelles théories pénales sur la complicité.*

entre l'intention, le dessein, etc. Elle a lieu avec le côté
matériel du crime, en même temps que lui. Cette nouvelle manière de voir influe sur ce qu'on appelle la partie générale du Code. En ce qui concerne la complicité,
nous allons étudier ce qu'il en résulte, tant au point de
vue subjectif qu'au point de vue objectif.

La doctrine classique déclarant l'unité de dessein,
puisqu'il y a unité de faute, l'admet aussi bien pour
l'instigateur que pour le complice par assistance ; on
peut de là déduire cette proposition que la complicité
remplace l'intention. De plus, il n'y a pas de tentative de
complicité, c'est-à-dire qu'une provocation manquée est
impunie. De même le complice est responsable de l'erreur ou de l'inhabileté de l'auteur : il est responsable du
moyen choisi par celui-ci pour exécuter le crime. Enfin les circonstances personnelles à l'auteur réagissent
sur le complice. Ceci, dans la plupart des législations,
est déjà limité aux circonstances qui forment la manière d'être du crime.

Mais les opinions modernes ne peuvent admettre de
telles propositions, et on doit les remplacer par des décisions plus conformes aux conclusions de la science. Il
faut se rappeler à quelles contradictions on a abouti,
en déclarant qu'il y avait rapport de causalité entre
l'acte du participant et le résultat. La psychologie,
qui considère la volonté criminelle comme donnant
seule la mesure de l'imputation, ne peut parler d'unité
de dessein entre l'auteur et le complice. La volonté est

immanente, liée à l'action ; or l'action de l'instigateur
(ou celle du complice), est tout autre que celle de l'auteur. Elle est peut-être aussi punissable moralement ou
pénalement, elle l'est peut-être même davantage. Il n'y
a, entre ces deux actions, aucun état commun. Le complice peut avoir en vue (ce n'est d'ailleurs pas obligatoire), le même but que l'auteur, mais ce n'est qu'un ces
éléments de la volonté criminelle, et cette représentation du résultat diffère essentiellement chez l'un et chez
l'autre. Il y a autant d'intentions que d'auteurs ou complices. Sans doute, le complice, en commettant son acte,
envisage le résultat de l'action de l'auteur, mais son but
est simplement d'arriver à exécuter son acte particulier.
Le rapport psychologique entre chacun d'eux et le fait
est différent.

Pour pouvoir parler d'unité d'intention, il faut identifier le concours conscient au fait d'autrui, la connaissance du résultat cherché par autrui avec la volonté
criminelle. La conscience de la possibilité de l'action
d'un autre, action que l'on ne peut ou que l'on ne veut
détourner, serait la volonté criminelle. Ainsi on admet
pour le complice une sorte de dessein indéterminé dont
on ne pourrait se contenter pour l'auteur en exigeant
l'unité de dessein de l'un et de l'autre ! (1).

(1) M. Saleilles dit à ce sujet : Du moment où l'on s'est associé à
une partie quelconque d'un crime, on doit, d'après la doctrine classique, assumer la responsabilité de tous les actes que commettra
l'auteur principal... La simple connaissance du caractère délictueux

Si l'on abandonne l'unité de dessein, l'unité de faute n'existe plus, car le fait que l'acte du complice est en rapport de causalité avec le résultat, ne suffit pas pour constituer l'unité de faute : causalité et responsabilité sont absolument distinctes. Du reste, cette causalité, en ce qui concerne l'acte du complice, n'est pas toujours évidente, indubitable. Et c'est une contradiction dans l'école classique qui admet les idées métaphysiques et l'indéterminisme, de parler de causalité entre l'acte du provocateur et celui de l'auteur, puisque ce dernier est libre. Y a-t-il d'ailleurs véritablement causalité dans les nombreux cas où le complice s'est borné à faciliter l'acte principal ?

L'école moderne, avec ses idées d'individualisation, ne connaît plus l'unité d'action : le complice a agi autrement que l'auteur principal, il a agi avec une autre volonté, il a agi par lui-même. Son acte est punissable non pas parce qu'il est responsable de l'action punissable d'un autre qu'il a facilitée ou hâtée, mais parce qu'il a troublé lui-même l'ordre social : il a concouru avec sa propre volonté au danger que présentait l'acte d'un autre, soit en le hâtant, soit en le renforçant. Par suite, étant elle-même un danger, l'action du complice doit être réprimée comme telle.

De ces prémisses il résulte qu'il faut envisager à part l'acte du complice.

de l'acte auquel on a concouru suffit pour en être responsable ! On est puni pour avoir connu un acte que l'on n'a peut-être pas voulu !

Toute instigation intentionnelle à commettre un crime, un délit ou une contravention, ou même une simple faute par négligence — toute aide à l'une de ces
actions punissables, constitue un délit indépendant, soumis à toutes les dispositions légales générales qui existent contre les crimes. Donc il peut y avoir une tentative punissable de ce crime, — une participation qui sera
la participation à la participation. La peine sera fixée
d'après la gravité du fait auquel ce participant voulait
coopérer. Il s'ensuit de là, que l'on devra établir, pour
punir le fait de complicité, une échelle aussi large que
possible.

Nous croyons donc, que pour M. Nicoladoni, la complicité est un délit spécial. Il a d'ailleurs affirmé ceci
au Congrès de Linz, en l'appelant un délit *sui generis*.
Toutefois, au point de vue de l'expression exacte des
théories nouvelles, nous devons remarquer que son opinion fut très discutée. On lui reprocha d'aboutir à une
aggravation sans limites de la répression, — et surtout
de conserver à ce nouveau délit un caractère accessoire. La provocation au meurtre, délit *sui generis*,
ayant pour condition, d'après M. Nicoladoni lui-
même, le délit principal de meurtre — que prouve
la participation possible à cette participation, — on
retombera ainsi dans le point de vue classique : on
arriverait à créer une nouvelle théorie d'abstraction. Cependant M. Nicoladoni n'a pas abandonné sa
doctrine.

B. Rapport de M. Getz.

Ce rapport, beaucoup plus considérable que le précédent, a semblé, autant qu'il nous est possible d'en juger par le compte rendu des débats, réunir les suffrages des congressistes. Au point de vue de la notion de la complicité, il se termine par une analyse du projet de Code pénal norwégien, dont M. Getz, Procureur général à Christiania, est l'un des auteurs.

Il y a dans les livres de loi, un certain nombre de dispositions qui régissent spécialement l'hypothèse de la complicité. Le but le plus fréquent de ces règles, c'est de modifier la conception pénale de la responsabilité, de l'accroître en dehors du cadre normal de la causalité. Examinons et mettons de côté tout d'abord ce qui concerne la responsabilité : nous verrons ensuite quelles différences il y a entre son domaine et celui de la complicité.

En général, les décisions relatives à la complicité n'ont trait qu'aux faits intentionnels. Dans tout autre cas on ne punit que ceux qui sont coupables selon le principe de causalité. C'est ainsi que l'instigateur d'un crime commis par un fou est puni comme auteur d'une action médiate : s'il a excité une personne responsable, dit-on, le rapport de causalité entre l'acte matériel et le résultat est interrompu par la décision de volonté libre de l'auteur. Il en résulte que l'opinion sur la participation est subordonnée à la conception métaphysique de la liberté : elle n'aura plus aucun fondement si on nie cette liberté.

Il est cependant impossible d'admettre la coïncidence entre la responsabilité pénale et la liberté. Ce serait dire que si une loi élève l'âge de la minorité pénale, la volonté de l'enfant ne sera plus libre !

De plus, les partisans de l'ancienne doctrine n'exigeant pas que l'action du complice soit causale, c'est-à-dire qu'elle amène nécessairement le résultat, il est évident que le rapport de causalité criminelle est indépendant de la question de liberté. Personne ne soutiendra que la volonté humaine ne peut se laisser influencer par des motifs ! Pourquoi alors punir la participation si elle n'a pas contribué au crime ? — Aussi a-t-on expliqué les décisions données par une notion subjective : le participant serait un auteur quand son intention se dirigerait réellement vers le crime. Mais souvent l'assistant agit, bien qu'il n'ait pas d'intérêt au crime ! Sans doute, il est permis d'augmenter ou de diminuer les limites de l'intention dans les dispositions légales : cependant, s'il y a un auteur responsable, pourquoi cette extension défavorable au participant, tandis que dans d'autres cas, on aboutit à ne trouver aucune personne responsable ? Celui qui vend une arme à une personne sachant que cette arme servira à un crime, devrait être puni, même si l'auteur du crime est fou, bien qu'il n'y ait pas d'auteur principal punissable. Il serait donc préférable d'augmenter la notion générale de l'intention plutôt que de créer des exceptions au moyen de décisions sur la participation. C'est ce à quoi tendent les législations, en abaissant beaucoup la peine des moins coupables, au cas de participation.

Etant donné en outre (ce que démontrent suffisamment les luttes de doctrines), qu'on n'a jamais trouvé une différence certaine entre la participation et le fait principal, nous voyons qu'on ne peut donner aucun motif à l'appui des décisions spéciales relatives à la complicité.

Pourtant elles amènent des résultats injustes : au cas d'acte commis par un homme isolé, les actions des autres hommes ne le regardent en rien ; on les apprécie comme les autres forces naturelles dont il a pu se servir. Son acte est son crime. Or prenons un homme qui place une bouteille de poison auprès d'un malade, espérant que la garde l'administrera par erreur, au lieu d'une médecine, au malade : il s'est rendu coupable du même acte que s'il avait agi dans l'espoir que le malade lui-même commettrait cette méprise. Il en est de même, d'après l'opinion générale, au cas où la garde a agi intentionnellement, si elle est atteinte d'une maladie mentale la rendant non punissable. Si, au contraire, la garde est punissable pour crime intentionnel, tout change : l'action de pòser une bouteille de poison n'est plus un crime, c'est un acte d'assistance n'existant pas par lui-même, acte d'assistance au crime de la garde !

Nous avons encore un exemple singulier dans ce qu'on appelle les crimes d'emploi, que ne peuvent commettre qu'un certain nombre de personnes, généralement des fonctionnaires. Dès lors le fonctionnaire seul est auteur; s'il a été aidé par un non-fonctionnaire, celui-ci est son complice, et ne peut être auteur du crime auquel il a participé. De là il résulte que l'on peut être participant, même si on n'aurait pu être auteur !

D'après M. Getz, les législations les plus récentes n'admettent plus cette distinction entre auteurs et complices, ou plutôt elles ne la maintiennent que pour l'attribution des peines. Tous ceux qui subissent la même peine sont auteurs : tous ceux dont la peine est abaissée, sont des complices. C'est là une règle singulière : pourquoi l'abaissement ne doit-il pas pouvoir profiter à l'auteur? On n'a considéré ici que le côté objectif du crime, et cependant le concours de plusieurs coupables exerce régulièrement son influence sur la faute subjective. Celui qui s'est laissé persuadé, peut-être à la suite de menaces, même s'il est auteur, mérite aussi bien une peine diminuée que celui qui, avant l'action, n'a commis qu'un acte insignifiant.

Il semble donc opportun de ne pas faire dépendre cet abaissement de la distinction entre les diverses formes du concours, et de décider simplement comme le projet norwégien : que lorsque plusieurs personnes ont couru dans un but punissable, la peine peut être abaissée pour ceux dont le concours a été occasionné réellement par leur position subordonnée, ou a été d'une importance proportionnellement moindre.

Puisqu'il est impossible de justifier la distinction classique, il sera plus avantageux d'émettre une décision générale, telle que la peine puisse être dirigée contre chacun de ceux qui ont concouru à un résultat, quel que soit le mode de concours. Au lieu des décisions habituelles sur la participation, nous aurons une décision dans laquelle on considérera comme auteurs, non seulement ceux qui ont exécuté immédiatement le fait, mais aussi tous ceux qui y ont contribué, médiatement ou non, par acte ou par conseil. Il faudra donc que son texte comprenne expressément même l'action médiate.

Le nouveau projet norwégien a tenté de prendre cette voie. Chaque disposition isolée comprend toutes les manières de causer un crime ou d'y concourir, en désignant comme punissables tous ceux qui ont concouru. Ce n'est qu'exceptionnellement que la loi édicte un texte moins large, qu'il faut alors prendre à la lettre. C'est ainsi qu'un non-fonctionnaire qui a concouru à un crime spécial ne sera puni que s'il a cherché à séduire un fonctionnaire par la force, ou les menaces, ou encore en provoquant une erreur de sa part. Nous ne trouvons plus, dans le projet norwégien, la séparation entre le fait médiat et la participation. En ce qui concerne les qualités personnelles, qui élèvent ou abaissent la punissabilité, elles restent sur la tête de ceux en

qui elles se produisent : pour les circonstances réelles, elles augmentent la punition de ceux-là seuls qui
les ont commises. Ainsi la mère (§ 234) qui tue son
enfant illégitime, ou qui aide à le tuer, subira la peine
du meurtre avec un certain abaissement. Celui qui l'assiste dans le meurtre sera passible de la peine ordinaire de ce crime.

Le participant ne pourra être puni que pour ce qu'il
a connu, ou pour ce qu'il a eu l'intention de faire. Le
provocateur excite l'auteur à blesser une personne ;
l'auteur la tue intentionnellement ; l'instigateur sera
punissable comme auteur médiat d'une blessure à issue
mortelle. A son égard, on présume que l'auteur immédiat s'est trompé.

Pour la tentative, la question est plus délicate, car si
en théorie il est incontestable, d'après la nouvelle école,
qu'on peut toujours la punir, il n'en est pas moins vrai
qu'on doit toujours craindre de dépasser à ce point de
vue les limites que permettent les considérations pratiques. Mais cependant, beaucoup de législations punissent déjà la provocation manquée, et même la tentative d'assistance : c'est ce qui a lieu quand on interdit
la fabrication de fausses clés ou de rossignols. La
crainte d'aller trop loin n'existe que pour les actes les
moins importants, et on ne les poursuit pas si l'auteur
n'a encore rien fait qui prouve sa volonté criminelle.
Par suite, le ministère public n'agira que dans les cas
où il y aura des preuves suffisantes pour fonder une
poursuite, par exemple en cas de dénonciation.

Cette manière d'envisager la nouvelle doctrine a semblé réunir les suffrages des congressistes de 1895. D'après M. Rosenfeld « M. Getz déclare que le délit, comme la « provocation et la participation, ont une même cause « et appellent le même châtiment ; c'est-à-dire que ce-« lui qui provoque au meurtre ou celui qui aide à le per-« pétrer est aussi coupable que le meurtrier : c'est un meurtrier. » Et l'on a même dit que cette façon d'apprécier la participation était conforme aux besoins de la pratique (1).

(1) On peut joindre encore à l'exposition précédente l'avant-projet du Code pénal Suisse, qui a subi déjà deux rédactions, et dont les auteurs déclarent que la nouvelle rédaction sera bien plus conforme aux besoins pratiques. Voici les textes.

Article 16 *du premier projet.*	*Article* 13 *du second projet.*
L'auteur qui accomplit le crime et l'instigateur qui l'y décident, tombent comme auteurs sous la peine que la loi prévoit pour le crime.	L'instigateur qui a intentionnellement décidé l'auteur au crime est punissable comme l'auteur.
Celui qui prête assistance à l'auteur pour son crime sera puni d'une peine plus douce.	L'assistant qui prête secours à un autre pour un crime peut être puni d'une peine plus douce.
	Cette décision est aussi applicable aux crimes commis au moyen de la presse.

On voit que dans ce projet, on a soigneusement évité la distinction entre auteur et complice. On a pensé que s'il n'y avait aucun danger à distinguer provocateur et auteur, il serait imprudent de distinguer auteur et complice (M. Lilienthal, *Zeitschrift* de 1895, p. 287).

CHAPITRE III

Nous avons ainsi donné l'analyse des théories des
principaux défenseurs de la doctrine nouvelle. Nous devons maintenant nous demander s'il est possible d en
faire une synthèse, par laquelle nous pourrons connaître la tendance principale, la règle première, de cette
conception de la complicité.

A cette question, nous croyons pouvoir répondre affirmativement. Les analyses précédentes nous montrent
sans doute certaines divergences, surtout en ce qui concerne l'application des affirmations de la doctrine de
l'Union internationale. Mais nous verrons s'il n'y a pas
là des degrés dans la façon absolue d'envisager les choses, plutôt que des théories diverses : en d'autres termes nous pensons que M. Foinitsky, par exemple, en
accentuant le côté intérieur, subjectif du crime, présente
la même doctrine que M. Getz, dont les conclusions offrent peut-être des points de conciliation pus ncmbreux, au moins en apparence, avec celles de l'école
classique.

En effet, les critiques adressées à l'école classique

sont identiques chez tous les partisans de la nouvelle
doctrine : tous accusent l'ancienne conception de se
montrer illogique en admettant l'abaissement de la
peine pour le complice, en ne faisant pas supporter à
celui-ci les circonstances aggravantes réelles ou personnelles qui existent de la part de l'auteur principal
dans la perpétration du fait. Il en est de même en ce
qui concerne cette fameuse recherche du critérium dis-
tinguant le complice de l'auteur.

Mais nous croyons que ce sont là des points secondaires, que les auteurs n'ont pas eu en vue dans l'é-
dification de leur théorie. Ils s'en sont servi pour l'appuyer, pour appliquer leur système en démontrant ce
qui à leur avis est une preuve de l'inapplicabilité du
système classique. Nous devons aller plus loin et rechercher la cause, pourrait-on dire, de la théorie de la
complicité délits distincts.

Or, sur ce point, la lecture des ouvrages de l'é-
cole anthropologique nous fournit une précieuse indication : ce qui explique que, malgré l'absence de conclusions identiques à celles de la nouvelle doctrine, nous
ayons examiné les idées de la *nuova scola*.

Nous remarquerons, en effet, que les auteurs de la nouvelle doctrine commencent tous leurs travaux ou rapports par des références ou des affirmations, qui ne sont
autres que celles de l'école anthropologique. Le rejet
des idées métaphysiques, au nombre desquelles il faut
compter la liberté morale acceptée par l'école classique,

est formulé par tous. Les motifs sur lesquels ils se fondent sont quelquefois différents de ceux qu'avaient admis Lombroso et ses disciples, mais la même conclusion, le déterminisme, est posée en principe.

En même temps, la place donnée à la psychologie moderne, la psycho-physique dans le droit pénal, entre autres par M. Nicoladoni, ne rappelle-t-elle pas d'une façon saisissante la méthode anthropologique qui, en général, n'examine le crime qu'après étude psychologique du criminel ?

Mais l'influence des idées anthropologiques se fait bien plus sentir encore dans cette assertion, qui est exprimée formellement par M. Foinitsky, et que ses co-partisans sous-entendent évidemment : ce qu'il faut examiner, c'est le délinquant ; le crime n'est que l'occasion de saisir le criminel.

Cette influence ainsi établie, il faut aller plus loin : l'école italienne a considéré la complicité bien plus au point de vue social qu'au point de vue anthropologique Lombroso, dès son premier ouvrage, a signalé le danger de l'association entre criminels. Ferri et Sighele ont suivi la même méthode, et c'est ainsi que la théorie de la complicité circonstance aggravante a été formulée à nouveau dans leurs ouvrages. Au contraire, les défenseurs de la complicité délits distincts ont appliqué à cette question spéciale, ce que l'on pourrait appeler la méthode anthropologique. C'est du délinquant seul qu'on se préoccupe.

Quelle sera par suite la place à attribuer au fait commis? Il n'a qu'une valeur de constatation comme l'a dit M. von Liszt, dans une étude générale. Le juge, aujourd'hui « n'a pas à juger que l'acte isolé qui fait l'objet de l'accusation, arraché de la vie de l'agent qui devra expier l'acte soumis au tribunal. Au contraire, l'essentiel pour nous c'est le caractère de l'agent, son passé et ce que celui-ci laisse à prévoir pour l'avenir (1) ».

Sans discuter pour le moment cette proposition et la critique de l'école classique qu'elle renferme, nous voyons quel est le but que l'on doit poursuivre d'après la nouvelle école. Dans le crime, l'élément subjectif non seulement actuel mais encore dans son passé et aussi dans son avenir probable est la considération la plus importante. C'est ce qu'exprime M. von Liszt en disant « la nature juridique de l'action s'efface devant l'importance anti-sociale de l'agent ».

Or, au cas de complicité nous nous trouvons en face de plusieurs agents ; d'après ce qui précède, pour chacun d'eux nous devons faire une étude de son caractère et de ses antécédents et c'est du résultat de cette étude que nous pourrons fixer la peine la plus conforme à son état intellectuel.

Les faits objectifs commis, c'est-à-dire les manifestations d'états dangereux serviront d'indices, de renseignements. Le délit sera donc un fait ou un ensemble de

____

(1) *Bulletin de l'Union internationale*, année 1894.

faits qui dénotent une tendance redoutable de la part
d'un auteur, et pour chacun des auteurs s'il y en a plusieurs, il faudra apprécier séparément les actes commis
par eux. L'hypothèse n'est pas modifiée : il y a coexistence de plusieurs délits.

Dans ces termes, le fait d'association subsiste-t-il ?
Les auteurs de la nouvelle doctrine n'en parlent jamais.
Il est probable que, suivant eux, c'est un de ces faits
dont on peut tenir compte dans l'appréciation spéciale
dont chaque individu est l'objet. Peut-être y a-t-il lieu
de classer les faits du délit en faits immédiats, donnant
eux-mêmes une preuve presque certaine d'un état dangereux : tel sera le coup donné par un meurtrier ; —et en
faits médiats, insuffisants par eux-mêmes pour permettre d'établir un châtiment mais qui, joints aux précé-
dents, constituent des éléments accessoires utiles pour
l'appréciation de l'état intellectuel recherché. Toutefois,
nous n'avançons cette hypothèse qu'avec une extrême
réserve, parce qu'une des conséquences qui en résultent
c'est que ces faits de second ordre, accessoires au délit
(dans le sens nouveau de ce mot), pouvant modifier dans
une certaine mesure les données de l'analyse psychologique, peuvent aussi modifier la peine soit en plus, soit
en moins, et rien, chez les partisans de la nouvelle doctrine, ne nous autorise à faire ainsi de l'association une
cause d'aggravation ou de diminution de la peine. Mais
d'autre part lorsque M. Nicoladoni, niant l'unité de dessein, nous dit que si le complice a en vue le résultat

cherché par l'auteur, son intention porte principalement sur le fait que lui-même doit commettre, lorsque
M. Foinitsky reconnaît dans les actes ainsi commis un
certain rapport sociologique, que nous appelons l'association, ne semble-t-il pas véritablement qu'il y a là un
fait secondaire dont l'existence est admise et qui, par
suite de l'appréciation fort large permise au juge, peut
très bien modifier, d'une manière accessoire, il est vrai,
la peine ?

M. Getz paraît ignorer absolument le côté association, ainsi que M. von Liszt. S'ensuit-il de ceci qu'il n'y
ait pas unité dans la nouvelle doctrine ? Sans doute, la
pluralité des délits est une conclusion qui leur est
commune à tous, mais cependant soit dans l'exposition,
soit dans l'application de cette théorie, nous rencontrons
des divergences très sensibles. Le point de départ est
le même : au lieu de partir du délit comme dans l'école
classique, et comme l'a fait M. von Buri lui-même, il
faut partir du délinquant et considérer le résultat par
rapport à lui-même ; ce n'est plus, dans un délit donné,
rechercher le rôle joué par chacun, qui est le problème
à se poser mais celui-ci : dans un résultat quels délinquants y ont pris part et que manifestent leurs actes ?
Les divergences, par suite, portent surtout sur la qualification à donner à l'un de ces actes. MM. Getz et
von Liszt déclarent que l'acte est la cause, c'est-à-dire
qu'ils tiennent compte de la construction classique du
délit, telle qu'elle est établie dans les Codes. M. Nicola-

doni va beaucoup plus loin et ne regarde pas le résultat, mais l'acte seul du criminel ; il en fait un délit *sui generis* indépendant.

En résumé nous dirons : la théorie nouvelle, s'appuyant sur les idées d'individualisation de la peine, d'une part et ne voyant dans les actes commis que les causes d'un résultat ne cherche plus l'importance respective de ces causes, et par suite, repousse toute distinction entre les divers agents. Jusqu'ici du moins, cette négation constitue la base de cette théorie, et les efforts de ses partisans ont eu surtout pour but de démontrer sa conformité avec les idées modernes. Quant aux questions d'application, il semble bien qu'en 1895 on ait repris la conception du délit comme l'ont comprise MM. Getz et von Liszt, c'est-à-dire comme le résultat produit par plusieurs causes indépendantes les unes des autres, causes qu'il faudra, par suite, apprécier individuellement. On pourra dès lors atteindre tous ceux qui, moralement ou matériellement, ont pris part au crime, sans s'inquiéter de leurs rapports respectifs, à condition de rester dans les limites de l'appréciation judiciaire. Les projets suisse et norvégien consacrent cette manière de voir. L'examen psychologique, démontrant la faute subjective, sera ainsi facilité.

CHAPITRE IV

LA COMPLICITÉ ET LES IDÉES D'INDIVIDUALISATION DE LA PEINE.

Au cours du chapitre précédent, nous avons parlé plusieurs fois de l'idée de l'individualisation de la peine. Nous devons y revenir à nouveau pour l'apprécier exactement, et rechercher quelle doit être sa place dans la punition de la complicité.

Sans entrer dans des détails qui nous entraîneraient trop loin, nous rappellerons que la peine suppose plusieurs notions distinctes : celle de sanction est la première qui soit venue à l'esprit du législateur : plus tard, on a reconnu que la peine n'était pas seulement une sanction, mais qu'elle devait être encore un moyen d'éviter le retour des faits délictueux ; en d'autres termes, il fallait, en édictant la peine, poursuivre l'amendement du condamné. Or, pour atteindre ce but, il était impossible de conserver l'uniformité des peines : pour un même délit, il y avait nécessité de tenir compte du caractère de la personne que l'on avait à juger : de là une certaine latitude laissée au juge dans l'application de la peine.

Ceci posé, étant donné que l'appréciation du caractère jouait un rôle important dans l'examen du crime, il s'ensuivit que beaucoup de jurisconsultes déclarèrent que le délit n'avait aucune valeur objective, que le point principal à étudier, c'était l'amendement possible du criminel et qu'il ne fallait reculer devant aucun moyen pour l'obtenir. La formule la plus complète de cette opinion nous est donnée précisément par M. von Liszt. Il n'y a pas besoin de conserver les règles du droit pénal actuel, dit-il; il faut remplacer le droit pénal par ceci : « Tout homme dangereux pour la société doit être mis dans l'impossibilité de nuire aussi longtemps qu'il y a nécessité (1) ».

De cette conclusion résultent des conséquences. Si l'homme, dans son état intellectuel seul, est l'objet de la peine, s'il faut, en le condamnant, chercher seulement une peine susceptible de modifier cet état de manière à n'avoir plus à craindre aucun acte dangereux de sa part pour l'avenir, il n'y a plus lieu de tenir compte du côté objectif du délit. Le fait commis dénonce un individu peut-être dangereux, mais il se peut que l'état de cet individu ne corresponde pas à la gravité apparente du fait. En d'autres termes, de même qu'un fait léger peut être commis par un individu très dangereux, par exemple le délit de vagabondage, de même il arrivera qu'un crime très grave, comme un meurtre, ait pour auteur un homme qui ne recommencera jamais, et qui même ne se livrera à aucun fait délictueux.

(1) *Bulletin de l'Union*, année 1894.

Aussi l'importance de la peine devra nécessairement correspondre au danger social présenté par le sujet ; elle sera plus grave pour un individu redoutable, même si le fait commis par lui est léger, parce qu'il importe de préserver la société contre lui ; — elle sera faible pour celui qui, bien qu'ayant commis un délit capital, montrera qu'il serait inutile de chercher à modifier son caractère, et que, dès à présent, il n'est pas capable de commettre un nouveau forfait.

Telle est l'expression absolue de l'idée de l'individualisation de la peine, avec les conséquences qu'elle entraîne. Mais il faut se garder d'aller aussi loin dans cette voie, car on risquerait de méconnaître le but cherché, c'est-à-dire la défense de la société.

En effet, au point de vue social, il est nécessaire de tenir compte d'un autre facteur : l'intimidation produite par le châtiment prononcé sur les criminels possibles. Ce nouvel élément, beaucoup trop prôné autrefois, n'est pas susceptible à lui seul de produire des effets satisfaisants. Mais si, sous prétexte d'amendement, on retient très longtemps celui qui est coupable d'un fait insignifiant, étant donné que les actes internes ne seront connus que d'un très petit nombre de personnes, on mettra en présence l'acte commis et le châtiment, et l'on n'apercevra aucune correspondance exacte entre l'un et l'autre. On n'y verra plus une sanction *juste* et aucun effet d'intimidation n'en résultera. Or l'intimidation est un mobile qui est susceptible d'empêcher souvent la réalisation d'un crime conçu.

Ces conséquences vont directement à l'encontre du but que se propose la loi pénale. Aussi, tout en tenant compte de l'idée d'individualisation, qui contient une part de vérité, ne faut-il pas abandonner les autres considérations. De là il résulte que le rôle de la peine ne consiste pas uniquement dans la recherche de l'amendement du criminel et qu'il s'y joint un caractère de sanction. On aboutit ainsi à laisser au juge une appréciation assez large, car, en pratique, on se basera sur le côté objectif du fait commis pour établir les limites extrêmes de la peine, et, en même temps, on laissera au juge la faculté d'abaisser la peine, s'il pense que l'on peut obtenir facilement l'amendement du condamné.

Telle sera la règle pour les crimes commis par des individus isolés. Que faudra-t-il décider lorsqu'on se trouvera en présence de plusieurs coupables? Cette question ne se pose évidemment qu'en ce qui concerne le délit en lui-même, car pour la punition chacun subira une peine spéciale.

L'idée d'individualisation de la peine conçue d'une manière absolue exige cette division du délit ou plutôt cette pluralité de délits, puisque, en ce cas, le délit n'est que l'ensemble des actes manifestant l'état intellectuel d'une personne donnée, permettant d'apprécier son caractère. Dès lors, le législateur devrait prévoir tous les actes qui manifestent une tendance mauvaise, même si ces actes sont peu importants ! Ce serait là une œuvre véritablement immense qui présenterait fatalement

un grand nombre de lacunes ; en réalité il y a là une
véritable impossibilité. On pourrait encore dire : le
législateur se bornera à donner au juge une règle très
large indiquant la conduite générale qu'il doit tenir :
nous aurons alors un système qui exprimera d'une façon très exacte les idées et les sentiments généraux
à un moment quelconque, mais ce sera aussi laisser
l'arbitraire et l'incertitude pénétrer dans les lois, à
cause du manque de précision, de la largeur même
d'une telle disposition. La loi doit prévoir expressément les actes qu'elle considère comme nuisibles. C'est
une garantie pour les hommes. En prenant comme
point de départ le délinquant, on s'expose à de grands
dangers, car même avec les progrès de la psychologie
moderne, l'examen et l'analyse des actes internes présentent toujours un côté problématique. Il en est autrement lorsqu'on s'appuie sur le fait objectif, phénomène extérieur dont l'existence ne peut être niée. Nous
dirons donc que le délit est autre chose que l'attestation
d'une volonté criminelle. C'est un fait anti-social prévu
et puni par la loi.

Il est donc indifférent au point de vue pénal que le
délit ait été commis par une ou plusieurs personnes :
il se compose toujours d'un certain nombre d'éléments,
plus ou moins nombreux, mais absolument inséparables, dont la signification n'existe parfois que par
suite de leur relativité les uns avec les autres. Ré-
sulte-t-il de là que tous les actes afférents au même dé-

lit sont identiques ? Ce serait une bien singulière déduction et qui, nous croyons pouvoir l'affirmer tant
cela est évident, n'a été soutenue par personne. Ainsi
MM. Chauveau Adolphe et Faustin Hélie ont écrit: « Lors-
« qu'un crime a été commis par plusieurs personnes,
« on conçoit que la participation de chacune de ces per-
« sonnes peut n'être pas la même. L'une a pu en conce-
« voir la pensée et en provoquer l'exécution, l'autre pré-
« parer cette exécution, l'autre l'accomplir, l'autre en-
« fin dérober à la justice les coupables et les vestiges du
« crime. En ne s'arrêtant même qu'au moment de l'exé-
« cution, il est évident que les actes qui se réunissent
« pour l'achever, n'ont pas tous la même valeur morale,
« ne révèlent pas la même perversité (1). »

L'école nouvelle considérerait tous les actes ainsi
énumérés comme des crimes ! Cependant, nous l'avons
dit, il y a de ces faits qui, pris isolément, n'ont aucune
tendance ni bonne ni mauvaise, ils sont indifférents.
Comment pourrait-on établir, si on ne considère pas la
relativité de ces actes, ou si on n'en fait qu'une considération accessoire, le caractère dangereux de ceux qui
les ont accomplis ? Nous ne voyons qu'un moyen d'y
parvenir, c'est de tirer cette conclusion de leur assccia-
tion avec d'autres malfaiteurs, de leur concours. C'est
dire, en d'autres termes, que nous retombons dans le
système classique !

(1) *Théorie du Code pénal*, I, p. 404.

Et cette déduction n'est pas modifiée si l'on tient compte des idées de l'individualisation modérée, car il ne s'agit que d'une question de culpabilité et personne n'ayant jamais admis l'identité de culpabilité des coparticipants d'un même crime, pourquoi devrait-on bouleverser toute la construction précédemment adoptée ? L'analyse des auteurs de la nouvelle école est inexacte en ce qu'ils ont confondu l'action et le délit. Jamais on n'a soutenu l'identité d'action ! Ce qui est exact, c'est qu'il y a pluralité de culpabilité, comme il y a pluralité d'agents, mais personne n'a mis ceci en doute !

La division réclamée par les auteurs de l'Union internationale n'est pas conforme à la réalité des choses. Nous avons dit : il y a diversité d'action, mais nous devons ajouter : ces actions diverses concourent toutes à un même but, le délit. Les agents, auteurs ou complices, ont tous agi d'un commun accord et leurs efforts ont été simultanés le plus souvent. Déclarer que les actes commis par chacun d'eux constituent un délit indépendant, n'est-ce pas admettre que chacun d'eux a agi comme si ce que les autres faisaient n'était d'aucun intérêt pour le but qu'il se proposait ? En fait, il y a eu un travail commun, une entente pour amener un résultat commun, et cette entente a persisté durant toute l'action ; elle a été la condition des actes, en ce sens qu'en agissant chacun se proposait de se conformer à ce qui avait été préalablement convenu entre les coparticipants. Il y a là au point de vue objectif une chose indivisible : de ce qu'au lieu d'être l'œuvre d'un seul, le délit a été fondé par plusieurs qui l'ont exécuté chacun pour une part, il n'en est pas moins vrai que le délit reste un et identique. Nous le répétons : on ne peut admettre le contraire qu'en supposant une tout autre notion du délit, une notion purement subjective.

Nous dirons donc que la conception de l'école nouvelle a le grave inconvénient d'être inspirée uniquement par les idées d'individualisation, ce qui, en pratique, la rend inadmissible. De plus elle fait d'actions constitutives d'un délit, actions uniquement qualifiables d'après le but que poursuivent leurs auteurs, des crimes spéciaux distincts, ce qui dans la majorité des cas ne pourrait comporter une preuve absolue. Il y a deux domaines distincts : celui du fait objectif du délit, élément nécessaire pour fonder la certitude, et le fait subjectif, la culpabilité de l'agent : ce second élément du crime seul est divisible, mais alors il l'est d'une manière essentielle. Le défaut de l'école nouvelle, c'est de l'avoir considéré comme constituant le crime à lui seul.

Nous avons vu qu'il ne fallait pas admettre la critique de l'unité d'action que l'école nouvelle reproche à l'école classique. En corrélation avec cette soi-disant unité d'action, les défenseurs de la théorie du délit distinct attaquent l'unité d'intention reconnue par l'école classique chez tous les codélinquants. Ils prétendent ainsi relever la même erreur dans le côté objectif et dans le côté subjectif du crime.

Cependant nous pouvons dire d'une manière générale que jamais on n'a eu la prétention de nier que les caractères des hommes soient essentiellement divers, à tel point qu'en exprimant ceci, on semble chercher à prouver une chose évidente par elle-même. Jamais on n'a dit,comme M. Nicoladoni le rapporte, que l'homme est un « type donné une fois pour toutes » !

Prenons deux hommes qui participent à un même crime : chacun a conçu ce crime d'une façon différente, a peut-être même eu en vue un but différent. Faut-il inférer de là qu'ils ont eu une intention différente? Cela nous semble difficile à établir. Que signifie le mot intention appliqué au crime? Il veut dire que l'agent du crime, supposé responsable et capable de vouloir, a, comme le dit Ortolan (1), dirigé, tendu son action ou son inaction vers la production du résultat préjudiciable, constitutif du délit. Chacun bien entendu, pris individuellement, a voulu ce résultat. Ne peut-on pas dire qu'ils ont eu la même intention ? Lorsque M. Foinitsky nous apprend que ce fait constitue une volonté générale qui absorbe toutes les autres, nous demanderons s'il est nécessaire pour être libre d'avoir toujours une volonté opposée contraire à celle des autres hommes?

Remarquons-le bien, car il faut sur ce point éviter toute méprise, nous ne parlons que de la direction de volonté vers le crime : c'est là seulement ce que nous

(1) *Droit pénal*, nᵒ 122.

déclarons être identique chez l'un et chez l'autre. A tous
autres égards, le crime pourra, devra même être apprécié différemment par chacun des agents. Ainsi Primus
veut tuer Tertius. Craignant de ne pouvoir y arriver
seul, il décide Secundus à l'aider dans l'exécution du
meurtre, et lui promet une somme d'argent. Dans cette
hypothèse, les mobiles du meurtre sont différents chez les
deux agents. Primus veut satisfaire sa haine, Secundus
son amour du gain, mais tous deux n'ont-ils pas l'intention de commettre le même crime, de tuer Tertius ? Et
cependant nous avons là un exemple de la diversité des
actes subjectifs.

D'après M. Foinitsky, l'intention du complice se dirigerait uniquement sur l'acte qu'il doit exécuter. Rap-
pelons-nous que dans cette théorie, l'acte de chacun
constitue son crime, quel que soit cet acte. Or les actes
étant multiples, les intentions le seront également. Mais
nous avons dit que cette construction du délit était
inadmissible en pratique. Nous reprendrons la même
idée. En accomplissant son acte, dirons-nous, le complice a en vue cet acte, comme participation à un délit.
Il y a encore ici une conception inséparable de celle du
délit : il a su qu'en agissant il prenait part à un fait punissable, et il a agi volontairement. Dire que le but
poursuivi par l'auteur principal lui était indifférent, cela
peut être vrai, et il n'y a rien d'obligatoire à ce qu'il
soit connu de lui, car il est en dehors du crime à son
point de vue. On tient compte de son but pour connaî-

tre l'état intellectuel du coupable, mais il faut remarquer que l'intention de l'auteur peut être différente de celle du complice,quant au but que chacun d'eux poursuit, sans cesser d'être identique quant au crime à accomplir, et c'est surtout l'intention dirigée contre le crime qui est importante au point de vue pénal (1). En ce sens, la jurisprudence a décidé qu'il n'est pas nécessaire que le but du complice soit le même que celui que l'auteur principal recherche. Il suffit, dit-elle, que le complice ait participé à un fait, qu'il savait être un crime ou un délit, quel que fut son mobile personnel (2). Nous croyons cette opinion très exacte et nous dirons, pour la résumer, que l'école classique exige la même intention de commettre le même crime ; peu importe que celui-ci soit un même moyen pour des buts différents. La loi, et après elle, la jurisprudence-expriment quelquefois cette idée d'une façon un peu différente, en disant qu'il faut que le complice ait agi avec connaissance. Cela signifie, en effet, que le complice

(1) De même qu'on peut faire de bonnes actions pour des motifs intéressés, de même les motifs qui poussent au délit peuvent être plus ou moins honteux. Bien que ces considérations ne restent pas sans influence sur la mesure de la culpabilité individuelle elles ne sauraient faire disparaître la culpabilité absolue. Pas plus en droit pénal qu'en morale « la fin justifie les moyens » n'est une maxime qui soit admissible (Ortolan, *loc. cit.*). Cependant, il faut remarquer qu'il y a une tendance dans les législations actuelles à tenir compte des motifs du crime.

(2) Cass., 2 décembre 1842. Il faut, dit cet arrêt,qu'il y ait chez le complice connaissance du caractère délictueux de l'acte auquel il a concouru.

a su qu'il participait à un délit, c'est-à-dire qu'il a eu intention d'y participer. Tels sont les termes employés par l'article 60 du Code pénal : « Ceux qui auront avec connaissance aidé ou facilité... »

L'exigence de la même intention chez le complice et chez l'auteur principal, suppose qu'en l'absence de volonté formelle chez le complice, il ne sera pas punissable. Il manque en effet à l'infraction un élément essentiel, l'élément subjectif. Le concours matériel ne suffit pas à fonder la culpabilité. Ainsi on ne pourra punir le domestique qui a donné des renseignements au voleur, croyant que l'intention de celui-ci était de louer la maison sur laquelle il demandait les renseignements.

Mais dans une hypothèse voisine, il nous semble que les critiques de la nouvelle école sont justes. Il s'agit du cas où le complice a participé au fait délictueux, mais son intention était autre que celle de l'auteur principal. Il a cru participer à un autre délit que celui qui a été réellement commis par l'auteur principal. Cette hypothèse n'ayant pas été prévue par le Code, les tribunaux décident en général qu'il est coupable comme complice du crime qui a été commis. C'est là une déduction qui n'est pas conforme au point de vue de l'école classique. « C'est méconnaître le caractère de la complicité, écrit M. Garraud (1) ; on ne peut encourir que la peine du fait auquel on a concouru, sauf si on a prévu qu'une infraction plus grave pouvait être commise. »

(1) *Traité théorique et pratique du Code pénal.*

On déclare ainsi que le complice a eu une intention identique à celle de l'auteur principal, c'est-à-dire qu'on dénature cette intention.

Nous aurons alors deux crimes distincts : celui de l'auteur principal et celui du complice, ou plutôt ceux de deux auteurs. Cette solution est-elle en contradiction avec les principes de l'école classique ?

Nous ne le croyons pas ; en effet, nous avons établi qu'au cas d'infraction intentionnelle, c'est-à-dire dans la majorité des cas, il fallait, pour être complice, non seulement avoir participé au même délit, dans les actes objectifs, mais aussi avoir eu même intention que l'auteur principal ; or, dans l'espèce, le crime de l'auteur principal n'a pas été connu du complice ; celui-ci a cru qu'il participait à un acte illicite, et cette croyance était une erreur quant à cet acte lui-même : par suite il n'y a pas eu volonté de sa part.

Si l'acte auquel il a pris part était moins grave que celui qu'il avait l'intention de commettre, on ne tiendra pas compte de cette intention : nous avons dit que l'élément objectif du crime était, quant à la détermination de la peine, une limite que l'on ne pouvait dépasser, alors même que l'on saurait d'une manière certaine que cet élément ne correspond pas à l'état intellectuel de l'agent. Il résulte de là qu'en ce cas nous avons encore unité de délit et pluralité d'agents.

Mais tout change si l'acte prévu par le complice était

plus grave que celui auquel il croyait participer ; alors, disons-nous, il doit être puni pour le fait auquel il a cru concourir. Nous admettons la pluralité des délits dans cette hypothèse. En effet, pour commettre un délit, il est nécessaire d'avoir l'intention criminelle ; pour participer à un délit à titre de complice, il faut avoir l'intention d'être agent de ce délit et c'est ce qui n'a pas lieu ici. Nous avons donc des actes commis, qui se relient au point de vue objectif avec ceux du fait principal, mais cette relation est insuffisante pour constituer identité de délit. Dès lors, nous avons affaire à deux auteurs.

Pourquoi ne pas admettre la même solution quand l'intention du complice était dirigée sur un crime plus grave que celui qui a été commis réellement ? C'est que l'acte de l'auteur principal fixe alors une limite, en ce sens que le complice, ne pouvant être puni pour son intention, puisque celle-ci ne s'est pas manifestée, doit être puni pour le délit qu'il a commis ; or, il a pris part au délit de l'auteur principal ; par suite il subira la même peine que lui ; ses actes objectifs n'ont pas dépassé l'intention de l'auteur principal : ce serait s'exposer à une incertitude, que de punir le complice pour son intention. D'ailleurs le délit qu'il avait en vue n'a pas été commis, puisque, par hypothèse, les actes dont il est l'auteur, ne sont que des actes accessoires ! Prenons un exemple : une personne fait le guet devant la maison dans laquelle une autre personne est entrée ; cette dernière a l'intention de commettre un vol ; la première s'imagine qu'elle veut assassiner un habitant de la maison. Le complice sera puni pour vol. Il serait injuste de lui imputer un assassinat qui n'a pas été commis. Mais en sens inverse, si l'auteur est entré pour commettre un assassinat, alors que le complice croyait qu'il s'agissait d'un vol, on ne devrait pas punir ce dernier comme complice d'un assassinat.

Il faut toutefois faire une réserve : le complice ne sera auteur d'un délit distinct, que si ses actes sont de nature à constituer un délit ; sinon, son intention portant sur un crime qui n'a jamais existé, et ses actes n'ayant aucune valeur pénale, il doit demeurer impuni (1).

Reste enfin une dernière solution à examiner. Peut-il y avoir complicité au cas de simple faute, c'est-à-dire dans un fait non intentionnel ? On l'admet généralement. Le délit ici ne suppose qu'un acte objectif ; c'est là son caractère essentiel. Or il peut se faire que plusieurs personnes aient participé à la production de cet acte objectif. La Cour de cassation (2) a décidé, en ce sens, que rien ne s'opposait à ce que l'auteur d'un délit par imprudence ait des complices. Ainsi le maître, qui donne à son domestique l'ordre de pousser ses chevaux au galop, dans un lieu fréquenté, peut être le complice de l'homicide, ou des blessures causées par le fait du cocher.

____

(1) Voy. à ce sujet de Molènes, *De l'humanité dans les lois,* p. 645, et Le Sellyer, n° 691.

(2) Cass., 8 septembre 1831, *J. du dr. cr.,* 1831, p. 320.

Les règles de la complicité ne reçoivent donc pas d'exception, car ces règles sont générales, et leur application n'éprouve aucun obstacle réel. Aussi la Cour a-t-elle pu juger que rien n'implique contradiction à déclarer un accusé complice par promesses, menaces, instructions, aide ou assistance, de l'imprudence, ou de la négligence, qui ont occasionné un homicide involontaire.

Cette conclusion a été contestée, et l'on a dit que l'élément intentionnel était essentiel pour la complicité, que celle-ci suppose l'association consciente, volontaire au fait d'autrui. Mais nous ferons observer qu'on peut aussi bien s'associer à un fait d'imprudence qu'à un fait criminel. Les deux volontés ont le même objet, elles portent toutes deux sur le fait d'imprudence. Il n'y a là qu'un fait criminel, et non pas deux délits distincts.

Ainsi l'école classique appelle intention la direction de volonté vers un crime ou un délit. En parlant de l'unité d'intention, elle ne met pas en doute la diversité des différents actes psychologiques de chacun des criminels. Il ne s'ensuit pas de ce que chacun a la même intention, qu'il n'y ait pour tous une volonté générale comme le prétend M. Foinitsky. Dans l'ensemble ces actes de volition de tous, il y en a qui présentent une certaine similitude, en ce que tous au point de vue criminel ont un même objet, mais nous avons vu combien cette identité, exigée par la loi, était susceptible de modification suivant les individus.

Nous dirons donc que l'école nouvelle, en cherchant à

faire de l'acte commis par chacun un délit distinct, aboutit à une solution inapplicable en pratique, qui tend à l'arbitraire et à l'incertitude : qu'il faut sans doute tenir compte du caractère, de la témibilité présentés par les codélinquants, mais que le seul point de départ que l'on puisse adopter, c'est le délit fixé et arrêté d'avance par la loi pénale. Il en résulte que celui-ci demeurera un et identique, quel que soit le nombre de ceux qui se réunissent pour le commettre, et qu'il est conforme à la réalité des faits d'admettre, avec l'unité de délit, l'unité d'intention.

CHAPITRE V

DE LA PUNITION DU COMPLICE.

Nous avons examiné les principales critiques dirigées contre l'école classique. Mais il en est d'autres, que les défenseurs de la théorie moderne ont employées pour soutenir leur système, et qui visent des points plus spéciaux. Nous allons les passer en revue et les apprécier, en étudiant les conséquences de la doctrine de l'unité de délit.

On pourrait ramener toutes ces critiques à celle-ci : l'unité de délit exerce son influence sur le mode de punition du complice. Mais, pour la clarté des idées, nous croyons préférable de diviser ce chapitre en plusieurs sections, et nous étudierons successivement :

Section I. — De la distinction entre l'auteur et le complice.

Section II. — De la punissabilité du complice.

Section III. — Des circonstances aggravantes.

§ 1. — Circonstances aggravantes réelles.

§ 2. — Circonstances aggravantes personnelles.

SECTION I. — De la distinction entre l'auteur
et le complice.

Les auteurs de la théorie nouvelle considèrent que l'unité de délit doit toujours être appréciée d'une façon rigoureusement absolue. C'est là une critique sans doute exagérée, et nous verrons que ce point de vue est inexact. On pourrait formuler leur raisonnement de la manière suivante : tout fait pénal, tout délit comporte une peine fixée par la loi ; toute personne qui commet ce délit doit subir cette peine. Par suite, si plusieurs personnes commettent un seul et même délit, comme l'admet l'école classique au sujet de la complicité, elles doivent toutes subir la peine de ce fait.

Cette déduction pèche par un point. Si, comme nous l'avons déjà vu (V. page 75), tous les coparticipants n'ont commis qu'un seul délit, la culpabilité de tous n'est pas la même vis-à-vis du résultat ; tous n'y ont pas concouru avec la même importance : chacun y a pris une part différente suivant son caractère et la nature du rôle qu'il a été appelé à remplir. Tous révèlent des nuances plus ou moins tranchées, des différences plus ou moins vives, dans la participation elle-même. Il est donc équitable de proportionner la peine, que doit subir chacun des coparticipants, à la part qu'il a prise ; les considérer, d'une manière absolue, comme également coupables, cela peut dénaturer la réalité des faits, et, en outre, aller directement à l'encontre du but de la peine.

Mais la loi ne doit point s'égarer dans les classifications multipliées que nécessiteraient les participations distinctes, cela nuirait à la loi pénale, en tenant compte de nuances morales, difficiles à bien caractériser en pratique. D'ailleurs il serait impossible de réaliser une telle œuvre. « La mission de la loi doit se borner à remarquer les différences assez profondes pour entraîner (ajoutons, s'il y a lieu), des peines d'un degré différent (1). »

Aussi en est-on arrivé en général à distinguer, parmi les participants au même crime, les auteurs et les complices. Nous n'irons pas jusqu'à prétendre, comme le fait M. Rossi, que l'intérêt de la justice est qu'il y ait des rôles principaux et des rôles secondaires, pour rendre plus fréquentes les dissensions des associés (2), mais nous croyons que cette distinction, bi-partite, outre qu'elle vient naturellement à l'esprit, résume assez bien les différences qui peuvent exister entre les coparticipants. En effet, dans un crime quelconque, qu'il y ait deux ou plusieurs agents, le rôle joué par eux peut avoir été le même, et alors la loi ne fait aucune diffé-

(1) Chauveau Adolphe et Faustin Hélie, *loc. cit.*

(2) Rossi, *Traité du Droit pénal* (p. 28 et s.). Cette idée est en corrélation avec l'idée de Beccaria, qui pense qu'en donnant ces différences à l'auteur et au complice, on empêche la formation de la complicité et, par suite, le crime, car personne ne consent à être auteur.

rence entre eux et les regarde comme des coauteurs.
Il n'y a ici aucune raison de distinguer. Ou bien les
actes essentiels, constitutifs du crime, ont été accomplis
par l'un, ou les uns, alors que l'autre, ou les autres, n'ont
fait que des actes de moindre importance. On ne peut
trouver, au point de vue de l'application de la loi, de
nuances intermédiaires.

Cependant le principe de cette distinction a été nié par
les défenseurs de la nouvelle école. Ils se fondent, pour
le repousser, sur cette circonstance que les jurisconsultes allemands de notre siècle ont cherché un critérium
permettant de distinguer d'une façon absolue l'auteur
du complice, mais que toutes ces études n'ont abouti
à aucun résultat. Cette critique est vraie en partie.
M. Mintz a énuméré, dans sa *Lehre von der Teilnahme*,
plus de trente-trois critériums différents proposés par
la doctrine allemande, depuis et y compris Feuerbach.
Mais il faut dire que le grave inconvénient de toutes ces
solutions consiste en ce qu'elles ont un côté trop philosophique, qui les rend inacceptables en pratique.
En outre, et ceci est une conséquence de ce qui précède, elles ont le défaut d'être exclusives. Nous avons
dit (page 24) qu'elles avaient successivement obéi à
trois tendances : objective, subjective et mixte. Or, presque toutes les tendances : subjectives, par exemple, négligent le côté objectif du crime. Ainsi Berner (1) écrit

(1) *Lehre von der Teilnahme*, 1847.

que celui qui a eu l'idée du crime est l'auteur, celui qui
approuve cette idée et s'y conforme, est un complice.

Aussi les praticiens ne suivirent-ils pas les errements
de la doctrine. Pour eux, il n'existe qu'un critérium
objectif : c'est en considérant l'importance des actes
commis par les criminels qu'on déterminera exactement
les rôles joués par eux. « Parmi les actes du crime, dit
la Cour de cassation, dans un arrêt du 19 février 1860 (1),
il faut distinguer ceux qui, extrinsèques à l'acte coupable, tendent à en préparer, réaliser et faciliter la consommation, et ceux qui, par la simultanéité d'action et
l'assistance réciproque, constituent la perpétration
même. » Mais la jurisprudence, comme on le voit par
les deux dernières lignes de l'arrêt cité, est tombée dans
une autre erreur ; elle établissait le critérium dans le
temps, non dans l'acte, en décidant que tous les actes
concomitants au crime étaient des actes de coauteur.
Il y a un motif spécial pour fonder cette règle, c'est que
le dernier paragraphe de l'article 60 du Code pénal français cite des actes, qui sont plus que des simples faits de
complicité (2). Par suite l'assistance dans les faits qui
ont consommé le crime est un acte, non de complice,
mais de coauteur. Un arrêt de 1887 dit en ce sens : « at-

(1) Dalloz, 61.1, p. 358.
(2) Art. 60, 3 : Sont complices, ceux qui auront avec connaissance aidé
l'auteur ou les auteurs de l'action dans les faits qui l'auront préparée
ou facilitée ou *dans ceux qui l'auront consommée.* — Les termes de
cet article supposent que celui qui a aidé ou assisté n'est qu'un
complice.

tendu que celui qui assiste l'auteur du délit dans les faits qui le consomment, coopère nécessairement à la perpétration de ce délit, qu'il s'en rend donc coauteur, d'où il résulte que le délit n'est plus le fait d'un seul... »

Nous croyons cette opinion peu fondée au point de vue rationnel et nous ne saurions approuver le projet du Code pénal français, dont l'article 80 porte : seront punis comme auteurs ceux qui auront... avec connaissance aidé l'auteur et les auteurs. Nous n'admettons pas non plus le système du Code pénal italien, qui place à côté de l'auteur ce qu'il appelle un « coopérateur immédiat », sorte de complice intermédiaire entre le complice proprement dit et l'auteur.

Dans les faits qui constituent le crime, dirons-nous, il y en a qui sont prévus expressément par la loi et qui tendent directement au résultat criminel : ce sera, pour un vol, l'appréhension de la chose d'autrui. Celui ou ceux qui commettent cet acte sont des auteurs : celui qui se borne à faciliter cet acte sera un complice. Sans doute le délit est un, mais on peut faire une analyse abstraite de chacun des actes qui l'ont amené. Il faut chercher si l'acte de participation, en l'isolant de tout autre acte, tombe sous le coup de la loi ; ce sera un acte de coauteur. Si, par lui-même, l'acte de participation est indifférent et qu'on l'incrimine à cause de sa relation avec un autre acte, il faudra le considérer comme un acte de complice.

Ce système sera très facile à suivre, puisqu'il n'exige

qu'un simple examen des actes au point de vue légal.
De plus, il répondrait exactement à la notion d'auteur
et de complice, l'un ayant commis le fait, l'autre l'ayant
assisté. La distinction légale serait aussi simple à établir que l'importance des faits. C'est là une véritable
question d'appréciation judiciaire applicable dans tous
les cas.

SECTION II. — De la punissabilité du crime.

De ce que l'on établit une distinction fondamentale,
au point de vue de la culpabilité, entre l'auteur et le complice, s'ensuit-il nécessairement une différence quant
à la peine ?

L'école nouvelle répond négativement. S'il n'y a qu'un
seul délit, dit-elle, il y a une seule peine : tout ce qu'on
a le droit de faire, c'est en fixant la peine, de se mouvoir entre le maximum et le minimum. Cependant, nous
avons vu que la plupart des législations actuelles éta-
blissaient une peine inférieure pour le complice.

En effet, le délit que l'on reproche aux agents n'a pas
été commis par chacun d'eux de la même manière. La
loi, en déterminant la peine de ce délit, a eu en vue le cas
normal de la perpétration du crime par une seule personne. Lorsqu'on se trouve en face de l'hypothèse contraire, on comprend très bien qu'on fasse une différence
entre celui qui a exécuté la partie la plus importante du
crime, et celui qui n'a agi que d'une façon accessoire. Si

le premier se rapproche sensiblement du criminel isolé, il peut n'en être pas de même du second. Le délit en lui-même est indivisible ; les actes qui le composent forment un seul tout au point de vue pénal, mais la peine se divise suivant des culpabilités respectives, et les agents peuvent fort bien être soumis à des peines différentes. Poser comme règle absolue l'unité de peine, c'est méconnaître le rôle du châtiment : la sanction ne s'applique pas d'une manière nécessaire, automatique, elle se modifie avec les conditions du crime et les caractères auxquels elle s'adresse ; sans doute le fait du délit est le même pour tous ceux qui y ont participé, mais il ne faut pas oublier qu'en même temps que l'école classique pose le principe de l'unité de délit, elle établit un correctif, en déclarant reconnaître des culpabilités diverses par une distinction fondamentale. Il résulte de ceci que l'inculpation de l'auteur principal étant corrélative au délit commis, il n'est en rien obligatoire que le complice subisse la même peine. Le délit limite la peine maxima que le complice pourra encourir ; nous avons vu que, quelle que soit l'intention de l'agent d'un délit, les faits objectifs posent une limite au châtiment qu'il pourra encourir ; mais les considérations d'après lesquelles on fixera la punissabilité du complice, sont de nature très variable. Au cas d'association à toutes chances, il semble naturel que le complice et l'auteur subissent la même peine, car leur criminalité est la même, et il est très possible que la différence des rôles dans l'exécution

du délit soit un pur effet du hasard. Il nous paraît que
la faute subjective est ici de nature à permettre, sans
dépasser le fait commis, de punir d'une façon équivalente l'un et l'autre. Mais si le rôle tenu par le complice
provient, non pas d'un plan arrêté par avance, car ce
cas rentre dans le précédent, puisque rien n'empêche
ici que le complice ait imposé les conditions de l'exécution du crime et se soit réservé le moindre rôle, si ce
rôle, disons-nous, provient ou de la répugnance du complice à exécuter les actes immédiats du crime, ou de
sa dépendance vis-à-vis de l'auteur principal (c'est par
exemple le domestique de cet auteur qui aura avec connaissance exécuté quelques-uns des actes du crime) il
nous semble juste de ne pas frapper ce véritable com-
parse de la même peine que l'auteur principal.

Dès lors, pour établir la peine à l'égard des complices, nous pensons qu'il ne faut pas se référer à la faute
objective, comme l'école nouvelle prétend que l'on est
forcé de le faire. Pour nous, et ceci est conforme à la
théorie que nous croyons véritable de la faute subjective, la faute objective a un rôle de limitation, et une
peine ne sera équitable que si elle tient compte de ce
côté du crime. Mais en même temps, dans l'appréciation
de cette peine, dans son application aux cas concrets,
nous estimons que, dans les limites fixées par la faute
objective, toute l'importance sera déterminée par le
côté subjectif du délit. Par suite, nous établirons la proposition suivante : un fait est commis par un auteur

et un complice. Si le complice s'est associé au crime de
façon telle que ce soit la faute objective seule qui détermine les rôles, il faudra fixer la même peine pour
l'un et pour l'autre (1). Si au contraire cette distinction
dans la faute objective correspond à de véritables différences de criminalité, cette diversité de rôles doit se
traduire dans l'application de la peine, et nous donnerons au complice une peine inférieure à celle de l'auteur principal.

Nous avons dit, à propos de la distinction de l'auteur
et du complice, que ce sera l'importance des faits objectifs qui déterminera qui sera auteur ou complice.
Entre deux complices, ou entre l'auteur et un complice,
la peine variera au contraire d'après l'importance de la
faute subjective ; posant en principe que le complice,
est responsable du fait commis, on établit la limite
maxima de la peine ; la faute subjective permet de l'a-
baisser. La punition du complice, tout en restant fixée
par le principe de l'unité de délit, variera ainsi suivant
les hypothèses que l'on aura à examiner. Nous évite-
rons par là l'importance exclusive attribuée par l'école
nouvelle au côté subjectif du crime. Nous croyons que
l'intérêt social exige en certains cas une sévérité plus
grande, mais que dans d'autres, il doit être tempéré par
la considération de la criminalité de la personne à ju-

______

(1) Même peine c'est-à-dire, suivant M. Boitard, la même du droit
mais non pas nécessairement d'une peine égale ou de la même peine
de fait.

ger. Nous n'encourrons pas le reproche que l'on fait au système de l'atténuation générale des peines, de rendre la complicité une véritable circonstance atténuante, et en même temps, nous corrigerons ce que la théorie romaine présentait de trop absolu, en ne laissant au juge pour graduer d'une façon plus équitable la peine du complice, que les circonstances atténuantes générales (1).

Nous avons ainsi déterminé la peine du complice. Reste à savoir les conditions dans lesquelles le complice est punissable.

Nous rencontrons encore ici une critique très grave de l'école nouvelle : le complice est punissable pour le délit d'autrui, puisqu'il est admis que le délit est l'œuvre de l'auteur principal ; or, actuellement, on n'admet plus en droit pénal, que la responsabilité individuelle on fait une véritable exception à cette règle en déclarant le complice punissable pour le délit de l'auteur principal : c'est déclarer qu'il faut étendre la responsabilité au cas de complicité.

D'après la notion classique, il est essentiel que l'acte du complice n'ait pas constitué le fait du délit, si bien que le complice est en réalité poursuivi pour le fait de l'auteur principal. Donc l'acte du complice n'existe pas

______

(1) C'est ce qui arrive en France où le principe romain existe depuis 1810. Dans les législations qui ont le système de l'emprunt relatif, il faut noter qu'outre l'abaissement obligatoire pour le complice, on peut encore lui appliquer les circonstances atténuantes.

au point de vue pénal. Il ne peut y avoir de déclaration légale de complicité, que d'après une déclaration explicite ou implicite d'un fait principal criminel. Cette règle, disent les auteurs classiques (1), résulte de la nature même des choses, car il est évident que s'il n'y a pas de fait principal, s'il n'existe point de crime (2), il n'existe point de participation criminelle à ce fait, de complices à ce crime. Et cette opinion est conforme à celle que nous avons exposée à propos de la distinction fondamentale entre l'auteur et le complice.

Mais si, pour trouver un critérium, nous avons séparé les actes de chacun des coparticipants, en disant : il y a des faits prévus par la loi, qui tendent directement au résultat criminel et des actes qui les facilitent, en pratique, cette division n'a pas eu lieu, c'est-à-dire qu'en accomplissant les actes les moins importants, le complice a exécuté pour une part — si faible qu'elle soit, — le délit. Supposons en effet que l'auteur ait agi seul ; outre les actes constitutifs du crime, il aura dû accomplir certains actes, que la loi n'a pas visés, parce qu'en eux-mêmes ils sont indifférents, et qu'ils peuvent ne pas être essentiels à la réalisation du crime. Ces actes ont pu, sans doute, donner certaines indications sur la nature de l'intention du criminel, mais il faut, pour qu'il en soit ainsi, qu'on les ait rapprochés des éléments du

______

(1) Chauveau Adolphe et Faustin Hélie, loc. cit.
(2) L'exemple classique c'est la non-punition du complice du suicide.

crime, afin de maintenir la relation qui existait entre
eux-mêmes et ces derniers. Si ces actes, au lieu d'être
commis par l'auteur seul, sont l'œuvre du complice, la
relation que nous venons de signaler continue à exister, c'est-à-dire que, pour apprécier ces actes, il faut
les considérer dans leurs rapports avec les actes de
l'auteur principal. Or, avec cette manière de les envisager, nous voyons qu'ils contribuent également au
crime. Ainsi l'achat de substances vénéneuses est, en
soi, un fait indifférent. Mais si une personne achète ces
substances et les remet à un tiers, qui a convenu avec
elle de commettre un crime d'empoisonnement, il y
aura là une relation nécessaire entre cet achat et le
crime qui l'a suivi, relation suffisante évidemment pour
donner à l'acte du complice un caractère délictueux.
Inversement, si le fait principal n'a pas lieu, si la personne à qui la substance a été remise n'en fait pas un
usage criminel, il est impossible de poursuivre celle
qui l'a achetée ; la relation cesse, et nous n'avons plus
qu'un acte sans signification aucune.

C'est pour ce motif que la doctrine classique n'admet
pas la tentative de complicité. Sans doute, nous nous
trouverons parfois en face d'une personne qui a montré le danger qu'elle présentait au point de vue social,
par exemple quand un provocateur a communiqué à
un tiers son intention de commettre un crime, et lui a
proposé de le réaliser. En supposant qu'il ne doive
prendre aucune part matérielle à cet acte, il a achevé

tout ce qu'il aurait fait au cas de crime consommé. Mais tant que le crime n'est pas réalisé, il n'y a aucune faute à lui reprocher. C'est un fait resté en suspens, le droit pénal ne peut, en principe, s'y opposer. Il est la condition d'un autre fait plus grave, plus déterminé, qui n'a pas eu lieu. De plus, dans l'hypothèse que nous venons d'examiner, il reste établi que le fait n'a reçu aucune exécution matérielle et la loi aurait tort en principe de poursuivre ainsi de simples résolutions.

Cependant, parfois, la loi punit la provocation manquée. C'est ce qui arrive aux cas de menaces, de complots, etc. Mais elle ne les considère pas comme des tentatives ; elle s'aperçoit qu'il peut y avoir là un certain élément de trouble social, et elle les punit comme délits spéciaux (1). Il en est de même de la proposition de commettre des crimes, qui est visée par la loi belge du 7 juillet 1875. Il y a là des faits extérieurs, que la société a le droit d'ériger en délits, puisqu'ils sont de nature à troubler la sécurité publique. Dans tous ces cas, il n'y a pas tentative de complicité, mais un fait spécial distinct, présentant les caractères d'un délit achevé, sans dépendance avec un autre fait. Quant à la tentative de complicité, en elle-même, elle est impossible, pour cette raison bien simple, que l'acte de

____

(1) Cela est tellement vrai, que la loi punit ces faits non de la peine du crime tenté, mais d'une peine spéciale, généralement inférieure.

complicité n'étant visé qu'accessoirement par la loi, n'est pas punissable s'il n'y a pas de fait principal.

Que décider maintenant quant au reproche de responsabilité pour autrui, adressé à la construction classique de la complicité ? La cause de l'emprunt de criminalité au fait principal, que l'on attribue au complice, c'est sa participation à ce fait. Il ne faut pas oublier que ses actes ont été en relation constante avec ceux de l'auteur et s'ils ne constituent pas par eux-mêmes un crime, il y a un fondement de culpabilité suffisant dans cette division des éléments du crime. Il n'y a donc au cas de complicité qu'une simple application des règles normales : le fait est qualifié d'après ses actes constitutifs, ceux-ci sont l'œuvre de l'auteur. Il s'ensuit de là que le délit sera en lui-même attribué à l'auteur. Quant aux faits qui se rattachent au crime, faits commis par le complice, ils dépendent du crime lui-même, ils en sont inséparables et la responsabilité étant indivisible, comme le délit, le complice, en ce sens sera responsable du crime de l'auteur principal.

SECTION III. — Des circonstances aggravantes réelles et personnelles.

§ 1. Circonstances réelles. — § 2. Circonstances personnelles.

Pour terminer l'étude de la punissabilité du complice, il nous faut dire quelques mots de ce qu'on appelle les circonstances aggravantes du délit.

Lorsque la loi pénale définit un délit, elle le considère toujours dans ses éléments les plus simples, et abstraction faite de toutes circonstances qui peuvent le rendre plus ou moins punissable. Ainsi l'article 295 du Code pénal dit que l'homicide commis volontairement est qualifié meurtre. Mais il peut se faire qu'il s'adjoigne à l'acte des circonstances qui augmentent la culpabilité de l'agent : ainsi la préméditation. En sens inverse, il se peut que le meurtre n'ait été commis qu'à la suite d'une provocation et alors le meurtrier est considéré comme excusable (art. 321, C. P.).

Ces circonstances aggravantes ou ces excuses ont-elles influence sur la peine à infliger au complice ? Cette question doit être posée, car le crime en lui-même est modifié, et comme le complice en est responsable, sa responsabilité variera avec le crime.

L'école nouvelle déclare que dans la notion classique, on ne peut qu'appliquer au complice les circonstances aggravantes et les excuses du fait principal, puisque sa personnalité n'existe plus et qu'il emprunte la criminalité du fait principal. Pour examiner cette assertion, nous distinguerons, parmi les circonstances, celles que l'on peut appeler réelles, car elles tiennent au fait lui-même, des circonstances personnelles qui se rencontrent chez l'auteur principal.

§ 1. — Circonstances réelles.

Au cas de circonstances réelles, nous avons vu que
les législations étaient partagées.

Au point de vue rationnel, puisque l'intention est
exigée chez le complice pour qu'il soit punissable, elle
doit exister non seulement pour le fait en lui-même,
mais encore pour les circonstances qui sont inhérentes
à ce fait. Par suite, pour rendre le complice responsable de ces circonstances, il est nécessaire qu'il les ait
connues. Leur effet s'étend ainsi à tous ceux qui ont
pris part, sciemment, aux faits ainsi modifiés. S'ils les
ignorent, il nous semble contraire à l'équité de passer
outre, et de leur infliger la peine ainsi aggravée.

Aussi ne saurions-nous approuver la loi française qui,
sauf pour un cas où elle a dû adoucir la règle (1), présume toujours la connaissance, chez le complice, des
circonstances du crime, quelles qu'elles soient. Il arrive
ainsi qu'un recéleur, considéré par cette loi comme
un complice, peut être condamné aux travaux forcés
pour avoir acheté des objets provenant d'un vol avec
circonstances aggravantes. Or, au point de vue intentionnel, il n'y a qu'une chose qu'on puisse affirmer : c'est
la provenance suspecte des objets. Mais de là à le rendre responsable comme celui ou ceux qui ont commis
le vol, il y a une différence trop sensible pour que nous
admettions cette décision légale.

(1) Voir article 63 modifié par la loi de 1832.

Cependant il y a une hypothèse où cette intention nous paraît exister : c'est lorsque le complice s'est associé au crime à toutes chances ; il a ainsi donné, par avance, son adhésion à l'acte criminel sans aucune limitation, c'est donc que dans son esprit il a prévu toutes les chances d'aggravation possibles du crime. Il y a bien là une intention d'y participer, peu importe qu'elle soit encore indéterminée, si le fait lui-même est exactement déterminé. Sa culpabilité nous semble au moins aussi certaine que si la circonstance aggravante avait été connue de lui. Mais, ici encore, de même que pour appliquer la même peine, il serait nécessaire d'établir préalablement le caractère général de l'association.

§ 2. — Circonstances personnelles.

Les circonstances personnelles peuvent être de différentes sortes. Les unes n'exercent leur influence que sur la culpabilité morale. Telle sera par exemple la récidive chez l'un des agents. Personne n'admet la communicabilité de celles-ci au complice, car il emprunte la criminalité de l'auteur, mais non sa culpabilité (1). Ceci entraîne des conséquences au point de vue de la punition et consacre l'indépendance de la peine à l'égard de tous les coaccusés. On pourra, d'après cela, accorder les circonstances atténuantes à l'un et les refuser à

(1) Garraud, *loc. cit.*

l'autre, même si le premier est l'auteur principal et le
second le complice ; allant plus loin, on pourra acquitter
l'auteur principal et condamner le complice. La jurisprudence dit, avec raison, que la relation existe entre
les faits, non entre les personnes. Ce qu'on exige pour
punir le complice, c'est qu'il y ait un fait criminel auquel il se soit associé ; il n'y a pas besoin qu'il y ait un
auteur principal criminel (1).

Cette appréciation de la culpabilité individuelle nous
paraît exacte, mais on peut se demander s'il n'y aurait
pas lieu de faire entrer, dans cette considération, l'intention, dans les cas où, d'après la loi, elle peut faire
augmenter ou diminuer la peine. Ainsi le meurtre simple est puni des travaux forcés à perpétuité, le meurtre
prémédité, ou assassinat, emporte la peine de mort. Or
il peut arriver que, bien que l'intention fût la même lors
de l'exécution du crime, elle se soit produite à des
époques différentes chez les coparticipants. Ainsi l'auteur principal a prémédité son crime ; au contraire
chez le complice l'intention est née au moment du délit.
Au point de vue de la complicité, il y a eu à ce moment
intention semblable chez les agents et par suite unité
de délit. Faut-il considérer ce caractère de l'intention
comme une circonstance de la culpabilité individuelle ?
Il semble que l'on devrait répondre affirmativement, car
l'intention, a dit le conseil de revision d'Alger (2), est

(1) M. Le Poittevin à son cours.
(2) 13 janvier 1884.

attachée à la personne. Cependant la jurisprudence n'admet pas cette manière de voir d'une façon absolue. Un arrêt décide que, s'il s'agit de deux coauteurs, l'un peut avoir prémédité, et l'autre non. Au contraire, quand il y a un auteur et un complice, un autre arrêt dit que même si le complice n'a pas prémédité le crime, il encourt l'aggravation résultant de ce que l'auteur principal l'a prémédité. Il y a ici à notre avis un abus du principe de l'emprunt de criminalité.

Il y a d'autres circonstances personnelles : ce sont celles qui tiennent aux qualités de la personne coupable, par exemple, la qualité de descendant de la personne tuée en crime d'homicide, d'où résulte le parricide, la qualité de fonctionnaire ou officier public en crime de faux dans les actes de son ministère, celle de domestique dans le vol. Supposons que l'une de ces qualités se rencontre chez l'auteur principal, aura-t-elle influence sur la peine du complice ?

Cette question a été résolue de façons différentes dans l'école classique.

La plupart des auteurs ont nié cette influence, en disant que ces qualités personnelles devaient être traitées comme la culpabilité individuelle, à laquelle elles se rattachent. Cette qualité, dit-on, est indépendante du fait du complice. « Ce sont là des circonstances, disent MM. Chauveau Adolphe et Faustin Hélie, qui n'appartiennent point au crime ; elles n'entrent pas plus dans le calcul ordinaire de la peine ; elles dérivent de la seule qualité d'une personne, elles sont personnelles et l'aggravation qu'elles entraînent ne peut être étendue. »

« N'y a-t-il pas une flagrante injustice à punir comme le domestique infidèle, comme le fonctionnaire dilapidateur, comme le fils parricide le complice qui en se rendant coupable d'un crime, n'a du moins trahi ni la foi d'un maître, ni les devoirs de sa fonction, ni les sentiments les plus sacrés de sa nature. Si les devoirs de l'un et de l'autre n'étaient pas égaux, comment le crime peut-il être égal ? »

D'ailleurs, en faveur de cette opinion, l'on peut faire remarquer les singulières conséquences du système opposé. C'est ainsi que la jurisprudence, décidant que l'article 59 du Code pénal s'appliquait aussi à cette hypothèse, a jugé que le complice subit l'aggravation provenant de la qualité personnelle de l'auteur, si celui-ci est condamné, mais que si l'auteur est acquitté, le complice puni ne la subira plus. Si au contraire la qualité personnelle se trouve chez un auteur, son coauteur n'en subit pas l'aggravation, c'est-à-dire que le coauteur sera moins puni que s'il avait été complice, car le coauteur n'emprunte pas la criminalité d'autrui.

Pour justifier ce second système, Ortolan (1) a dit que les délits, dans lesquels se rencontrent de semblables circonstances personnelles, sont des délits plus criminels en eux-mêmes que les délits correspondants, dans les-

(1) *Code pénal*, n° 1285.

quels ne se rencontrent pas ces circonstances. Assurément celui qui aide un fils à tuer son père fait preuve de plus de perversité, et par conséquent est plus coupable lui-même, que s'il s'associait à un délit analogue mais franc de ces circonstances.

Il y a une part de vérité dans cette opinion, et elle a sur la précédente l'avantage de tenir compte du fait d'association. Cependant elle en tient compte d'une manière incomplète, en n'y attachant plus aucune importance, lorsque les coupables sont tous des coauteurs.

Le Code belge (art. 69) dit que les complices d'un crime seront punis d'une peine inférieure à celle qu'ils encourraient s'ils étaient auteurs. Par suite, au cas de parricide le complice n'encourra que la peine d'un crime simple, car il n'aurait commis qu'un crime simple s'il avait été auteur.

En législation il nous semble que le système préférable serait celui du Code pénal italien (1) d'après lequel, en principe, l'aggravation est personnelle, mais a cependant influence sur tous ceux qui auront connu cette qualité, et si cette qualité a servi à faciliter l'exécution du crime. Cette solution nous paraît très bien

____

(1) Article 65. Les circonstances et les qualités inhérentes à la personne permanente ou accidentelle, à raison desquelles est aggravée la peine à l'égard de l'un de ceux qui ont concouru à l'infraction, si elles ont servi à en faciliter l'exécution sont imputables aussi à ceux qui en ont eu connaissance au moment où ils ont prêté leur concours.

concilier les difficultés de la question en posant le principe de la personnalité, et en le tempérant par la considération de la qualité d'autrui, si elle est connue. Nous verrons plus loin, en effet, quelle importance il faut donner au fait de l'association, quand il s'agit de la complicité, et le système italien a l'avantage de ne pas le négliger et en même temps d'empêcher l'abus des règles d'emprunt de criminalité.

Nous avons ainsi terminé l'examen de la notion classique, en ce qui concerne la punissabilité du complice.

Nous voyons que les critiques dirigées par l'école nouvelle, critiques déclarant la fausseté du principe par suite des conséquences contraires qu'on est obligé d'admettre, sont empreintes d'une grande exagération. Elles ont considéré le système de l'emprunt absolu comme l'unique application possible de l'idée d'unité de délit, sans s'apercevoir que l'unité de délit ne supposait pas l'unité de peine, et qu'il y avait là deux domaines distincts : celui de la faute et celui du châtiment.

CHAPITRE VI

DES MODES DE LA COMPLICITÉ.

Si divers que puissent être les actes de participation
à un crime, la loi se trouve dans la nécessité de distinguer plusieurs modes de coopération. Mais il ne faut
pas exiger ici une classification très détaillée, qui serait de nature à nuire à la clarté de la loi, soit par la
multiplication des définitions, soit par l'appréciation
délicate des nuances qui pourraient les distinguer. Dès
lors, l'œuvre du législateur consistera à poser un certain
nombre de règles, chacune embrassant des modes de
participation analogues, de façon à permettre de placer
dans une catégorie donnée les actes des complices, en
chaque cas concret, et de faciliter ainsi par la précision
la plus grande possible, l'appréciation exacte des rôles
au point de vue de l'application de la loi.

Sur ce point, l'école classique reconnaît trois classes
principales de complices :

Les complices antérieurs à l'exécution du délit ou

provocateurs que nous étudierons dans notre section III.

Les complices par recel (V. Section II).

Les complices par aide et assistance dans lesquels nous comprenons également les cas de complicité prévus par l'article 60-2° : « Ceux qui auront procuré des armes, des instruments ou tout autre moyen qui aura servi à l'action, sachant qu'ils devaient y servir. » Ce sont en effet, comme on l'a dit, des actes de compl'cité par aide et assistance antérieurs au crime.

Les auteurs de l'école nouvelle, ne connaissant plus la complicité, regardent comme auteurs tous ces coopérateurs. Cependant si leurs projets de loi se contentent de poser des règles extrêmement larges, qui tendent à punir tous ceux qui ont participé au délit, de que_que manière que ce soit, il faut remarquer que non seulement les exposés de la doctrine envisagent plus ou moins les divers modes de complicité d'après la classification classique, mais encore que cette division tripartite se retrouve également dans leurs ouvrages. En effet, tous considèrent le recel comme un délit spécial, et en même temps, ils étudient souvent la construction ce la provocation ; ils en font une véritable étude distincte. Nous analyserons séparément ces catégories, en commençant par celle qui nous semble offrir les difficultés les moins grandes.

SECTION I. — **De la complicité par aide et assistance.**

Ce mode de participation n'est pas de nature à nous retenir longtemps, car, lorsqu'on parle de complicité pure et simple, c'est généralement celui que l'on a en vue. Il résulte de là que la plupart des critiques faites par la doctrine de l'Union internationale du droit pénal s'adressent à lui, et qu'en nous efforçant de justifier la notion classique de la complicité, nous avons eu surtout en vue la complicité par aide et assistance. M. Foinitsky déclare, au sujet de cette participation, qu'il ne faut attribuer au complice par aide et assistance que ce qui est réellement le résultat de son acte, c'est-à-dire que les actes objectifs du complice constituent son propre délit et que son intention est limitée à ces actes. Nous avons vu qu'il y avait une erreur à croire à la possibilité de constituer un délit, avec des actes qui n'ont aucune signification en soi.

En ce qui concerne l'intention, nous sommes arrivé à la même conclusion : le complice, en agissant, a la volonté de prendre part au crime de l'auteur principal.

SECTION II. — **De la complicité par recel.**

Le Code pénal français, dans ses articles 61 à 64, considère le recel de choses comme un cas de complicité. Il suit ainsi la théorie de la loi romaine, qui voyait dans le recel la présomption d'une association antérieure. et qui frappait ainsi cette association.

Cependant, en général, la doctrine classique est d'avis contraire. Pour constituer un fait de participation à un crime, il est nécessaire qu'un acte soit antérieur ou concomitant à ce crime. Or le recel est essentiellement postérieur au crime : il a sans doute une relation avec lui, mais c'est un fait nouveau, car on ne peut concevoir la participation à un crime achevé. La relation entre le recéleur et les auteurs du crime consiste en ce que le premier a pour but de tirer profit de ce que les autres ont fait. En réalité, il y a deux séries d'actes objectifs successives. « Un homme, a dit Rossi, puni comme complice d'un meurtre parce qu'il en est informé ! Complice de meurtre parce que, dans sa cupidité, il profite d'un crime qu'il n'est plus en son pouvoir d'empêcher ni de défaire ! La fiction est forte (1) ... » Il n'y a donc pas coopération au crime. L'acte de recel est autre que le délit reproché à l'auteur et aux complices.

Traiter le recéleur de complice, c'est se mettre en contradiction avec le principe classique. Comme l'écrit Ortolan, dans la complicité, il y a unité de délit : « or le délit était terminé, ce sont de nouveaux faits qui se sont produits. Les complices doivent avoir été liés d'une manière quelconque à l'une des phases parcourues par l'action même du délit : ici cette action

______

(1) *Droit pénal*, tome II, Ch. des codélinquants.

avait pris fin ; les nouveaux agents y ayant été étrangers, et le passé étant irrévocablement passé, rien dans les actes postérieurs ne peut faire qu'il en soit autrement ... »

La question sera-t-elle modifiée lorsque le complice a promis par avance son concours? Ici, le lien entre le crime commis, et le fait du recel est beaucoup plus fort. La perspective pour l'auteur d'un vol, de pouvoir facilement retirer un profit pécuniaire des objets soustraits, sera un motif qui l'encouragera à commettre son crime. Aussi pensons-nous que l'on doit tenir compte, dans la punition du recel, de l'importance du premier crime. On ne peut pas dire évidemment qu'il y a là un véritable cas de complicité, mais cependant il faut remarquer que dans cette hypothèse le recel semble continuer le crime ; nous trouvons les éléments de délits distincts : actes objectifs différents, ayant chacun de leur côté une signification pénale différente, et intentions différentes : le voleur soustrait un objet pour le vendre, le recéleur le lui achète, à vil prix généralement, connaissant cette provenance délictueuse, pour le revendre à bénéfice. Dans les deux cas, il y a espérance de gains illicites sur le même objet mais ces gains sont obtenus de façon différente. Le recéleur veut se le procurer par une sorte d'acte de spéculation, et son crime consiste à acheter un objet volé avec intention de profiter de la soustraction commise, c'est-à-dire d'un acte illicite antérieur et achevé. Le crime du voleur, c'est la soustraction avec l'intention de prendre cet objet. Mais, entre ces deux actes, il existe, dans notre hypothèse, une relation créée par la convention, d'après laquelle le recéleur a promis au voleur, avant le vol, de lui acheter les objets soustraits.

Cette différence entre le recel promis d'avance, et le recel pur et simple, se traduira par une modification de la peine dans l'un et l'autre cas. On fixerait, par exemple, une peine pour le recel ordinaire, comme pour tout autre délit indépendant. Si, au contraire, il y a eu accord préalable, on tiendrait compte de cet accord en modifiant la peine applicable au recéleur suivant la peine infligée à l'auteur du crime antérieur. C'est ce qu'on exprime souvent en disant, qu'en ce cas, il y a complicité spéciale.

Cette théorie est en vigueur dans certaines législations étrangères actuelles. En Allemagne, d'après les articles 257 et suivants, le recéleur est qualifié de « complice par assistance subséquente » s'il a prêté assistance dans son propre intérêt; sa peine, qui ne dépasse jamais un an de prison, ne peut être plus forte que celle de l'auteur. Quand il a promis son concours d'avance, il devient « complice par assistance », et sa peine n'est plus fixe : elle varie suivant le crime de l'auteur. Bien que ne posant pas une distinction suffisante entre la complicité et le recel, cette législation arrive au même résultat. Citons encore les lois belge (art. 505) et italienne (art. 421), qui appliquent les mêmes principes.

Quant aux circonstances, elles devraient évidemment influer sur la peine au cas de recel promis d'avance, si elles ont été connues du recéleur.

Ainsi, sur ce point, les critiques de l'école nouvelle sont les mêmes que celles qui ont été faites, depuis longtemps déjà, par les auteurs classiques. Il y aurait un autre avantage à suivre ce système : avec les facilités de communication, il arrive journellement que les produits d'un vol commis dans un pays sont expédiés à l'étranger, chez des recéleurs spéciaux. C'est ce qu'on appelle le recel international. Le recel, n'étant qu'un fait de complicité, ne sera punissable en France que si le fait principal l'est également, et comme, d'après l'article 7 du Code d'instruction criminelle, les tribunaux français ne sont compétents que pour les crimes commis sur le territoire national, il s'ensuit de là que les recéleurs de vols commis à l'étranger, jouissent d'une impunité presque absolue. La seule mesure que l'on puisse diriger contre eux, c'est de demander leur extradition, ce qui est subordonné à la condition que le voleur soit lui-même un étranger. En faisant du recel un délit, distinct, il suffirait, pour frapper le recéleur, de connaître la provenance des objets qui se trouvent en sa possession ; la répression de ces faits sera ainsi facilitée.

Jusqu'ici nous n'avons eu en vue que le « recel de choses ». Il existe une autre variété de recel qu'on appelle le «recel de personnes ». L'article 61 du Code pénal français punit comme complices « ceux qui, connaissant la conduite habituelle des malfaiteurs,.. leur fournissent habituellement logement, lieu de retraite ou de réunion ». Dans cette disposition, il faut remarquer que ce n'est pas le recèlement, mais l'habitude de recéler qui constitue la complicité. Mais il semble en outre résulter des termes de l'article 61, que le Code pénal ne fait du recel un cas de complicité, que s'il est concomitant au crime principal. L'article 248 en effet, punit ceux qui auront recélé des personnes qu'ils savaient *avoir commis* des crimes. Dès lors, puisque la question se restreint au cas de recel actuel, nous dirons qu'il y a lieu de suivre ici les mêmes règles que pour le recel de choses, — c'est-à-dire que la peine du recel variera avec le crime commis par la personne recélée.

Au recel, nous adjoindrons un mode de complicité, que la plupart des législations actuelles négligent. C'est la non-dénonciation faite du crime par une personne, qui en a eu connaissance. Les anciens jurisconsultes ont beaucoup discuté à ce sujet. Aujourd'hui tout le monde admet qu'en soi un tel acte n'est pas un fait de complicité, car il est étranger à la résolution et à l'exécution du crime. L'auteur de cet acte peut être considéré comme ayant manqué à un grave devoir (1), mais

---

(1) Cette opinion n'est pas très ancienne, et le législateur de 1832 en abolissant la peine pour certains cas de non-dénonciation (Voy. art. 103 à 107, C. pén.), considérait qu'il y avait un véritable devoir moral à ne pas dénoncer un crime commis. Voy. en ce sens, Chauveau Adolphe et Faustin Hélie, *op. cit.*

il ne s'ensuit pas de là qu'il approuve l'acte commis, et qu'il soit d'une criminalité égale à celle du coupable. Cependant, au cas où le silence a été acheté d'avance, peut-être pourrait-on incriminer l'auteur de l'abstention ; dans les autres cas cela paraît bien difficile. Il en serait autrement au cas où le crime n'est pas encore commis, et où on sait qu'il doit avoir lieu. La personne ainsi informée n'assume-t-elle pas une grave responsabilité, en ne dénonçant pas ce crime possible ?

La nouvelle école, blâmant la dépendance du recel dans la théorie classique, déclare qu'il serait logique, dans cette dernière théorie, de faire de la non-dénonciation un cas de complicité. Nous avons vu, que déclarer le recel une participation à la complicité, était, à notre avis, une erreur ; quant à la non-dénonciation, nous croyons que le rapprochement fait par la nouvelle école n'est admissible que relativement au temps de l'acte. En d'autres termes la non-dénonciation, comme le recel, est postérieure au délit. Mais alors que, dans le recel, nous nous trouvons en face d'un agent accomplissant un acte positif, soit qu'il consente à acheter les objets vendus, soit qu'il dissimule les personnes coupables, il n'en est pas toujours ainsi de la non-dénonciation ; ce n'est qu'un acte d'abstention. La notion des deux actions est loin d'être la même, l'une est positive, l'autre négative.

SECTION III. — **De la complicité par provocation.**

Lorsqu'on examine la théorie de l'Union internationale, on s'aperçoit que c'est surtout ce mode de complicité qui fait l'objet des critiques, et il semblerait que les formules qui ont été proposées par les partisans de cette doctrine, ne leur ont pas paru satisfaisantes. C'est du moins l'impression qui se dégage de la lecture du compte rendu du congrès de Linz (1).

Malgré notre intention de ne pas aborder les questions générales du droit pénal, nous devons dire quelques mots des opinions doctrinales sur la liberté, parce que c'est en se fondant sur les théories du libre arbitre que l'école nouvelle a attaqué la construction classique de la complicité par provocation.

Le droit pénal étant une science morale, il nous paraît dangereux de déclarer qu'il faut laisser de côté une question aussi importante que celle du libre arbitre La plupart des hommes croient à leur liberté, et puisqu'en fait cette croyance existe, il est grave, à notre avis, de chercher à la détruire, en fournissant au criminel l'excuse du déterminisme. N'est-ce pas l'encourager à céder à toutes les tentations ? D'ailleurs cette négation est illogique si l'on ajoute qu'il ne faut rien décider sur ce point . Pourquoi supprimer ainsi un motif qui est de

(1) Dans le *Bulletin de l'Union internationale du droit pénal*, année 1895.

nature à faire hésiter beaucoup de délinquants,chez qui la conscience morale n'a pas encore disparu?Sans doute, une science positive ne doit s'appuyer que sur des faits absolument certains, mais quand elle rencontre des croyances aussi générales, aussi fermement enracinées, elle est obligée d'en tenir compte.

L'école nouvelle, en niant la liberté d'une façon aussi catégorique, encourt donc un double reproche :

Elle nie, contrairement à la méthode positive, un fait qui est dans le domaine de l'incognoscible, c'est-à-dire qu'elle affirme une proposition pour laquelle les faits ne nous présentent aucune base certaine.

Elle ne tient pas compte d'une croyance, sinon admise par tous, au moins acceptée en pratique par tous, car les hommes se conduisent comme s'ils étaient libres, et croyaient à leur propre liberté.

Nous comprenons d'autant moins l'assertion dont nous parlons, que les auteurs qui l'ont produite admettent la responsabilité individuelle. « Toute force qui n'est pas libre, dit Ortolan, ne saurait être cause première... Il n'y a qu'une force libre qui puisse être cause efficiente. La première condition de l'imputabilité, c'est la liberté. Si l'on regarde l'homme comme déterminé, ce n'est pas de responsabilité qu'il y a lieu de parler mais de causalité. Il sera un anneau dans la chaîne des causes qui aboutit à l'effet criminel.

M. Getz demande si, lorsqu'on élève la minorité pénale, l'enfant responsable hier, irresponsable aujourd'hui, était plus libre hier qu'aujourd'hui ? Dans ces termes, la question n'est guère résoluble. Mais allons au fond des choses. La loi, en fixant un âge à partir duquel elle peut demander à quelqu'un compte de ses actes, a-t-elle en vue de déterminer l'âge de la liberté de cette personne ? Evidemment non, ce n'est pas uniquement sur la liberté qu'elle se fonde pour établir la minorité. Elle présume que dans la plupart des cas, avant seize ans, par exemple, l'enfant ne saura pas les conséquences des faits qu'il commet ; mais d'une part, en posant la question de discernement, elle admet, en quelque sorte, la preuve contraire, et d'un autre côté, elle ne nie pas qu'il soit libre avant cet âge. Si la responsabilité suppose la liberté, elle exige en même temps d'autres conditions, entre autres la connaissance, la distinction du bien et du mal. Il n'y a pas seulement un acte de volonté, il y a en même temps un acte de l'intelligence.

Arrivons maintenant à la provocation.

L'article 60 du Code pénal français déclare qu'il y a provocation quand le complice « aura par dons, promesses, menaces, abus d'autorité ou de pouvoir, machinations ou artifices coupables, provoqué à l'action ou donné des instructions pour la commettre ». Cette définition, ou plutôt cette énumération est assez complète. Le principe qu'elle contient a été l'objet de vives attaques de la part de quelques jurisconsultes classiques, notamment de Rossi (1). Cet auteur admet, avec la no-

____

(1) *Traité du Droit pénal*, tome II, Chapitre Des Codélinquants.

tion classique, le système de l'emprunt relatif de criminalité, c'est-à-dire qu'il frappe le complice d'une peine
inférieure à celle de l'auteur principal. Mais, dit-il, il
est impossible de .considérer l'instigateur comme un
complice. Il y aurait là une injustice dont abuserait
tout homme influent. Dans bien des cas, l'auteur du
projet criminel est aussi coupable que l'exécuteur de
l'acte matériel, peut-être même l'est-il davantage. On
objecte que le crime n'aurait pas lieu sans cet auteur
matériel. Mais cette exécution sera-t-elle la cause du
crime ? et d'ailleurs l'auteur matériel ne reste pas
impuni.

Cette opinion ne nous paraît pas acceptable. On peut,
en certains cas, considérer la provocation comme un
délit distinct. C'est ce qui arrive lorsque l'on punit les
complots ou même quelquefois la proposition de commettre un crime ; il y a ici des faits, qui sont très graves en eux-mêmes, qui ont donné lieu à des faits objectifs
absolument certains et surtout qui sont indépendants
au point de vue pénal, de sorte que leur côté objectif est
appréciable. Au contraire, lorsqu'un crime est commis,
si l'on dit: il y a deux auteurs, l'un matériel, l'autre moral, on ne peut empêcher que la participation du second
ne soit la condition de la faute du premier. La punissabilité du provocateur est subordonnée à un événement postérieur. Il est impossible de maintenir à la
fois la dépendance de ces deux actes, et de consacrer
leur égalité vis-à-vis du résultat. Des deux éléments

du délit, la provocation ne supposant en principe que
l'élément intentionnel est forcément accessoire à un
autre fait (1)

La provocation est donc un cas de complicité, c'est,
comme on l'a dit quelquefois, la participation morale au
délit, par opposition avec la complicité par aide et assistance, qu'on nomme la participation matérielle. Le
provocateur est donc responsable du crime de l'auteur
principal. D'après l'école nouvelle, cette construction
est complètement illogique. En effet, dit M. von Liszt (2),
l'école classique admet la liberté ; elle devrait donc déclarer que l'auteur principal s'est déterminé seul, l'influence
du provocateur ne doit pas exister. Par suite, pourquoi
punir le provocateur, puisqu'il n'y a pas rapport de cause
à effet entre son acte et le crime ? Il y a, dans le système classique, une contradiction manifeste.

La causalité ne joue de rôle, en droit pénal, qu'au
point de vue objectif. On ne punit un homme que si par
ses actes il a causé un crime. Le complice par aide et

(1) Il résulte donc de ceci que la provocation est un fait nten-
tionnel. Or certaines législations punissent la provocation marquée;
cependant, pourrait-on nous objecter, nous avons dit que le crime
comportait toujours des faits objectifs, que la simple intention n'é-
tait pas punissable. Il faut remarquer, répondrons-nous, que la provocation c'est la manifestation d'une intention : il y a donc plus
qu'un acte purement subjectif, mais ce n'est pas non plus un acte
ordinaire d'exécution ; aussi la loi punit-elle ce fait de peine spéciale.
En tous cas, ceci ne s'applique pas à la provocation suivie de résultat à cause du lien, qui existe, par cela même qu'elle a abouti,
entre le fait objectif de l'un et le fait intentionnel de l'autre.

(2) *Lehrbuch des deutschen Strafrechts*, p. 193.

assistance est également soumis à la causalité, car son acte, s'il est moins important que celui de l'auteur a, aussi contribué à l'établissement du crime. Si l'on veut, il n'est pas cause efficiente, il est cause secondaire. De même que pour l'auteur, il n'est pas nécessaire que les actes accomplis soient utiles pour le résultat, il suffit qu'ils témoignent de l'intention irrévocable de rechercher ce résultat ; c'est-à-dire que les actes des complices sont utiles pour le délit, s'il est prouvé de façon certaine qu'ils voulaient y contribuer.

Mais le provocateur, comme nous l'avons dit, ne commet pas d'acte objectif. Seul, l'élément intentionnel existe chez lui ; il ne sera donc pas une cause matérielle du délit.

Cependant, il faut remarquer qu'il a suggéré l'idée du délit à l'auteur principal ; sans lui, il est très possible que la résolution de commettre le délit n'ait jamais été prise, et, en ce sens, il est absolument exact de dire qu'il est cause, cause morale si l'on veut, du crime. S'ensuit-il de là qu'on doive nier la liberté ? Ce serait là une assertion bien absolue, car puisque, suivant l'expression de M. Getz, tout le monde admet l'influence des motifs sur la volonté, ceux que le provocateur présente au provoqué ont forcément contribué à la détermination prise par celui-ci : l'habileté du provocateur consistera à présenter ceux qu'il sait les plus propres à amener chez le provoqué la résolution qu'il espère. Mais il n'y a là rien de nécessité, et il peut arriver que le provocateur échoue. Sa part dans le crime consiste donc à avoir fourni l'idée première de ce crime ; il ne faut pas d'ailleurs considérer comme provocation la simple émission d'une idée. C'est un acte laissant trop peu de traces, et ne supposant pas chez son auteur une intention suffisante. Aussi la loi, au lieu de se contenter du simple terme de provocation, a-t-elle eu soin de montrer par des exemples, quels actes elle comprenait sous ce mode de complicité.

Quant à l'auteur matériel, le fait qu'il n'a pas conçu l'idée du délit, n'a, à notre avis, aucune importance. En matière pénale, on ne recherche pas l'origine de l'idée du crime pour punir le criminel. Le point essentiel c'est qu'il a adopté cette opinion, il l'a mise à exécution, il réunit les deux éléments, intentionnel et matériel, du crime.

L'école nouvelle relève au sujet de la provocation une seconde contradiction : lorsque pour une cause ou pour une autre l'auteur matériel est irresponsable, il n'y a pas de crime ; l'instigateur, dit-elle, ne devrait pas être poursuivi.

La doctrine allemande échappe à cette critique. Pour elle, en effet, l'instigateur n'est pas un complice, mais un auteur médiat (mittelbare Urheber). Il y a là une application de la doctrine, réfutée ci-dessus, de Rossi. Dans l'hypothèse actuelle, l'instigateur étant un auteur, supportera la peine comme tel, car d'auteur à auteur il n'y a pas de lien de dépendance. Nous avons montré l'insuffisance de cette théorie. Pour répondre à la seconde critique de l'Union, nous dirons : lorsque l'auteur matériel est en état de démence, par exemple, il a causé un fait criminel, mais il est exempt de peine. Le complice emprunte la criminalité du fait principal. Or celui-ci ne cesse pas d'exister parce que l'auteur n'est pas punissable, il ne devient pas un fait indifférent. Il en serait autrement si au lieu d'un fait de non-culpabilité, nous nous trouvions en face d'un fait justificatif, tel que la légitime défense. Ici, la criminalité du fait lui-même disparaît. Au contraire, dans notre hypothèse, c'est la criminalité de l'auteur matériel seul qui disparaît, celle du fait subsiste et par suite celle du complice (1).

La provocation a fourni matière à la plus grande partie de la discussion du Congrès de Linz. Déjà avant 1895, on avait établi des formules à son sujet. M. Foinitsky, dans son étude de 1892 en avait donné une, mais il ne nous semble pas qu'elle ait eu une grande influence, à cause de son manque de précision. M. von Liszt a aussi critiqué la construction classique, ce sont MM. Getz et Nicoladoni, qui ont surtout présenté les tendances actuelles de la nouvelle doctrine.

D'après M. Getz, la provocation est la cause du crime.

____

(1) La jurisprudence exprime la même idée sous une autre forme, en disant qu'il y a là une exception personnelle à l'auteur du fait principal déclaré constant, qui ne saurait empêcher la condamnation du complice. Voy. Cass., 28 novembre 1845, D. 46, 4, 94 ; 23 janvier 1873 ; D. 74, 5, 128.

La complicité n'existant plus, tous ceux qui font acte de coopération sont des auteurs, tous ces auteurs ont causé le crime. Le provocateur est l'une de ces causes, dont l'action est l'effet : celui qui provoque au meurtre sera un meurtrier, comme celui qui exécute matériellement ce meurtre.

Cette formule a l'inconvénient, au point de vue de la nouvelle école, de reproduire précisément une des règles de l'école classique La provocation, étant une cause, est subordonnée à l'arrivée du résultat ; dans l'hypothèse ci-dessus, si le meurtre n'a pas lieu, la provocation, la cause reste suspendue. Nous nous voyons forcés de réunir des actions qui devraient constituer des crimes distincts ; nous nous préoccupons d'un fait principal. Il est essentiel en effet, pour dire qu'une personne a causé un meurtre par sa provocation, que nous sachions que le meurtre a eu lieu (1). Constatons, en outre, que s'il y a une lacune dans la doctrine classique lorsqu'on ne punit pas la provocation manquée, c'est-à-dire la tentative de complicité, cette lacune existera également d'après la formule de M. Getz.

En soi, la formule ci-dessus est exacte ; évidemment le provocateur est cause du meurtre, mais on peut se demander dans quelle mesure ? Il est bien vague de poser ainsi une appréciation ; ce qui nous semble encore moins admissible, c'est qu'après avoir ainsi rattaché la

(1) M. le Poittevin à son cours.

provocation au fait, on déclare que c'est un délit distinct : il y a là deux idées incompatibles. La conséquence de cette théorie de la provocation serait de regarder le provocateur comme aussi coupable que l'auteur matériel, et telle est bien en effet l'opinion de M. Getz. Il est remarquable que l'on arrive ainsi à une conclusion semblable à celle de Rossi ! Comme ce dernier, on oublie le rôle uniquement intentionnel du provocateur. S'il peut arriver qu'il soit aussi coupable que l'auteur, cela n'est pas une règle absolue. Avec la construction que nous avons faite de la complicité, on pourra punir le provocateur suivant des limites plus larges, c'est-à-dire plus équitables.

Passons à la formule présentée par M. Nicoladoni. Pour lui, la provocation est un délit *sui generis*. Il faut le considérer en lui-même, quel que soit le résultat.

Cette thèse nous semble beaucoup plus conforme aux théories nouvelles que celle de M. Getz. La dépendance vis-à-vis du fait principal, est absolument supprimée. Mais comment apprécier ce délit distinct ? Les faits objectifs donneront-ils une certitude suffisante pour frapper le coupable ? M. Nicoladoni le punit de la peine du délit auquel il a voulu provoquer. Ceci ressemble beaucoup aux menaces dont parle l'article 305 de notre Code, le trouble causé par ces faits est à peu près le même, et, dans les deux cas, on a en vue un fait purement intentionnel. Mais le législateur français n'a pas considéré que le trouble causé était équivalent au délit qu'avait en vue l'auteur : il a puni les menaces d'une peine très inférieure à celle du délit lui-même, et il a eu soin d'en bien préciser les conditions. Au contraire, dans le rapport de M. Nicoladoni, il nous semble qu'il y a une véritable disproportion entre la faute et le châtiment, car il n'y a pas eu de résultat. Nous revenons toujours à cette idée de la réalisation de la provocation ; c'est seulement en ce cas, en effet, qu'on peut trouver une véritable valeur pénale au fait de la provocation. Qu'est-ce qu'une idée qui ne se manifeste pas à l'extérieur ? Au point de vue social, c'est comme si elle n'existait pas. Le législateur peut parfois en craindre les suites et s'efforcer d'empêcher, non pas sa production, mais sa communication de la part de celui qui l'a conçue. La sanction qu'il élévera ne devra pas atteindre celle qui frapperait le coupable, si la cause avait produit un effet. Ce n'est que dans l'intérêt social que ces faits sont dangereux ; en soi, ils n'ont qu'une valeur pénale très faible.

Comme nous l'avons vu, la théorie de M. Nicoladoni n'a pas eu de succès au Congrès de Linz. Nous croyons que l'un des motifs de cette défaveur est que l'auteur admet qu'il peut y avoir participation à la provocation ; ce serait retomber dans toutes les difficultés que l'on a voulu éviter et prouver que le caractère accessoire de la provocation est conservé. Bien que moins conforme peut-être aux théories modernes, la formule de M. Getz a réuni tous les suffrages. Il semble d'ailleurs que l'on n'ait vu en elle que la distinction possible d'avec le délit, et non la dépendance, qu'à notre avis, cette même formule suppose.

La question antérieure de la provocation n'est en rien modifiée, et par suite, elle reste un mode de complicité accessoire, subordonné à l'exécution d'un fait matériel. Elle n'est susceptible de devenir un délit distinct que sous certaines conditions, soit de publicité (par exemple dans les cas de provocation par la voie de la presse ou dans les réunions publiques : le nombre des personnes auxquelles elle s'adresse, en même temps qu'il assure une certitude plus grande au fait, constitue un danger social plus grave en assurant l'exécution probable de ce fait), soit d'indépendance, en ce sens que dès qu'elle est reliée à un résultat quelconque, il est impossible de l'envisager isolément.

La plupart des codes punissent le provocateur de la même peine que l'auteur, ou même le regardent comme auteur.

Nous avons examiné cette dernière opinion. Quant à la punition du provocateur, étant donné qu'il est cause première du crime, que l'idée qu'il a émise a obtenu un résultat par l'exécution, on pourrait maintenir cette assimilation, et cette solution s'impose quand le provocateur maintient l'auteur sous son autorité. C'est, par exemple, un maître qui ordonne à son domestique de commettre tel crime. Si le provoqué a exécuté le crime, il y a lieu de tenir compte de l'importance du motif qui a contribué à l'y décider. Il en es: de même de tous les cas où l''influence psychique de l'instigateur sur l'auteur est évidente, la liberté de celui-ci n'est plus entière. Le principe de l'assimilation de peine sera donc la règle au cas de complicité par provocation.

CHAPITRE VII

Section I. L'association et la doctrine nouvelle. — Section II.
Des projets inspirés par la doctrine nouvelle.

SECTION I. — L'association et la doctrine nouvelle.

Nous avons considéré successivement les principales règles de la théorie de l'Union internationale du droit pénal, en les comparant avec celles qu'a posées l'école classique. Pour compléter notre étude, il est nécessaire d'envisager, d'une façon générale, la complicité.

Le premier caractère qui se dégage de cette considération, c'est la complexité du phénomène de la complicité. Les actes qui le composent se présentent à nous comme un seul fait, et ce n'est que par une analyse indispensable qu'on parvient à distinguer les différentes sortes de coopération. Mais, en faisant cette analyse, il ne faut pas oublier que les éléments que l'on parvient ainsi à isoler les uns des autres, perdent dans cette séparation une partie de leur valeur, c'est-à-dire que si l'on ne peut les considérer qu'un à un, il faut en exami-

nant chacun, se rappeler qu'il est relié d'une façon très
intime à d'autres actes criminels, et apprécier son importance non seulement en lui-même, au point de vue
pénal, mais aussi par rapport aux autres actes avec lesquels il s'est produit. Chacun des actes a une valeur
comme acte isolé, et en a également une, qui peut être
différente, comme partie d'un ensemble.

Ceci a lieu dès qu'il s'agit d'un cas de complicité, et
quelle que soit la notion que l'on conçoive de ce mode
du crime. Dans toutes les opinions, le mot de complicité signifie, avant tout, pluralité d'agents. Ces
agents se sont réunis pour commettre des actes criminels ; il y a eu la plupart du temps une convention préalable, ou, si elle n'existe pas, si les coparticipants ont
agi sous l'empire d'une inspiration subite, dans l'exécution de leurs actes ils se préoccupent de favoriser par
leur activité celle de leurs compagnons.

Dans la notion classique, il est facile de tenir compte
de l'existence de cette association ; puisque l'ensemble
des faits constitue un délit unique, il y a eu unité d'action, en ce sens que tous les agents ont fourni leurs
efforts dans la même direction. En les appréciant on
part du délit tel que tous ces efforts l'ont constitué, et
on remonte aux participations diverses ; il est impossible de perdre de vue le point de départ, et avant
tout, on a la notion très nette d'un acte partie d'un tout.
L'abstraction de cet acte, son étude en soi, ne sont
admissibles que lorsque, dans la réalité, l'acte criminel

n'a pas eu de relation avec le délit, lorsqu'il a constitué un délit distinct. En ce cas la méthode change, on l'étudie comme délit et ce n'est qu'ensuite qu'il y a lieu de voir quels rapports ce délit a eus avec un autre délit.

Le point de départ de la nouvelle école est totalement différent. Dire en effet que chacun des coparticipants a commis un délit distinct, n'est-ce pas poser en principe, que l'étude de ce délit est la considération primordiale dont on doit s'occuper ? Or il ne faut pas oublier le fait de l'association qui, indépendamment de sa valeur sociale, a une signification pénale ; on ne peut voir la simple juxtaposition de deux fautes particulières dans l'existence d'un concert destiné à commettre un ou plusieurs faits, et dans l'exécution de ces faits conformément à ce qui a été résolu. Nous croyons que c'est dénaturer la réalité des choses.

Prenons un exemple, fourni par M. Getz lui-même. Une personne est malade. Primus voulant la mort de cette personne dépose auprès d'elle un flacon contenant un poison, avec l'espérance que le malade absorbera le contenu de ce flacon. Il y a dans ce fait un acte criminel (1). Cet acte criminel sera le même si, auprès du

(1) Nous n'admettons cette affirmation qu'à condition que le fait du complice constitue au moins une tentative d'empoisonnement. Le fait de placer à portée d'une personne une bouteille de poison peut, en effet, ne pas être un acte punissable : il faut, pour qu'il le devienne, certaines circonstances qui rendront plus précis le caractère de l'acte. M. Getz n'a d'ailleurs pas insisté sur ce point, car il a considéré surtout le côté subjectif du crime.

malade, se trouve une tierce personne chargée de le garder et si Primus espère que ce sera cette tierce personne qui commettra l'erreur. Mais si Primus parvient à décider la garde-malade à administrer sciemment le poison, tout change : Primus devient complice, la garde étant l'auteur principal du crime d'empoisonnement. Cette modification, conclut M. Getz, n'est pas juste, puisque Primus accomplit le même acte, avec la même résolution. Pourquoi le déclarer moins coupable ?

A cette question, nous répondrons que, dans la dernière hypothèse, le crime a été modifié : les actes objectifs ne sont plus les mêmes ; en acceptant d'administrer elle-même le poison, la garde-malade a contribué à augmenter la possibilité du crime ; Primus dans la première hypothèse, s'était vu forcé à laisser une très grande part au hasard ; l'adhésion de la garde a fait disparaître ceci.

Or cette adhésion, outre cette modification, fait entrer dans le crime une personne, jusqu'alors étrangère, qui accomplit les actes d'exécution de ce crime. Au premier cas, en déposant le poison sur la table, Primus a tenté un crime ; au second, en remettant à la garde-malade le poison, il n'a accompli qu'un acte préparatoire, non punissable en lui-même. Au point de vue objectif il devient donc en réalité un complice. On ne peut dire en effet que remettre à une personne le poison, soit un acte tendant immédiatement et indirectement à l'accomplissement du crime. Cet acte a pour objet de faciliter l'accomplissement de la pensée criminelle, mais il précède l'exécution même du crime : il ne le commence pas, il ne manifeste qu'un projet. Le crime commence avec la mise du poison à la disposition de la victime. Il n'y a donc pas eu même acte, dans les deux cas.

Mais l'exemple cité par M. Getz, outre les appréciations spéciales qu'il comporte, donne lieu à une critique d'une portée beaucoup plus grande ; quand il dit : Primus a commis le même acte, il fait une autre erreur car il néglige cet élément : l'association entre Primus et la garde-malade. En matière civile, nous dirions qu'il y a un contrat entre eux. Au premier cas, Primus n'avait communiqué son intention à personne ; au second, il a voulu s'assurer le succès et, par la corruption, il a rendu plus certain le but qu'il poursuivait. Il y a eu modification de sa propre volonté, non pas en tant qu'elle tendait au crime, mais en ce qui concerne les moyens d'arriver à ce crime. Au lieu de se contenter de mettre en jeu des circonstances plus ou mois naturelles, il est entré en connivence avec une autre personne ; c'est donc faire une analyse inexacte au point de vue subjectif, que de regarder l'acte comme exactement identique dans les deux hypothèses.

D'ailleurs cette critique ne s'adresse pas seulement à l'exemple cité plus haut. C'est à notre avis une grande faute de la part de l'école nouvelle d'avoir séparé les délits, c'est-à-dire de considérer le fait de l'association comme non existant ou comme d'une importance moindre. Nous venons de voir que cette association, ce concert, exerce son influence sur les actes objectifs, comme elle crée entre eux une véritable dépendance ; en les examinant isolément, il est difficile de reconstituer les faits tels qu'ils se sont passés réellement, on les dénature. En pratique, il y a une subordination réciproque des actes de chacun des coparticipants, qui modifiera son acte, suivant les circonstances, de manière à le rendre aussi utile que possible et à ne pas en faire un obstacle pour ses compagnons. Il y a une concordance voulue entre eux. L'école nouvelle se trouve forcément amenée à négliger ce côté du délit. De plus, au point de vue subjectif, on ne peut admettre que le fait de s'associer à une ou plusieurs personnes, n'exerce pas une influence sur la faute intentionnelle. Il prouve, en tous cas, l'irrévocabilité de la volonté coupable, et, ne serait-ce que comme constatation, cette considération a une certaine valeur. Il est singulier que l'école nouvelle, qui donne tant d'importance à la faute subjective, ait ainsi négligé un de ses éléments les plus certains et les plus graves.

Il semble cependant que plusieurs formules de la nouvelle école ne maintiennent pas d'une façon aussi stricte la séparation entre les participations. Quand M. von Liszt dit : celui qui a posé la condition d'un résultat est responsable de ce résultat, cette affirmation n'est peut-être pas si éloignée de la doctrine classique qu'on serait

fondé de le croire. En soi, elle ne signifie rien autre que
la culpabilité égale de tous les coparticipants, ou plutôt
la causalité de leurs actes vis-à-vis du résultat, mais sous
cette forme, même au point de vue ancien, elle nous paraît trop absolue. Il y a dans le crime des actes de participation, qui ne sont pas des actes essentiels, des conditions de ce crime. Le complice qui fait le guet pendant
que l'auteur principal opère un vol à l'intérieur d'une
habitation, facilite le vol, mais cette coopération est-elle
la condition du vol? Il est permis d'en douter (1). L'acte
qu'il a fait doit-il rester impuni ? Personne ne l'admet,
mais nous ne voyons pas comment on peut le qualifier
au point de vue de la doctrine nouvelle. Il est évident
que l'on ne pourra retenir comme auteur d'un délit
que celui qui l'a causé. Or la complicité supposant des
faits secondaires, dont les rapports avec un fait principal sont incontestables, on ne peut punir ces actes, si
on ne regarde comme seuls criminels que les actes, causes de ce résultat, et non ceux qui ne sont que des participations à ces causes premières. La causalité médiate
est, si on la considère en soi, si on fait abstraction de ses
rapports avec des faits de causalité immédiate, insuffisante à former une incrimination.

Même, d'ailleurs, pour certains des actes qui ont par
eux-mêmes une valeur criminelle, on pourra se trouver
fort embarrassé pour les poursuivre, étant donné que

(1) M. Le Poittevin à son cours.

l'acte principal visé par la loi, diffère de celui qu'a commis, au point de vue de l'école nouvelle, l'inculpé. On a dit : chacun sera poursuivi pour le crime qu'il a voulu commettre. C'est là une base d'appréciation bien peu précise, parce que le fait qu'a voulu commettre le criminel peut ne constituer qu'un acte indifférent aux yeux de la loi (v. p. 85), qu'on arriverait ainsi à punir la seule faute subjective, c'est-à-dire qu'on risque d'aboutir à l'incertitude et à l'arbitraire.

Sans doute, l'école nouvelle présente une grande simplification dans les notions de complicité, mais c'est au détriment d'une règle essentielle, qu'on n'aurait pas dû méconnaître. Nous avons admis qu'on peut, à condition de ne pas dépasser certaines limites, tenir compte des idées d'individualisation de la peine, mais comparons les résultats de l'école italienne avec ceux de l'école nouvelle. Certes, on ne peut dire que les auteurs italiens aient négligé le côté anthropologique; cependant ils ne lui ont pas accordé une importance exclusive. Dès la première édition de son livre, Lombroso écrivait : « Les associations illicites sont un des phénomènes les plus importants du triste monde du crime, d'abord parce qu'on voit se vérifier dans le mal la grande puissance que donne l'association, en second lieu parce que la réunion de ces âmes perverses engendre un véritable ferment malfaisant... » Nous trouverions des idées analogues dans Ferri, dans Sighele, à tel point que l'on pourrait dire qu'ils ont été frappés surtout du côté association de la complicité et qu'ils ont cherché à le punir spécialement, en faisant de la complicité une circonstance aggravante.

Sans prendre parti sur cette dernière question, nous nous bornons à constater que l'association n'est pas prévue, directement au moins, dans la nouvelle doctrine, et c'est incontestablement une exagération du point de vue individualiste, car il est impossible et contraire à l'entité des faits d'examiner d'abord l'acte commis par un coupable, puis ensuite de tenir compte du rôle joué par celui-ci dans une association.

M. von Liszt (1) a déclaré que la politique criminelle, tout en s'appuyant sur la sociologie criminelle, est plus que la sociologie et qu'elle entend combattre le crime dans ses racines biologiques, dans la personne du criminel, dans les mobiles individuels qui l'ont conduit au crime, c'est-à-dire que l'élément essentiel sera le caractère intime de l'agent. C'est là une opinion beaucoup trop exclusive. Les faits extérieurs ont bien aussi leur importance et l'association, outre son caractère sociologique que l'on semble négliger, est un de ceux-là.

Au point de vue théorique, dirons-nous, les doctrines de l'école nouvelle présentent le grand avantage d'une simplification des règles de la complicité : tout le monde est auteur. Mais, lorsque l'on veut étudier de plus près les formules proposées, nous voyons que l'on

(1) *Bull. de l'Un. int.*, année 1894.

aboutit à de véritables impossibilités et qu'il est permis
de se demander, si la formule modèle de la complicité
délits distincts est trouvée.

SECTION II. — **Les projets inspirés par la nouvelle doctrine.**

Il nous reste, en ce qui concerne l'examen de la nouvelle doctrine, à étudier l'application de ses théories,
c'est-à-dire les projets de Codes pénaux dont nous avons
déjà parlé. Auparavant, nous devons faire une remarque, c'est qu'il s'en faut de beaucoup que ces projets
présentent un caractère aussi net que les théories qui
en forment les considérations préliminaires. Il semblerait qu'on s'est contenté de poser en principe l'absence de toute définition de la complicité, en disant d'une
manière générale, que tous ceux qui ont pris part à ce
même fait sont coupables de ce fait. C'est là une règle
très large, pouvant par son extension possible prêter à
bien des critiques. Pour le reste, on retrouve la même
extension dans les décisions spéciales.

L'avant-projet suisse, outre la suppression des anciennes distinctions, consacre une tendance que beaucoup d'auteurs modernes ont condamnée. En effet, le
principe romain de l'emprunt absolu de criminalité est
remis de nouveau en honneur (1). On considère qu'il

(1) M. Mintz écrit à ce sujet (*op.cit.*): « Il semble à von Lisz que c'est
un idéal digne de nombreux efforts que de faire flotter devant les

n'y a plus de complices dans la participation à un crime, n'est-ce pas dire que tous les coparticipants étant auteurs, et par suite qu'ils seront tous soumis au maximum de la peine établie pour le fait ? En lisant le nouvel article 13 du projet suisse, nous verrons que l'abaissement n'est qu'une faculté ; en d'autres termes, l'assistant est puni de la même peine que l'auteur (Thaeter). Quant à ce que la peine de l'instigateur soit aussi la même que celle du Thaeter, cette décision existait déjà dans certains codes, entre autres le Code pénal allemand. L'influence de celui-ci est d'autant plus vraisemblable que la première rédaction du Code suisse assimilait l'instigateur à l'auteur. L'article 48 de la loi allemande dit en effet... : la peine de l'instigateur sera la même que celle qui est appliquée à l'auteur.

Nous n'insistons pas davantage sur le projet suisse et nous passons au projet de M. Foinistky. Nous rappellerons que c'est un essai d'application pratique de la nouvelle doctrine, et non un projet véritable (v. page 49).

L'idée première de son système, c'est que la participation varie suivant le crime dont il est question, et qu'il est nécessaire d'établir des règles pour envisager dans chaque cas les différents modes de concours. Ceci est

yeux la formule sommaire du Code pénal français, qui menace de la même peine tous les participants. Il est véritablement étonnant que cette décision draconienne, regardée comme défectueuse par les criminalistes français les plus éminents, commence à trouver hors de France des partisans convaincus.» Remarquons que c'est cependant la conséquence logique de la doctrine de M. von Buri.

une idée juste, les modes de participer à un crime sont très nombreux et varient suivant la nature de ce crime. Mais est-il donc impossible d'espérer les comprendre tous par des termes assez larges pour pouvoir s'y appliquer, sans s'exposer à des redites, qui seront presque inévitables dans le système de M. Foinistky ? Bien souvent, ils présenteront de grandes analogies. Les codes n'ont pas généralement une étendue suffisante pour permettre ces suppléments aux décisions spéciales. Quant au modèle proposé pour la rédaction de l'article lui-même, nous n'hésitons pas à le déclarer impraticable ; les expressions que préconise M. Foinitsky sont beaucoup trop larges : en punissant la personne coupable de la production d'un dessein de meurtre, on s'adresse non seulement à l'auteur d'un meurtre, au complice, mais encore à certaines personnes, qui ont pu, sans intention, faire naître chez d'autres l'idée de ce meurtre, sans que l'on puisse trouver les éléments constitutifs d'un crime. Quelle loi pénale pourrait jamais arriver à ce résultat ?

Le projet de Code norwégien repose sur une tout autre conception. S'il n'y a plus d'articles définissant la complicité, nous avons, à la place, une disposition qui punit tous les coparticipants à un crime, en tenant compte de leur position subordonnée vis-à-vis de l'auteur, ou de leur moindre rôle. Quant aux dispositions spéciales, leurs termes sont moins restrictifs que ceux des codes actuellement en vigueur. En dehors de la suppression de l'article sur la complicité, ce projet est une exagération de ce qui se pratique ordinairement. Nous avons vu que la plupart des législations admettent une peine inférieure pour le complice, en se fondant sur ce que celui-ci a joué un rôle moins important que l'auteur. Le projet de M. Getz reproduit sous une autre forme cette idée et, sans traiter de complices les coparticipants dont les actes ont été accessoires, il laisse entendre que ceux-là n'ont été que des assistants, non de véritables auteurs. En réalité, si la distinction n'est plus dans les mots, elle est dans les choses : il y a toujours deux classes de coupables. A notre avis, cette indulgence, admise dans tous les cas pour le complice, n'est pas admissible. On a proposé de faire de l'association une circonstance atténuante soit pour tous les associés s'ils se sont mutuellement suggéré l'idée de s'associer, soit pour ceux qui ont été entraînés. Il y a quelque chose d'analogue dans le projet norwégien, non pas qu'on pose expressément la circonstance atténuante, mais, en fait, on aboutit au même résultat en abaissant le maximum de la peine. Nous croyons cette solution beaucoup trop indulgente à cause de son manque de précision. On pourrait d'ailleurs lui adresser le reproche qu'on a fait à l'école classique, c'est que l'on ne peut tenir compte de la témibilité du complice, en imposant une limite à l'appréciation. Le Code norwégien se contente d'établir le principe de cette série décroissante de peines. Ce n'est pas encore une solution satisfaisante.

Nous avons vu la question des circonstances aggravantes réelles et personnelles. Quant à la tentative, M.Getz reconnaît lui-même que l'organisation de la tentative de complicité est très difficile et qu'il y a lieu de craindre des punitions arbitraires. Sans doute la provocation manquée a déjà fait l'objet de dispositions spéciales ; il en est de même ainsi de certains délits, comme la fabrication de fausses clés. Mais à quel but a-t-on obéi en punissant ces faits ? On ne les a pas considérés comme des actes de complicité, rattachés à un fait principal, mais comme des délits distincts et l'on pouvait d'autant mieux le faire qu'il n'y avait plus là une simple intention et que les actes existaient en eux-mêmes et étaient plus faciles à constater. De plus, il était nécessaire d'empêcher ces actes, parce qu'ils ont une portée plus grande et des chances de réussir plus nombreuses.

En résumé que trouvons-nous dans ces projets ? La suppression de toute distinction entre les agents, suppression qui existe plus en théorie qu'en pratique, tant semble naturelle la division en deux classes des agents d'un délit. Pour les auteurs modernes, c'est une introduction de la théorie de la pluralité des délits. Nous avons vu ce qu'il fallait en penser. Quant à l'abaissement possible de la peine nous l'admettons en certains cas, mais nous ne voyons pas qu'on ait songé à le restreindre au cas où la complicité présente un péril plus grave.

Au Congrès de Linz on a dit qu'il est impossible aux

praticiens d'appliquer les distinctions d'auteurs et de complices. Cela ne tient-il pas à ce que le critérium n'a pas été établi d'une manière précise ? Ce n'est d'ailleurs pas résoudre une difficulté que de supprimer une théorie qui la contenait.

CHAPITRE VIII

LA COMPLICITÉ AU POINT DE VUE SOCIAL.

Jusqu'ici nous n'avons considéré la complicité qu'en elle-même, il nous faut la voir maintenant dans la société. Nous avons déjà fait de fréquentes allusions à son rôle dans le péril social, nous allons maintenant le déterminer d'une façon plus exacte.

Dès les commencements de cette étude nous avons dit que le crime augmentait de jour en jour (1). Les comptes rendus prouvent que non seulement cette augmentation suit le mouvement de la population, mais encore qu'elle croît d'une manière plus rapide. Ceci posé, la complicité augmente-t-elle dans cet accroissement du nombre des crimes ?

M. Foinitsky soutient la négative. Après avoir constaté le mouvement criminel, il déclare que le criminel isolé devient en quelque sorte le cas le plus fréquent.

---

(1) D'après les derniers documents (*Journal officiel* du 9 novembre 1897) il semblerait que la criminalité tend à diminuer en France. Mais cette diminution ne porte que sur deux années (1894 et 1895) et il est permis de se demander si on est en face d'un mouvement véritablement accusé. Les statistiques étrangères de l'Europe continentale ne présentent pas un résultat analogue. En tous cas nous rappelons que M. Foinitsky a écrit ce qui précède en 1895, à une époque où aucune diminution n'est constatée dans les statistiques.

Nous citons ses paroles. « La doctrine de la complicité est née lors des mouvements de masse, aux lois desquelles l'activité criminelle était aussi soumise. Aujourd'hui, le cours des choses s'est complètement modifié. La statistique criminelle nous montre que partout l'activité commune est remplacée par l'activité isolée, et que les résultats criminels deviennent individuels. »

Il y a dans cette affirmation une idée très juste, c'est que la complicité, comme le crime simple, dont elle est un des modes, se transforme avec la civilisation. Mais il reste toujours une constatation possible à faire, c'est de chercher les cas où plusieurs individus se sont réunis pour produire un seul résultat. Il y a là un élément matériel sur lequel la statistique peut nous fournir des indications.

Examinons les chiffres qu'elle nous fournit pour la France.

D'après M. Henri Joly (1), de 1826 à 1861, il y a eu 130 accusés pour 100 crimes (moyenne 1,30) et depuis 1861, la proportion serait de 125 pour 100 (moyenne 1,25).

Voici d'ailleurs les derniers relevés de 1876 à 1895 pour les crimes.

(1) *Le crime*, p. 129.

Années	Crimes contre les personnes	Crimes contre les biens	Totaux des crimes	Accusés (personne)	Accusés (bien)	Totaux des accusés	Moyenne par crimes
1876	»	»	3693	»	»	4764	1.29
1877	»	»	3485	»	»	4413	1.26
1878	»	»	3368	»	»	4222	1.25
1879	»	»	3427	»	»	4347	1.26
1880	»	»	3258	»	»	4125	1.23
1881	»	»	3358	»	»	4320	1.23
1882	»	»	3644	»	»	4814	1.32
1883	»	»	3299	»	»	4313	1.30
1884	»	»	3276	»	»	4277	1.30
1885	»	»	3135	»	»	4184	1.33
1886	1507	1745	3252	1714	2683	4397	1 37
1887	1452	1712	3164	1627	2671	4298	1.35
1888	1453	1673	3126	1659	2599	4258	1.35
1889	1374	1576	2950	1600	2513	4113	1.42
1890	1386	1596	2982	1574	2504	4078	1.36
1891	1402	1537	2939	1696	2511	4207	1.42
1892	1461	1488	2949	1728	2368	4096	1.38
1893	1549	1486	3035	1838	2431	4269	1.40
1894	1451	1402	2853	1704	2271	3975	1.39
1895	1302	1224	2526	1562	1991	3553	1.40

Quelles que soient les vicissitudes des nombres des crimes, on voit que la complicité en matière de crime augmente sensiblement. Actuellement, un crime sur trois est l'œuvre de plusieurs agents.

Passons maintenant aux délits. Ici les éléments de calcul sont moins bien établis.

Années	Nombre des délits	Nombre des prévenus	Nombre moyen des prévenus pour un délit
1876	179.313	199.061	1.17
1877	165.698	195.226	1.17
1878	163.729	192.433	1.17
1879	167.147	196.056	1.17
1880	170.260	199.637	1.17
1881	178.830	210.057	1.17
1882	172.236	202.307	1.17
1883	179.279	209.499	1.16
1884	184.949	217.960	1.17
1885	188.734	224.372	1.18
1886	187.720	223.129	1.18
1887	191.108	228.773	1.19
1891	194.763	233.704	1.20
1892	205.774	248.537	1.20
1893	203.624	247.888	1.21
1894	206.326	249.166	1.21
1895	196.265	238.109	1.20

Nous pouvons faire ici les mêmes remarques qu'à propos des crimes ; sur six délits, il y a un délit commis par plusieurs agents.

Comparant ces deux tableaux, nous apercevons que la complicité est plus fréquente pour les crimes que pour les délits, pour les faits graves que pour les faits légers. Tandis que le nombre des infractions semble tendre à diminuer, au moins depuis deux ans, la complicité au contraire ne cesse d'augmenter. L'écart entre la première année, 1876, et la dernière, 1895, est considérable (11 0/0) pour les crimes. En ce qui concerne les délits, au contraire, il n'est que de 3 0/0.

Sans doute, en droit pénal, la statistique n'a qu'une valeur très restreinte, surtout à cause du nombre et de l'importance des éléments subjectifs dans les crimes. Mais nous ne lui demandons sur ce point que des constatations matérielles et il faut avouer qu'elle nous présente des résultats inquiétants.

En effet il est nécessaire de se rappeler que la complicité suppose l'association, c'est-à-dire une réunion de forces en vue d'un résultat. Un criminel isolé est maître de ses actes, il les dirige suivant sa volonté et ne tient compte que de lui-même. Mais ses moyens sont limités et la possibilité de ses efforts restreinte. Aussi qu'arrive-t-il, lorsqu'il s'agit d'atteindre un résultat qu'il se sent impuissant à réaliser à lui seul, c'est qu'il s'adjoindra un ou plusieurs compagnons, pour parvenir au but coupable qu'il s'est fixé. Il perd ainsi son indépendance, ses actions seront subordonnées, liées, à celles de ses codélinquants, en revanche, il aura à son service une puissance d'action beaucoup plus considérable : l'expérience des faits démontre que le concours de plusieurs personnes au même crime atteint un résultat supérieur à la somme des efforts des coparticipants, c'est-à-dire que la réunion de deux hommes produira un effet plus grand que la somme des efforts de ces deux hommes, considérés isolément. Il y a limitation et concentration des forces de chacune sur une partie des actes du crime et par suite, chacun d'eux produira un plus grand nombre d'effets utiles que s'il était seul (1).

(1) D'après Lombroso « l'association fait pulluler à nouveau les vieilles tendances sauvages qui sont dans l'homme, les renforce par

Il résulte de là que l'association causera un trouble social très grave. Il importe de sévir contre elle. Sans aller jusqu'à voir dans la complicité une circonstance aggravante, nous constatons que c'est une lacune très grave qu'a commise la doctrine de l'Union internationale en la négligeant. Mais nous devons aller plus loin.

Lorsqu'on examine les agents, on s'aperçoit que ceux qui s'associent le plus souvent, sont les criminels dangereux. Comme l'a dit M. Joly, s'il y a des malfaiteurs solitaires c'est surtout parmi les criminels d'accident qu'on doit les rencontrer. L'idée d'accident exclut l'idée de préméditation, par conséquent l'idée d'une entente mutuelle. Ce fait est naturel. L'association leur permet d'exercer leurs mauvais instincts sur une plus grande échelle, et elle suppose par elle-même une certaine habitude du crime. En même temps et par un contraste très curieux, c'est dans des associations ainsi composées que des individus non encore criminels feront leurs débuts dans le crime, soit par suite de leurs penchants vers le mal, soit, souvent aussi, par suite de contagion de l'exemple qui joue un si grand rôle dans la lutte contre le bien (1).

une sorte de discipline et fait commettre des atrocités auxquelles répugneraient la plupart des individus pris isolément ». M. Sighele ajoute qu'il y a dans l'association non seulement une différence numérique, mais encore une différence psychologique. L'intelligence criminelle d'un seul n'est pas aiguisée comme celle d'une société de délinquants ; il n'y a pas simple somme d'énergie, une addition, mais un produit (*Le crime à deux*, p. 149 et s.).

(1) Pour des malfaiteurs, se voir c'est se connaître, et se connaître c'est se perdre mutuellement (Joly, *Le crime*, p. 155).

Le crime par complicité permet d'attribuer au criminel novice un rôle peu dangereux par son importance, et par là, il fera un pas définitif dans la voie du crime.

Revenons à la négation de M. Foinitsky. Elle nous paraît assez difficile à motiver. Il nous semble impossible d'admettre qu'elle ait en vue le terme spécial d'association de malfaiteurs, crime qui n'a jamais été très fréquent. En France, il n'y en a pas eu plus de trois par an, et depuis longtemps, il n'en est plus question. Mais nous devons remarquer que la forme de la complicité présente des modifications que l'on ne constatait pas autrefois. C'est ainsi qu'à côté des crimes répondant absolument aux exemples classiques, on rencontre actuellement ce que l'on nomme des bandes de malfaiteurs. Un certain nombre de malfaiteurs se réunissent et conviennent de commettre un certain nombre de vols limités à certains objets ; en même temps, ils louent une boutique et offrent à la consommation les objets ainsi dérobés, moyennant un prix généralement infime. Tout d'abord, on ne peut dire malgré certaines ressemblances. qu'il y ait un acte commercial, car il lui manque un élément essentiel, c'est que cela ne constitue pas un acte juridique, licite. Considérons la situation avant tout écoulement de marchandises, avant toute vente au public : la société criminelle au point de vue juridique n'a accompli que des crimes et n'a pas satisfait à la notion de l'offre et de la demande, il n'y a pas entremise de sa part et son but n'est pas de tirer profit d'une entremise dans la circulation d'objets (1), mais de tirer profit de ces mêmes objets frauduleusement acquis.

Nous sommes donc en présence d'un certain nombre de délits, tous commis avec la même intention et dans le même but, qui constituent en eux-mêmes des délits isolés, comportant chacun des auteurs et des complices. C'est l'hypothèse de la connexité. La modification consiste en ce que tous ces délits aboutissent à un même résultat, le profit général plus facilement réalisable par l'offre faite au public, mais il n'y a aucun changement à la notion du délit, moyen de s'assurer ce profit (2).

Nous dirons donc en terminant que la complicité constitue pour la société un très grave danger, et c'est pour cela que nous croyons qu'il faut maintenir, en principe, l'égalité possible de la peine entre le complice et l'auteur principal, sauf à l'abaisser quand on rencontrera certaines circonstances démontrant la culpabilité

---

(1) P. Appert, *Les actes de commerce terrestres.*

(2) Il ne faut pas confondre ces associations avec les anciennes « associations de malfaiteurs ». Il n'y a pas en ces cas d'organisation permanente, de hiérarchie ou plutôt celle-ci n'existe pas d'une façon apparente quand elle existe. D'ailleurs ce n'était pas l'hypothèse que la loi avait voulu viser. En 1810 il y avait en effet des associations de brigandage qu'on essaya de punir d'une façon spéciale. Ces modes du crime n'existant plus. L'association actuelle opère d'une tout autre manière. Quant aux « ententes » établies, prévues par l'article 265 nouveau, il s'agit ici d'une forme particulière du crime dans laquelle ceux qui se sont ainsi réunis n'ont pas spécialisé les actes, qu'ils commettront : ils ont posé simplement le but à atteindre. Nous sommes donc encore plus loin de l'hypothèse envisagée au texte.

moindre du complice. En même temps, le recel pouvant
avoir au point de vue social certains caractères de la
complicité, il y aurait également intérêt à faire varier sa
peine suivant l'importance du crime, qu'il a pu faciliter,
et les circonstances de ce crime si le recéleur les a connues.

CONCLUSION '

Au point de vue théorique, aussi bien qu'au point de
vue pratique la doctrine de l'Union internationale du
droit pénal ne semble pas réaliser l'idée d'une notion
véritablement satisfaisante. Son point de départ est posé
d'une manière très nette : suppression du délit unique
au cas de participation de plusieurs, mais lorsqu'il y a
lieu de traduire cette formule en principes positifs nous
rencontrons des affirmations, mais peu de motifs. On
peut se demander quel est le but que se sont proposés
ses partisans. Jusqu'ici nous n'avons obtenu que des
règles très contestables : il semblerait que leur étude
soit principalement dirigée sur la provocation, c'est du
moins la question à propos de laquelle on a présenté,
le plus de systèmes. Nous ne reviendrons pas sur ce que
nous avons dit à ce sujet, mais en examinant le compte
rendu du Congrès de Linz nous voyons que les auteurs
de la nouvelle école n'ont pas semblé avoir trouvé
le modèle exact, la formule de leur conception. La
3ᵉ séance de ce congrès, consacré à la discussiou sur
la complicité, s'est terminée par le vœu suivant :

... « Que les dispositions légales relatives à la tenta-
« tive et à la participation soient reliées aux principes
« de la responsabilité personnelle et de la défense so-
« ciale. »

C'est l'expression d'une volonté peu précise. Il faut ajouter qu'il reste, encore une fois, le principe de la pluralité des délits admis, s'il y a lieu, bien des questions à étudier. Ainsi comment qualifier le délit spécial du complice par celui qu'il a voulu commettre, nous doutons qu'en pratique on arrive facilement à établir une telle qualification. Mais ceci admis comment le jugera-t-on? Réunira-t-on son procès à celui de ses compagnons, ou fera-t-il l'objet d'une poursuite distincte?

Nous croyons qu'il ne faut séparer que ce qui est divisible, mais alors la séparation doit être aussi large que possible : la punition, la culpabilité, l'intention sont choses absolument distinctes et que l'on peut apprécier en chacun des accusés, mais tout ce qui se relie d'une manière aussi intime que les actes de l'auteur et ceux du complice, tout ce qui a été réuni dans le fait par un bien de dépendance, ne peut être envisagé que d'une façon uniforme. Par suite, si ces éléments sont inséparables, on se trouve amené d'une manière nécessaire à distinguer ce qui a un caractère principal ou secondaire, comme l'ont fait les théories classiques, car c'est là une condition indispensable de la bonne administration de la justice.

Cette distinction admise, le principe de l'égalité de peine, c'est-à-dire la même peine en droit avec les exceptions qui ne seront pas incompatibles avec l'intérêt social et qui seront conformes à la juste proportion de la faute et de la peine, exceptions qui suffiraient à empêcher tout acquittement injuste, nous paraît la règle préférable. Cette conclusion a l'avantage d'éviter les inconvénients que l'on a reprochés à l'abaissement légal de la peine du complice.

Remarquons en même temps que, dans les formules de la nouvelle école, en faisant de tous ceux qui ont concouru, une cause du résultat, on paraît aboutir, bien que le raisonnement nous paraisse insuffisant, à la même déduction. La progression constante des crimes semble nécessiter une application plus stricte des peines et éviter des adoucissements dangereux.

Le projet du Code pénal français a maintenu la disposition qui existait en ce sens dans le Code de 1810. Mais nous regrettons qu'on ait hésité à consacrer les considérations d'après lesquelles l'abaissement de la peine pourrait être accordé en dehors des circonstances atténuantes. De même, nous pensons qu'il aurait été utile de reproduire les solutions de la doctrine sur les circonstances aggravantes, réelles et personnelles, comme l'ont fait les codes étrangers. Ce serait, à notre avis, une œuvre de justice.

Vu :
Le Président de la thèse
A. LE POITTEVIN.

Vu :
Le Doyen,
GARSONNET.

Vu et permis d'imprimer :
Le Vice-Recteur de l'Académie de Paris,
GRÉARD.

TABLE DES MATIÈRES

9 782014 025842